农机运用管理

主　编　胡　英　郭　健
主　审　坎　杂　韩　波
副主编　杨继芳　张金果　张建江

内 容 提 要

本教材是在广泛认真学习、总结和借鉴农机运用管理相关的理论与实践知识的基础上，结合现代学徒制的特点编写而成的。全书以项目教学为载体，紧紧围绕“现代学徒制”专业建设内涵，通过学校、企业深度合作，教师、师傅联合传授的形式，既实现了教学过程与生产过程的对接，又培养了可满足产业需求的农机技术管理方面的专业人才。

图书在版编目(CIP)数据

农机运用管理 / 胡英，郭健主编. -- 天津 : 天津大学出版社，2020.12

新疆石河子职业技术学院现代学徒制试点项目教材 高职农业机械装备应用技术专业系列教材

ISBN 978-7-5618-6864-5

Ⅰ. ①农… Ⅱ. ①胡… ②郭… Ⅲ. ①农业机械－高等职业教育－教材 Ⅳ. ①S22

中国版本图书馆CIP数据核字(2021)第000942号

出版发行　天津大学出版社
地　　址　天津市卫津路92号天津大学内(邮编: 300072)
电　　话　发行部:022-27403647
网　　址　www.tjupress.com.cn
印　　刷　北京盛通商印快线网络科技有限公司
经　　销　全国各地新华书店
开　　本　185 mm×260 mm
印　　张　17.75
字　　数　443千
版　　次　2021年1月第1版
印　　次　2021年1月第1次
定　　价　44.00元

凡购本书，如有缺页、倒页、脱页等质量问题，烦请与我社发行部门联系调换

版权所有　　侵权必究

前　言

本教材是为适应新疆石河子职业技术学院的国家首批“现代学徒制”农业机械应用技术专业的建设与教学改革的需要所编写的。

在广泛认真学习、总结和借鉴农业机械（简称农机）运用管理相关理论与实践知识的基础上，结合现代学徒制的特点，通过学校、企业深度合作，教师、师傅联合传授的形式，促进行业、企业参与职业教育人才培养的全过程，实现教学过程与生产过程的对接。全书以项目教学为载体，紧紧围绕“现代学徒制”专业建设内涵，具有以下特色。

（1）以农机运用管理岗位的能力要求为核心，确定课程所需的知识和能力，注重实用性、实践性教学，为学生能顺利进入本行业奠定良好的发展基础。

（2）在内容方面，增加了新知识、新技术、新方法，突出了内容的时效性、先进性。

（3）从农机运用管理方面的实际出发，以农机作业生产为线索，按照教学规律和学生认知规律，设置了五个作业项目，每个项目下分设若干个任务，通过自主学习、教师引导、师傅传授等方式，充分调动学生的学习兴趣，充分体现了“教学过程与生产过程对接”“课程设置与工作岗位对接”的教学指导思想。

本教材中，项目一由胡英编写，项目二由张建江编写，项目三由杨继芳编写，项目四由郭健编写，项目五由张金果编写。全书由胡英、郭健统稿，坎杂、韩波审稿。

本教材在编写过程中得到了新疆科神农业装备科技开发股份有限公司董事长李海山、沙湾县宏基农机服务专业合作社理事长韩波的帮助和指导，在此致以诚挚的谢意。

由于编者水平和能力有限，教材中错误、疏漏之处在所难免，敬请读者批评指正。

目　　录

项目一　农机作业机组的编制与作业工艺组织管理

【项目目标】

(1)熟悉耕地、整地、播种、中耕及收获作业前的田间准备及机组准备工作内容。

(2)能够实地进行机组编制。

(3)了解耕地、整地、播种、中耕及收获作业机组的作业方法和作业程序。

(4)能够根据耕地、整地、播种、中耕及收获作业的质量标准对机组编制及作业工艺的合理性进行检查与验收。

【技能目标】

能正确地对常见的农机作业机组进行编组与对作业工艺进行组织管理。

【项目描述】

本项目要求学生能根据农业作业的实际要求对机组进行合理编制,并能对不同作业项目进行作业工艺的组织管理,还能对机组的作业质量进行检查与验收。

【项目分解】

项目一 农机作业机组的编制与作业工艺组织管理	任务一:耕地作业机组的编制与作业工艺组织管理	1.1.1　耕地作业机组编制
		1.1.2　耕地作业工艺组织管理
	任务二:整地作业机组的编制与作业工艺组织管理	1.2.1　整地作业机组编制
		1.2.2　整地作业工艺组织管理
	任务三:播种作业机组的编制与作业工艺组织管理	1.3.1　播种作业机组编制
		1.3.2　播种作业工艺组织管理
	任务四:中耕作业机组的编制与作业工艺组织管理	1.4.1　中耕作业机组编制
		1.4.2　中耕作业工艺组织管理
	任务五:收获作业机组的编制与作业工艺组织管理	1.5.1　农机标准化管理知识
		1.5.2　收获作业机组的编制与作业工艺组织管理

任务一:耕地作业机组的编制与作业工艺组织管理

【任务目标】

(1)熟悉耕地作业前的田间准备及准备工作的内容。

(2)能够实地进行机组编制。

(3)了解耕地作业机组的作业方法和作业程序。

(4)能够根据耕地机组作业的质量标准对机组编制及作业工艺的合理性进行检查与验收。

(5)掌握有关农机作业机组的主要知识。

【导师导学】

1.1.1 耕地作业机组编制

1.1.1.1 有关作业机组的知识

1. 农业机组的概念

农业机组是由动力系统、作业系统、传动系统及操纵系统组成的,能进行一种或一种以上农业作业的机器组合体,是农业机器的基本单位。

2. 农业机组的分类

农业机组总体分为两大类:固定机组和移动机组。在田间作业的移动机组按动力系统和作业系统组合的方式可分为牵引式机组和自走式机组。牵引式机组中的动力系统和作业系统各为独立的机器,分体组合;自走式机组的动力系统、作业系统和传动系统构置于同一行走机架上,为一组合体,典型的例子是联合收获机。

牵引式机组按动力系统的功用,分为单纯牵引型和牵引兼驱动型;按动力系统与作业系统的连接方式,还可分为普通牵引式作业、悬挂式作业和半悬挂式作业。

此外,作业机组按连接作业机的种类数及同时进行作业项目的多少,可分为单式作业机组、复式作业机组和联合作业机组。单式作业机组,一种作业机械进行一项作业;复式作业机组,同时按一定顺序将两种或两种以上的农业作业机组联合在一起,形成一个机组进行作业;联合作业机组,只有一个机架,其上安装多个工作部件,同时进行多项作业。

复式作业机组、联合作业机组及牵引兼驱动型机组可充分利用机组的动力,在不增加作业幅宽和速度的条件下提高机组的动力利用率。除此之外,这类机组还具有如下特点:

(1)消除了应同时进行的多项作业间的时间间隔,提高了工作效率;

(2)减少了机组的进地次数,减轻了机组对土壤的压实,有利于提高作物产量。

3. 机组性能

机组应具有优质、高效、低耗、安全的相应性能,这些性能是由机组结构决定的。

(1)适应性。用于田间作业的机组要能很好地适应作业地区的自然条件和作物的生长条件。例如,机组要适应土壤、道路、作物高度与间距等条件。

(2)可操纵性。可操纵性包括两方面的含义:行走直线性和操作方便性。

(3)动力经济性。动力经济性是机组很重要的一项性能指标,一个机组不但应具有完成特定作业的能力,而且还应具有较好的经济性,这样才能保证该机组有被利用的可能。

(4)劳动保护及使用安全性。这是生产单位和驾驶员共同追求的机组性能,在生产水平和工业技术不断提高的前提下,驾驶员的舒适性和安全性等指标变得尤为重要。

4. 机组运用指标

机组运用指标用于对具体条件下机组与环境对象间物质、能量、信息转换过程合理性的评价*。

机组运用的准则{要通过机械作业来降低生产成本
要确保人、机的安全

1)机组生产率

机组在单位时间内,按一定质量标准完成的作业量,称为机组生产率。

(1)移动式机组理论生产率。

根据机组的设计指标(工作幅宽和理论速度)及工作持续时间(纯工作时间和非工作时间)计算出来的生产率,称为机组的理论生产率。

移动式机组的理论小时生产率可表示为

$$W_{th}=1.5B_tV_t\text{(亩/小时)} \tag{1-1-1}$$

式中 B_t——机组的工作幅宽(米);

V_t——机组的理论速度(千米/小时)。

可见,机组的速度和幅宽是生产率的两个基本因素。近年来,机组向高速、宽幅发展就是为了大幅提高生产率。

移动式机组的理论班次生产率可表示为

$$W_t=1.5B_tV_tT\text{(亩/班次)} \tag{1-1-2}$$

式中 T——班次持续时间(小时)。

可见,幅宽、速度、时间是移动式机组班次生产率的三个基本因素。

(2)技术生产率。

实际生产中,机组的速度和幅宽是经常变化的,而且在 T 时间内,也只有部分时间是纯工作时间 T_p。技术生产率是在一定技术水平条件下能够达到的生产率,它比理论生产率低。设在纯工作时间 T_p 内,平均实际工作幅宽为 B_p 和平均实际工作速度为 V_p 的机组的技术班次生产率为

$$W_p=1.5B_pV_pT_p\text{(亩/班次)} \tag{1-1-3}$$

以幅宽和速度表示的技术生产率或纯生产率公式,适用于机组式农具的设计、选型、配套和配备等工作,应用较广泛。

(3)机组理论生产率与技术生产率的关系。

若设 $\beta=\frac{B_p}{B_t}$ 为机组幅宽利用率、$\varepsilon=\frac{V_p}{V_t}$ 为机组速度利用率、$\tau=\frac{T_p}{T}$ 为机组班次时间利用率,则机组的理论班次生产率与机组的技术班次生产率可以进行换算。

$$W_p=W_t\beta\varepsilon\tau=1.5B_tV_tT\beta\varepsilon\tau\text{(亩/班次)} \tag{1-1-4}$$

机组幅宽利用率主要取决于机组的行驶直线性和驾驶员的技术熟练程度。播种和中耕作业要求幅宽利用率为1,耕地和收割等作业要求幅宽利用率适当小于1。机组速度利用率

---

* 注:国际单位制中,使用平方米(m^2)或公顷(hm^2)来表示土地面积,但我国农村在生产实际中仍主要用“亩”作为土地亩积单位。为了贴近生产实际,本教材相关参数计算中,仍用“亩(a)”来表示土地面积其与国际单位制的换算关系为1公顷=10 000平方米=15亩。此外,用标准亩作为农机具完成工作量的基本单位,其含义为在土壤比阻为0.5 kg/cm^2,耕深为20~22 cm条件下,耕1亩熟地的工作量。

主要取决于滑转率，也与发动机转速及挡位变化情况有关。将 β 和 ε 代入理论小时生产率公式中，可得机组的技术小时生产率为

$$W_{ph} = 1.5\frac{B_{p}V_{t}}{\beta\varepsilon}(\text{亩/小时}) \tag{1-1-5}$$

2）农机作业成本

农机作业成本是农机管理水平的一项主要技术经济指标，它比较全面地反映出机组或机群各项工作的经济效果与经营管理水平。

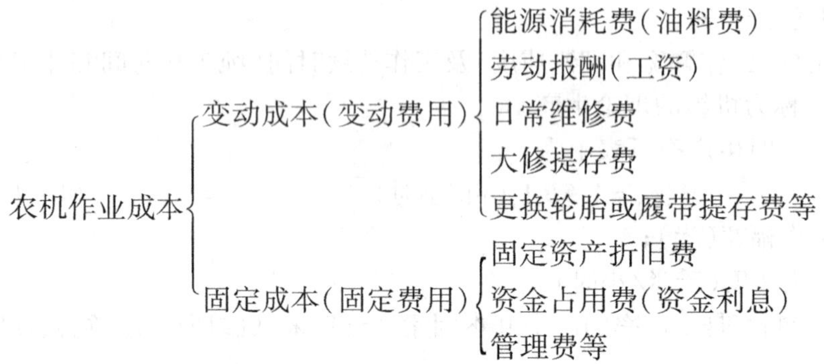

农机作业成本构成复杂，影响因素较多，但归纳起来，主要由完成的工作量和生产费用两个方面决定。要降低农机作业成本，应从增加作业量和减少生产费用两个方面进行。其主要途径有以下几种。

（1）加强领导，健全农机管理体制，完善农机生产责任制。

健全农机管理体系并加强领导是搞好农机管理的首要条件，可从政策上保证农机管理工作的正常进行和健康发展。要完善农机责任制，从企业到机组、个人都要有明确的责、权、利，充分调动人员的积极性。

（2）科学管理，正确操作，增产增收，节能降耗。

① 要正确操作，加强保养，保持农机具良好的技术状态。

② 合理组织劳动，合理调度机组，合理配套和编组，消灭由于生产组织不善而造成的损失和浪费，提高时间利用率和班次效率。

③ 积极进行农机具改装，改善农机具性能，提高作业质量。

④ 积极引进新技术、新工艺、新产品，使农业机械化发展与农业技术进步相结合。

⑤ 开展综合利用和修旧利废，合理使用各种物资，杜绝浪费。例如，推广应用拖拉机节能改造技术及清洗剂、废油的再生，堵漏技术等。

⑥ 对超期使用的农机具，要积极更新换代。

（3）搞好农机设施建设。

以方便实用为原则，搞好以机库、零件库、油库、农机具停放场和保养间为主体的基础设施建设。

（4）切实搞好农机修理。

农机修理是恢复农机具良好技术状态的必要手段。拖拉机、农用汽车、内燃机的大修一定要由具备大修能力的修理厂承担。修理厂要坚持质量第一，并达到规定的修理指标，且实行三包。

(5)加强农机安全监理,确保安全生产。

拖拉机和其他农业机械必须经过农机监理机关的检验,取得合格牌证,才能投入作业;从事农机驾驶、操作的人员必须经过培训并考取相应的驾驶操作证照才能上岗。这是杜绝和减少农机事故,特别是重大事故的根本措施。

(6)提高人员素质。

农业生产的诸因素中,人是最活跃的因素。提高现代化农业机械的生产者和使用者的素质,对促进农机化发展,降低农业作业成本,提高经济效益有决定性的作用。

1.1.1.2　耕地作业机组编制的要求

(1)满足整地作业的农业技术要求,作业质量好。

(2)机组生产率高,能保证农时,及时完成作业。

(3)单位作业的燃料消耗和劳动消耗少,作业成本低。

(4)操作方便,保证安全作业。

1.1.1.3　耕地作业机组编制的计算

1. 拖拉机牵引力的计算

在拖拉机挂钩上用来牵引农具工作的力,称为拖拉机的牵引力 P_T。牵引力是由拖拉机发动机输出的扭矩通过传动装置,使驱动轮上产生推动力 P_d,最后减去拖拉机在行驶中所受的各种阻力以后而获得的力。

拖拉机在行驶中受到的各种阻力有拖拉机的滚动阻力 P_f、上坡阻力 P_a、惯性阻力 P_j等。将上述各种力与拖拉机的牵引力列成等式,就构成拖拉机的牵引平衡方程,表示为

$$P_T = P_d - P_f \pm P_a \pm P_j (N) \tag{1-1-6}$$

式中:(N)表示核定计算单位。

当拖拉机在平地上匀速运动时,$P_a = 0$,$P_j = 0$,则式(1-1-6)可改写为

$$P_T = P_d - P_f (N) \tag{1-1-7}$$

2. 农具阻力的计算

农具的阻力是影响机组运行效果的一个重要参数。因此,必须对它有足够的了解,以便在工作中采取降低阻力的措施。

农具的阻力可分为空行阻力和工作阻力。当农具在运输状态时,其产生的阻力为空行阻力;当农具的工作部件进行工作时,所产生的阻力为工作阻力。当然,工作阻力中也包括空行阻力,通常所说的农具阻力指农具的工作阻力。农具阻力的构成比较复杂。综合起来,农具的阻力一般由以下阻力构成。

1)滚动阻力

滚动阻力包括轮轴与轮套的摩擦阻力、机轮与土壤的摩擦阻力、行走装置使土壤压缩变形时所产生的阻力等。滚动阻力的大小与机具的质量、机轮类型和结构参数、土壤种类和地表状态有关,也与使用、保养、调整等因素有关。

2)摩擦阻力

摩擦阻力指工作部件和被加工对象间的摩擦阻力,如犁铧、犁壁、钉齿、圆盘、锄铲、开沟器等土壤耕作部件与土壤的摩擦以及种子、肥料和排种、排肥装置间的摩擦等产生的阻力。

这类阻力的大小与作用在摩擦面上的正压力和摩擦系数有关，而摩擦系数的大小又受摩擦表面的状态、被加工对象的物理性质及水分等因素的影响。摩擦阻力在各种作业中占总阻力的15% ~35%。

3）使加工对象产生变形和运动的阻力

使加工对象产生变形和运动的阻力由耕地时土壤垡片的松碎与翻转，耙地和中耕时土壤的破碎，播种时开沟器使土壤变形和位移等产生，也包括在收获时切割茎秆和使茎秆运动等产生的阻力。在土壤耕作机械上，这类阻力占总阻力的比例较大。例如，牵引式五铧犁工作是使土壤变形和运动。这类阻力约占总阻力的75%，且这类阻力还随工作速度和工作件刃口厚度的增加而增大。

4）传动机构的摩擦阻力

传动机构的摩擦阻力是农机具行走轮驱动传动机构时所产生的摩擦阻力。这类阻力的大小与传动机构的结构、制造质量和使用情况有关。传动副数量越多，零部件制造质量越差，安装与调整不正确，润滑不好，以及零件过度磨损等，都会使这类阻力增大。

5）农具上坡阻力

农具在坡地上作业时，由于农具所受重力的作用而产生的附加阻力，称为农具上坡阻力。

一般可用下式表示农机具的工作总阻力：

$$R_m = R_t + R_d + R_v + R_f \pm R_a + R_t \text{(N)} \qquad (1-1-8)$$

式中 R_t——农机具的滚动阻力；

R_d——农机具作业部件使被加工对象产力变形的阻力；

R_v——农机具作业部件使被加工对象产力运动的阻力；

R_f——农机具作业部件表面与被加工对象之间的摩擦阻力 ；

R_a——农机具的上坡阻力；

R_t——农机具传动系统摩擦引起的阻力。

机组在平稳状态下工作时，测得的平均阻力为农具阻力，农具阻力的大小可用比阻来表示，比阻指农具单位工作幅宽上所受到的阻力。

3. 机组编组计算的步骤

（1）收集农业技术要求和机组的作业环境参数，为编组计算提供依据。

（2）根据农业作业技术要求和使用单位的机器型号、性能特点，选择合适的拖拉机和作业机。

（3）进行编组计算，确定作业机械的数量（幅宽）和作业速度。

（4）根据机组组成，设计机组内机具的编排。

（5）进行编组的实地考核。

4. 编组计算

1）选择速挡

由于各种作业机械只有在一定速度范围内工作，才能保证得到较好的作业质量，所以机组的作业速度就受农业技术要求和作业机械的适宜速度范围等条件的限制。

耕地机组作业速度范围：水田为5 ~7.5 km/h；旱田为8.5 ~9 km/h。

注意：根据适宜速度和拖拉机挡位情况选择速挡，优先考虑牵引效率较高、经济性较好的挡位为作业挡(可能有几个挡位都能满足速度范围要求);Ⅰ挡一般是作为后备挡(储备挡),供超负荷时使用,编组时一般不列入。

2)确定所选各挡的牵引力

查阅与当地使用条件相近的拖拉机牵引特性资料确定所选各挡的牵引力,也可用计算的方法求出各挡的标定牵引力 P_{TN} 或正常牵引力 P_T。计算式中各变量的概值见表 1-1-1 和表 1-1-2。

$$P_{TN}=\frac{M_{en}}{r_d}\eta_t i-fG_s \tag{1-1-9}$$

式中 r_d——动力半径(m);

i——总的传动比;

η_t——拖拉机的牵引力(N);

f——滚动阻力系数;

M_{en}——发动机标定扭矩(N·m);

G_s——整机重力(N)。

表 1-1-1 拖拉机滚动阻力系数 f 概值

田地与道路状况	轮式拖拉机	链轨式拖拉机
生荒地	0.05~0.07	0.06~0.07
割后地	0.08~0.10	0.07~0.08
耕后地	0.12~0.18	0.08~0.09
耙后地	0.16~0.18	0.08~0.10
中耕后地	0.16~0.18	0.08~0.10
深泥泞地	0.25~0.30	0.10~0.25
深雪地	0.23~0.30	0.09~0.22
压实的雪道	0.03	0.96
干土路	0.03~0.05	0.05~0.07
柏油路	0.04	—
水泥路	0.03	—

$$P_T=\mu G_\mu \tag{1-1-10}$$

式中 μ——附着系数;

G_μ——附着重(N)。

表 1-1-2 拖拉机附着系数 μ 概值

土壤状态	轮式拖拉机	链轨式拖拉机
撂荒地	0.7	1.0
割后地	0.6	0.8~1.0
耕后地或耙后地	0.4~0.6	0.6~0.7
流沙地	0.3	0.45~0.55
压实的雪地	0.2~0.3	0.6~0.7
雨后的耕地	0.3	0.4~9.6
深泥泞地	0.1	0.4~0.5

3)确定作业机械的土壤比阻

可查阅资料(表 1-1-3)或用实地测量计算的方法确定作业机械的土壤比阻。例如,

犁的土壤比阻 K 可用下式表示：

$$K = 9.8R_m/(a \cdot b \cdot n)(\mathrm{N/cm^2}) \text{ 或 } K = R_m/(a \cdot b \cdot n) \quad (1-1-11)$$

式中　R_m——犁的工作阻力(kg)；

a——耕深(cm)；

b——单个犁铧的幅宽(cm)；

n——犁铧数。

表 1-1-3　不同土壤条件下犁耕的土壤比阻概值

土壤类型	土壤比阻/(N/cm²)
沙土	0.2
沙壤土	0.2～0.3
轻壤土	0.3～0.4
中壤土	0.4～0.5
重壤土	0.5～0.7
重黏土	0.7 以上

4)计算所选挡位对应的机组幅宽和农机具数量

拖拉机各挡能牵引的农机具最大幅宽为

$$B_{max} = P_{max}/k \quad (1-1-12)$$

式中　P_{max}——拖拉机某挡牵引力最大值(N)；

k——机组的农机具比阻(单位幅宽比阻)(N/m)。

能带动的农机具台数或组数 n 为

$$n = B_{max}/b \quad (1-1-13)$$

式中　b——每台或每组农机具的幅宽(m)。

所求出的 n 值应舍去小数,取整数值。

5)计算机组的牵引阻力和牵引力利用系数

牵引阻力 R_a 可表示为

$$R_a = kB \quad (1-1-14)$$

$$B = a \cdot b \cdot n \quad (1-1-15)$$

式中　B——机组的实际作业幅宽(m)；

a——耕深(cm)；

b——单个犁铧的幅宽(cm)；

n——犁铧数。

根据机组的牵引阻力,求出牵引力利用系数,其计算式为

$$\xi = R_a/P_{max} \quad (1-1-16)$$

牵引力利用系数应该有一个合理值,过大过小都是不利的。牵引力利用系数过大,在作业中由于机组牵引阻力的波动性,将使发动机经常处于超负荷状态,这是不被允许的;牵引力利用系数过小,表明发动机负荷不足,会使生产率降低,亩耗油增高。牵引力利用系数的合理值,取决于机组牵引阻力的波动性和发动机的超负荷性能,依作业种类、运用条件和机器性能有所不同。ξ 的取值范围为 0.76～0.95,牵引阻力波动大时取较小的值,否则取较大的值。

6）对比选优

通过计算求出各挡的作业幅宽及牵引力利用系数后，要进行对比选优。对比选优的主要指标是作业质量、机组生产率、耗油量等。

5. 编组的实地考察与验收

编组计算时，拖拉机的牵引力是根据资料查得的，农机具的比阻也是按定值计算，未考虑速度、土壤水分、农具状态的影响，计算结果可能与实际情况有偏差，需要在作业过程中进行实地考察。在实际工作中，常用以下方法来检查编组的负荷程度。

1）根据拖拉机驱动轮转数来判断发动机负荷程度

作业时，发动机负荷的变化会相应地反映在发动机转速的变化上。而发动机转速与驱动轮转数有一定的比例关系，所以可以用测定驱动轮转速的办法间接地检查发动机的负荷程度。具体做法：使已编机组按农业技术要求，在最大供油位置下负荷工作，测出驱动轮在3 min内的总转数（轮式拖拉机需分别测定左、右驱动轮的转数后取平均值）；然后将该转数与拖拉机正常负荷（标定转速）对应的3 min转数相对照。如测定的数值接近相应的正常值，表明负荷适宜；如高于正常值较多，表明负荷不足；如低于正常值，表明负荷过大。

2）利用换挡或改变耕深检查发动机负荷程度

在作业中可换高一挡工作，若发动机负荷正常，则可判定原来挡位下的负荷不足。在耕地作业时，可以按规定耕深开始并逐渐增加耕深，直到发动机超负荷为止，由耕深增加的数值来判断发动机负荷程度。若增加耕深超过规定5 cm，一般认为可以增加一个铧或提高一挡，以实现在规定耕深的作业。

3）根据拖拉机工作状况来判断负荷程度

机组在田间作业时，可根据发动机声音、排烟情况、水温和排气温度等判断发动机的负荷程度。在作业中，如有少许时间超负荷，而大部分时间不超负荷，可认为负荷正常；如果作业中，根本不发生超负荷现象，则表明负荷程度偏低；如果经常出现超负荷现象，则表明负荷程度过高。

6. 编组计算实例

东方红－802型拖拉机牵引犁在平坦的割后茬地上进行耕地作业，耕深25 cm，工作时犁单位面积上受到的阻力（土壤比阻）为6.86 N/cm^2，试进行编组计算。

解：东方红－802型拖拉机耕地作业时常用的工作挡为Ⅱ、Ⅲ挡，因此编组计算就是通过对这两个挡位的计算和对比分析，确定用哪一挡工作最优。计算过程如下。

1）确定牵引力 P_{Tmax}

查该拖拉机的说明书可知，该拖拉机Ⅱ、Ⅲ挡对应的理论最大牵引力分别为

$$P_{Tmax\,II}=28\ 950\ \text{N},\quad P_{Tmax\,III}=22\ 180\ \text{N}$$

2）确定作业比阻

$$k=6.86\times 25\times 100=17\ 150\ \text{N/m}$$

3）求最大作业幅宽 B_{max}

$$B_{max\,II}=28\ 950/17\ 150=1.69\ \text{m}$$

$$B_{max\,III}=22\ 180/17\ 150=1.29\ \text{m}$$

4）确定犁铧数 n

现使用的5铧犁，单体耕幅一般为 $b=0.35$ m，则有

$$n_{\text{II}} = 1.69/0.35 = 4.83，\text{取 4 铧}$$

$$n_{\text{III}} = 1.29/0.35 = 3.69，\text{取 3 铧}$$

对计算出的连接农具的台数或组数 n 一般舍去小数取整数。

5）方案对比选择

（1）验算牵引力利用系数。

$$R_{\text{aII}} = B_{\text{II}}k = 0.35 \times 4 \times 17\ 150 = 24\ 010\ \text{N}$$

$$R_{\text{aIII}} = B_{\text{III}}k = 0.35 \times 3 \times 17\ 150 = 18\ 008\ \text{N}$$

$$\xi_{\text{II}} = 24\ 010/28\ 950 = 0.83$$

$$\xi_{\text{III}} = 18\ 008/22\ 180 = 0.81$$

（2）验算生产率。

$$W = 0.1VB$$

式中 V——拖拉机的理论速度，查说明书知 $V_{\text{II}} = 5.5$ km/h，$V_{\text{III}} = 6.86$ km/h。

$$W_{\text{II}} = 0.1V_{\text{II}}B_{\text{II}} = 0.1 \times 5.5 \times 0.35 \times 4 = 0.77\ \text{hm}^2/\text{h}$$

$$W_{\text{III}} = 0.1V_{\text{III}}B_{\text{III}} = 0.1 \times 6.86 \times 0.35 \times 3 = 0.72\ \text{hm}^2/\text{h}$$

从以上计算结果看，采用 2 挡牵引 4 铧犁比采用 3 挡牵引 3 铧犁时牵引力利用系数和生产率都高，因此应选用 2 挡作业。

1.1.1.4 耕地作业的机组准备

1. 机组人员配备

大中型机组每班配驾驶员 1 名，农具手 1 名，作业期间实行定人、定机、定责。

2. 机组选型

对于一个地区或一个生产单位，农业机械化过程中，所确定的机械化项目和机械化程度，以及农业机械的获得方式（在国内购买或从国外引进），均是十分重要的管理决策项目。农业机械选型的目的是为农业生产选择最优的技术装备。因此，选型和评价的基本原则是生产上适用，技术上先进，经济上合理。也就是说，必须全面地考虑技术和经济的要求。

下面列举一些选择农业机械设备时应注意的主要因素和条件。

1）适应性

适应性指机械对地区的适应性。农业机械的主要工作对象是农作物和土壤。因此，农业机械选型必须考虑当地的地形特征、田块大小、土壤种类、道路条件和气象特点等自然条件，以及作物种类、耕作制度、栽培方式等农业生产条件。

拖拉机的选择主要根据当地条件和农业条件。例如，以水田作业为主的地区或单位，选择机型时，应着重于行走装置类型，并考虑与作业机械的配套。轮式拖拉机除田间作业外，还可用于运输和机动性地开展固定作业，因此年利用率高。履带式拖拉机的牵引附着性能好，适用于恶劣条件下的重负荷作业，且在进行农田基本建设中，也需要履带式拖拉机。船式拖拉机（机耕船）适用于深泥脚水田的耕整地作业，但其利用率很低。手扶拖拉机以其“小、轻、简、廉”的特点，很适合我国，尤其是我国南方的自然条件和农业生产条件。

拖拉机的适用性包括在地条件下的通过性。轮式拖拉机在横坡作业时，因左、右轮附着质量不同，坡度大时易造成拖拉机侧翻，一般适合在小于 6°的坡地上作业。另外，拖拉机地隙是影响其通过性的另一因素，在中耕时一定要保证拖拉机地隙为中耕作业对象植物株高的50% ~60%。作业机械的选型受地区性因素的影响很强，所选机械类别、形式、性能和尺寸必须适应当地的农业生产条件和自然条件。首先，根据机械化工艺方案和农艺要求确定机械类型；其次，根据地块大小和动力机械等条件，选择机械尺寸和连接方式。例如，小地块一般选择悬挂式农具；大地块一般选择半悬挂式农具或牵引式农具，以避免转弯受地块尺寸的限制。

2）生产性

生产性指机器的生产能力和效率，一般表现为功率、速度、生产率、利用率等技术参数。应该根据生产单位的经营规模和生产任务来选择机器的性能和尺寸，并考虑动力机械与作业机械的配套性，以充分发挥机器性能和提高利用率。部分发达国家发展大功率、高速度的轮式拖拉机，并配套悬挂式、半悬挂式作业机械，以及宽幅和联合作业机械，就是为了提高农业劳动生产率。

3）经济性

经济性主要指机器的购置费用和使用费用。在选购机器时，不能只考虑机器的购置价格，还必须考虑使用期间的各种费用支出。如果只侧重考虑价格高低，而不考虑购入后所发生的一系列费用，如油料费、维修费等，则可能出现机器的整个寿命周期费用（购置费用+使用费用）不是最经济的情况。

设有A、B、C三种机器，其性能与效率及使用寿命都相同，但购置费用和使用费用各不相同，见表1-1-4。

表1-1-4　三种机器的寿命周期费用对比

机器名称	购置费用（万元）	使用费用（万元）
A	8 000	11 000
B	11 000	4 800
C	11 000	8 000

从表中可见，若主要考虑购置费用，则以机器A为最优，机器B次之，机器C最差；若主要以寿命周期费用比较，则以机器B为最优，机器A次之，机器C最差（初期投入高）。从使用费用占寿命周期费用比重进行分析：

机器A　11 000/(8 000 + 11 000) = 57.89%

机器B　4 800/(11 000 + 4 800) = 30.38%

机器C　8 000/(11 000 + 8 000) = 42.11%

若各机器寿命周期费用相等，则应按使用费用最小选择，因此应优先选择机器B。随着机器现代化水平的提高，以及能源价格上涨，使用费用在寿命周期费用中的比重大大超过购置费用。因此，寿命周期费用的观点很重要，在进行机器选型时，通常要求从长远的、全面的、系统的观点考虑机器的经济性。

4）可靠性

可靠性包括无故障性、维修性、耐久性等，要求机器在规定时间内，在规定的使用条件下无故障地工作，使用寿命长。为了便于对机器进行维修和故障排除，农机应具有易于拆卸、检查，零部件的通用化和标准化程度高且互换性好等优点。

5）安全性

安全性指机器安全生产和对环境保护的性能。机器的安全性是现代机器选型的重要条件之一。其要求机器能安全作业，在发生事故时能保护驾驶、操作人员的安全。此外，机器噪声和排放的有害物质应在国家标准范围内。随着经济发展，人们越来越重视驾驶的舒适性，除噪声和有害物质排放外，操作的方便性和座椅的舒适性等，也成为现代机务人员追求的目标。

图 1－1－1　铧式犁

目前所使用的耕地机械根据作业原理主要分为三大类：铧式犁、圆盘犁和凿形犁，如图 1－1－1 至图 1－1－3 所示。犁耕机组的主要形式有牵引犁机组、悬挂犁机组和半悬挂犁机组，如图 1－1－4 至图 1－1－6 所示。耕地作业机具的选型，应考虑地块面积、地表状态、土质结构、地块坡度及农业技术要求。地块面积大、土壤黏重、地表不平的条田一般选用履带式拖拉机牵引犁机组或悬挂犁机组，反之则可选用轮式拖拉机悬挂犁机组。长度在 100 m 以下的地块则宜选用中小型拖拉机进行耕作。

机具编组时，主要根据拖拉机的标定牵引力和土壤比阻选定犁铧数，严禁拖拉机经常处于超负荷状态；作业速度选用 5 ~ 6.5 km/h 为宜，不宜长期在某一速度状态下作业。为了保持土壤耕后有适宜的墒度，通常采用耕地复式作业机组，一般为犁后带耙、耱、合墒器、镇压器或施肥装置等。

图 1－1－2　圆盘犁

图 1－1－3　凿形犁

图 1－1－4　牵引犁机组

图 1－1－5　悬挂犁机组

图 1－1－6　半悬挂犁机组

3. 农业机械的配备

1）农业机械配备的目的

因地制宜地完成机械化农业生产任务，提高农业经济效益是农业机械配备的主要目的。

2）农业机械合理配备的依据

（1）地区的自然、社会经济条件，地形、地貌和作业场所状况等条件。

（2）农业机械的规模及生产工艺和作业项目，以及由此决定的各项作业数量和农艺技术要求。

(3)农业机械的管理水平及人员的技术水平。

(4)农业机械原有作业系统的构成(人、机、畜)及技术经济指标。

(5)可供选择的机械型号、价格、技术性能和对所在地区的适应性等。

3)农业机械配备方法

例如,当前常用的确定拖拉机数量的方法有如下三种。

(1)比照类推法,即比照所在地区已实现机械化单位的机群构成及运用效果,经比较分析,配备农业机械的一种方法。比照类推法是一种最简单的经验配备法。其优点是所需资料易于收集,不需要复杂的计算。该法适于历史较久远或机械化水平较高的地区进行农业机械配备。

(2)生产率法,也称"工作量法"或"作业量法",即根据选用机组的生产率、分配给该机组的作业量、可作业天数等条件来确定机具配备数量的一种方法。

$$n_t = \frac{U_t}{W_t} \tag{1-1-17}$$

式中 n_t——完成该项作业所需拖拉机台数(台);

U_t——该拖拉机进行该项作业每天应完成的作业面积(公顷/(台·日));

W_t——该拖拉机完成该项作业的日历生产率(公顷/(台·日))。

根据农忙季节(负荷高峰期)需要该拖拉机完成的作业项目和作业量即可计算出需配备拖拉机的总台数。

(3)能量法,类似于生产率法,以完成某项作业日需用能量(kW·h/d)为依据,再结合选定拖拉机的标定功率(或牵引功率)来确定所需拖拉机数量。

$$n_t = \frac{N_{tr}}{N_t} - \frac{N_{tr}}{N_{en}\xi_n\eta_t} \tag{1-1-18}$$

式中 N_{tr}——完成某项作业日需牵引功率(kW/d);

N_t——完成上述作业单台拖拉机牵引功率(kW);

N_{en}——该拖拉机的标定功率(kW);

ξ_n——拖拉机功率利用系数;

η_t——拖拉机的牵引率。

一般情况下,拖拉机在进行作业时,它所能提供的牵引力不能完全被利用,即不能满负荷作业,因而功率利用系数 ξ_n 的值随拖拉机型号和机组类型而异。

另外,也可根据拖拉机的标定功率来推导出所需拖拉机数量的公式。计算田间运输机械需用量时,可用此方法。

除此之外,还有线性规划法、最小年度费用法等农业机械配备方法。

4)农业机械配备的一般步骤

(1)合理选择机械化工艺方案。

(2)初步选择拖拉机和农机具型号。

(3)收集配备计算所需资料。

(4)进行配备计算。

(5)配备方案的技术经济评价和选优。

(6)配备方案的实施与反馈。

1.1.2 耕地作业工艺组织管理

1.1.2.1 耕地机组作业前的田间准备

1. 基本要求

对被耕地块道路、桥涵、地表情况进行调查，必须保证道路畅通、桥涵完好，并确认机组可以顺利通过。同时，还应了解地块的地形、地表状况，检查土壤墒度，确定最佳的作业时间、作业方法和行走路线等。

2. 清理地块

(1)平渠埂，填坑洼，并对成堆的茎秆、石块、树根等影响机组作业的障碍物进行清除。

(2)对作业中不易看清或不能搬移、排除的障碍物，如电杆及拉线、水井、大水坑、石堆等，应事先在周围做好明显标志。

(3)对沟灌地作业时，则要求灌水均匀，毛渠、洼坑中的积水应提前排除，以防止机组作业时陷车、打滑。

(4)对于滴灌地，在春季耕地时，要在地面滴灌设施处做好明显标志，以免损坏滴灌设施；在秋季耕地时，要先将滴灌系统的地面水管(支管、滴灌带等)清理干净，同时在不能拆卸的地面部分做好明显标志。

3. 规划作业小区

机组进行田间作业的场所统称为地块，如图 1－1－7 所示。地块常被划分为工作区段和地头、地边等部分。根据需要，工作区段又可分成若干小区，小区宽度以 C 表示。地头是机组完成工作行程后转弯的地带，其宽度用 E 表示。在完成工作区段的作业以前(如收获)或以后(如耕地、播种)，也要在地头进行作业。

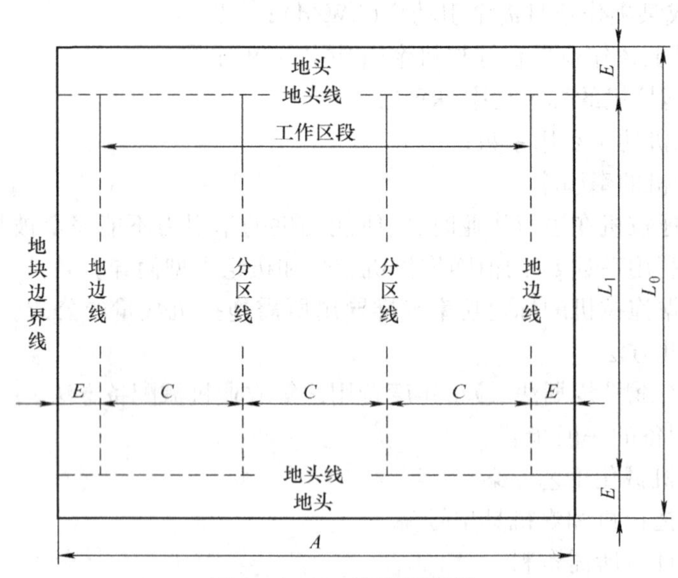

图 1－1－7 地块示意图

作业前可以将地块规划为若干作业小区，宽度一般为 30～80 m，具体数值视地块长度而定。通常，长条田的作业小区宽度应大一些，反之则小些，但必须使其宽度等于机组工作幅宽的整数倍，相邻作业小区的宽度应相等。

4. 划出转弯地带

转弯地带的宽度依据机组的工作幅宽、挂接方式和行走方式而定，并应等于机组工作幅宽的整数倍，一般为 9 ~ 15 m。转弯地带的宽度确定后，应事先用外翻法犁出一条起落线，其深度为 80 ~ 100 mm。

5. 其他准备

对于耕地前施基肥的地块，应提前将肥料均匀撒开，且为了减少肥料的散失，提前的时间越短越好。在机组作业的第一行程行走线上，应插上标杆，标杆必须插正、插牢，并在一直线上，且标杆尽可能明显。

1.1.2.2 了解耕地作业的农业技术要求

1. 耕深

应按照土壤、作物、地区、动力、肥源、气候和季节等条件选择合理的耕深。耕作层耕深通常为 16 ~ 20 cm。一般来说，秋耕与冬耕宜深，春耕与夏耕宜浅。深耕作业水田的耕深在 20 ~ 27 cm，旱地在 27 ~ 40 cm。耕深要求均匀一致，沟底也应平整。

2. 覆盖

良好的翻垡覆盖性能是铧式犁的主要作业指标之一，要求耕后植被不露头，回立垡少。对于水田旱耕，要求耕后土垡架空透气，便于晒垡，以利恢复和提高土壤肥力。

3. 碎土

犁耕作业还需兼顾碎土性能，耕后土垡松碎，田面平整。一般来说，铧式犁的碎土质量往往难以满足苗床要求，还需进行整地作业。

1.1.2.3 耕地机组机具的准备

1. 确定犁铧数量

拖拉机所牵引的犁铧数量，应根据土壤阻力、耕深、犁铧工作幅宽及拖拉机工作速度下的牵引力确定。拖拉机的牵引力利用系数应达 90% ~ 95%，严禁经常超负荷运转，也不宜长期在单一速度下作业。

$$n = P_{Tn} \cdot \mu / (a \cdot b \cdot K) \tag{1-1-19}$$

式中 n——犁铧数量；

P_{Tn}——拖拉机工作挡位的标定牵引力(N)；

μ——牵引力利用系数；

a——耕深(cm)；

b——单铧幅宽(cm)；

K——土壤比阻(N/cm^2)。

经计算若出现小数，应取整数，一般取下限值。

2. 调整机组牵引装置

为了保证作业质量，减少阻力，必须正确地安装拖拉机和犁的牵引装置，使犁的主拉杆与前进方向一致，使牵引线通过阻力中心点，保证犁体能够平稳作业。

3. 调整悬挂犁

悬挂犁安装正确的标志是耕地过程中，拖拉机的左右下拉杆处于对称位置，机架纵梁与机组前进方向一致，铧间重叠量为 10 ~ 25 mm。此外，牵引臂必须调紧，使犁保持稳定、没有摆动，以保证耕地质量。

另外，应做到部件完整、不变形，工作部件刃口锋利，各部件螺丝紧固，润滑良好，转动灵活，操作轻便可靠。

1.1.2.4 耕地机组的作业方法

1. 犁地头线

正式犁耕前，在地块两头耕出与机组行进方向垂直的浅沟，称为地头线。它是起犁和落犁的标志，能使地头整齐，犁铧容易入土，减少重耕和漏耕，提高耕地质量，并给操作带来方便。悬挂机组的地头宽度约为拖拉机长度与犁的长度之和；牵引机组的地头宽度约为机组长度的 2 倍。地头浅沟的深度约为正常耕深的 1/2。地头线应尽可能与地边平行，使地头宽度保持一致，以减少留边或留角。

2. 开墒

1）开墒的定义及要求

平地起犁耕作称为开墒。它是整个作业的开端，墒开得好坏，对耕地质量和生产率有直接的影响，所以一定要开得正、开得直、留垄小、漏耕少和覆盖严。生产中常用的内翻开墒法有以下两种。

（1）重半犁开墒法。开墒耕第一犁时，将第一铧调浅，最后一铧调至正常耕深；返回耕第二犁时，使犁的前两铧重耕，后两铧耕未耕地。此法留下的垄堆较小，地下可以耕透，覆盖质量较好，对土地生产率影响不大，适于耕一般地块。

（2）重两犁耕法。该方法又叫双开墒法，机组先从地块中心采用外翻法来回耕两犁，使地块中间形成一条墒沟；然后用内翻法重耕两犁，将外翻土垡翻回到沟中，把墒沟填平；最后采用内翻法耕完整个地块。这种开墒法留下的垄堆平坦，地面较平整，垄堆下的地能耕透，也能达到规定的耕深。但覆盖质量差，残茬和杂草在开墒处显露较多；机组有两趟重耕，生产率降低，油耗增加。该法一般用于地块较小的熟地和土壤较干较硬的地块。

为了降低垄台高度，一般在开墒时注意将多犁体上最前铧的耕深调得浅一些，最后铧的耕深调到要求耕深。采用悬挂犁开墒时，将限深轮调到全耕深位置，将右升降杆调整到半耕深位置；耕第二犁时，再将机架调节器调到水平，进行正常作业。

2）开墒作业

耕地机组的开墒作业方向通常应沿着长度方向，耕地作业方法有内翻法（闭垄法）、外翻法（开垄法）、梭形法以及有环节内外翻交替法和无环节套耕法等。

（1）内翻法。机组从地块中心线左侧进入，耕到地头起犁，右转弯后在中心线右侧回犁，依次由里向外耕完整块地，耕后地块的中间会形成一个闭垄台，两侧留有犁沟，如图 1 – 1 – 8所示。当地块较窄且中间较低时，可采用此方法。

（2）外翻法。机组从地块右侧进入，耕到地头起犁，左转弯后到地块左侧回犁，依次逆时针由外向内耕完整块地，耕后地块的中间会形成一个墒沟，称为开垄，如图 1 – 1 – 9 所示。当地块中间较高时，可采用此方法。

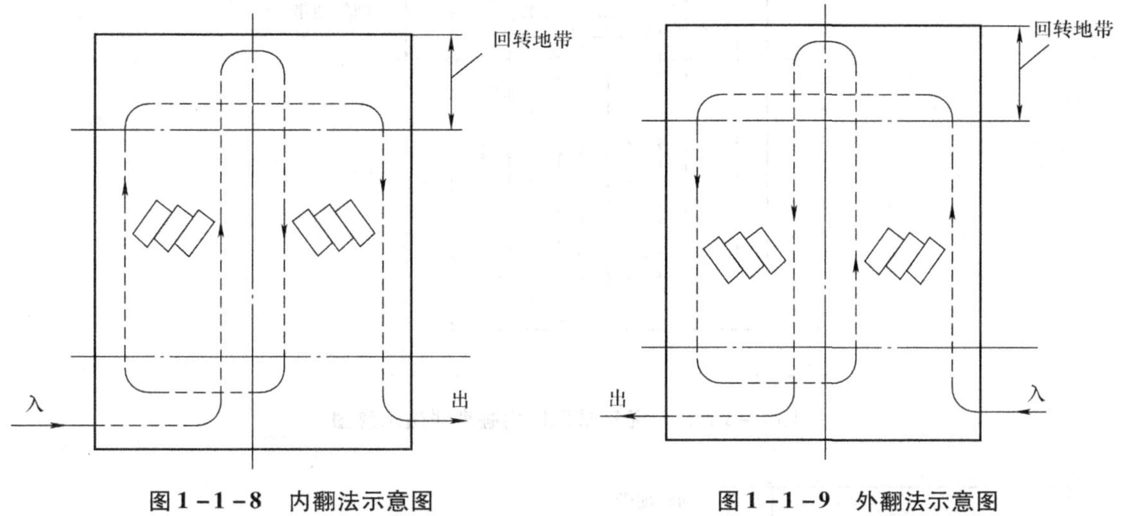

图 1－1－8　内翻法示意图　　　　图 1－1－9　外翻法示意图

（3）有环节内外翻交替法。在相邻几个作业小区内，依次交替地采用外翻法和内翻法，具体的行走方法如图 1－1－10 所示。这种方法的特点是奇数区都采用内翻法，偶数区都采用外翻法，反之也可。耕后小区的中间有一个墒沟或垄台，而小区交界处无垄台和墒沟，地头转弯有环节。该方法适宜对较大地块的耕作。

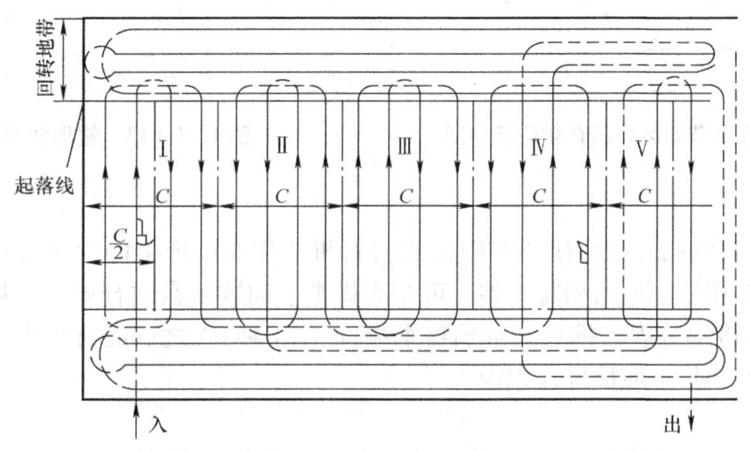

图 1－1－10　有环节内外翻交替法示意图

（4）无环节套耕法。这种套耕法的特点是地头转弯无环节，故适宜宽而短的地块。根据驾驶员的驾驶习惯和地形情况又可以分为内翻套耕和外翻套耕等不同形式，如图 1－1－11、图 1－1－12 所示。

（5）梭形法。双向犁耕作时，通常采用梭形法，如图 1－1－13 所示。在距离地边一半耕幅处进入，采用内翻法，返回时拖拉机轮胎走犁沟，采用外翻法把上一趟内翻形成的土垡翻回原处，之后一直采用外翻梭形耕作法。这种耕作方法的特点是耕区内无垄沟，可保持田面平整，空行程少。

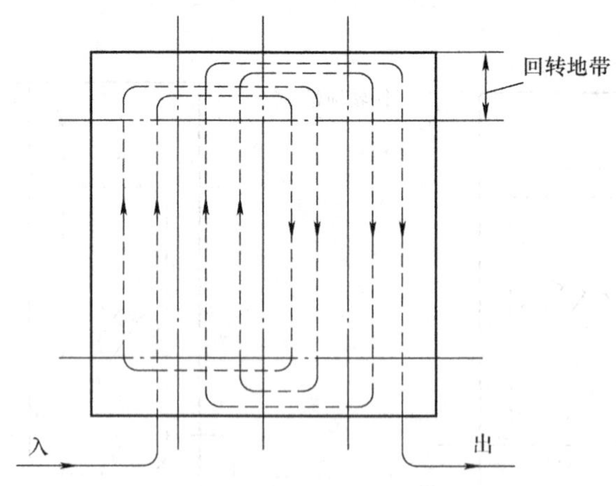

图1-1-11　无环节四区内翻套耕法示意图

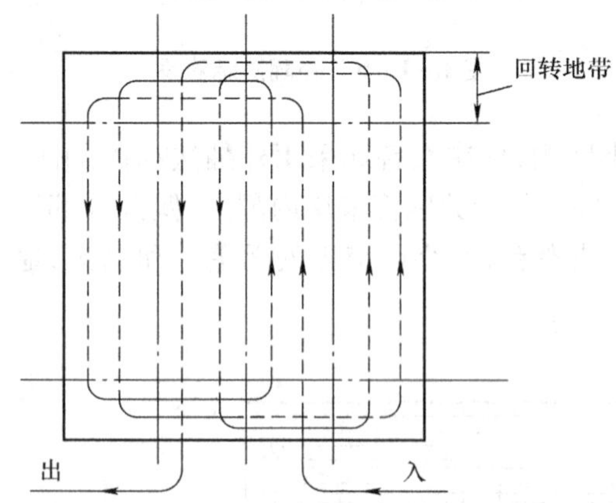

图1-1-12　无环节四区外翻套耕法示意图

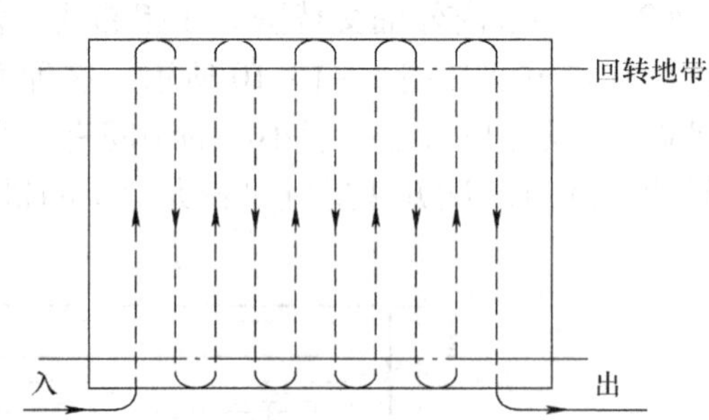

图1-1-13　梭形法示意图

3. 合墒

合墒指采用合墒器(如液压调节圆盘式),对机耕作业中产生的沟垄进行平整,以保持土壤的水分和耕作后土地的相对平整。可在5铧犁上加装圆盘式合墒器。耕作时,合墒器将土垡切碎,并将部分表土推送到合墒器末端,形成土埂;在之后的行程中,土埂逐次被推移;到最后一行程时,土埂被推入犁沟。

4. 耕地头

拖拉机不能走在已耕地上,以免将地块压实。耕地头时,可先在地块两侧留出与地头相同宽度的区域并插立标志,待耕完作业区后,拖拉机绕已耕地将地头及两侧耕完。回耕时,在地块四角处,应提犁转弯,以免将犁损坏。对于较窄地块,可采用倒退移行耕法,即耕完地块后,采用倒车分别耕两边地头。地头耕作有两种方法,即单独耕地头法和转圈耕地头、地边法。

(1)单独耕地头,就是在耕完整块地后,用内翻法或外翻法分别单耕地头,在起落线处向地内侧重复耕1~2铧。这种方法适用于较长地块或地头两端有较大转弯地段的地块。

(2)转圈耕地头、地边,就是在耕地前就在两边各留出与地头等宽的待耕地边,待耕完全部小区后,将留下的地头、地边连起来圈耕,并在四角处起犁转弯。若用悬挂机组,采用此法更有效。

5. 质量检查

机组在第2圈作业中，应按农业技术要求检查耕地质量，并进行调整。每工作4~5 h，应停车检查犁的紧固件、转动部分及各部件的润滑情况，检查犁的牵引(悬挂)装置是否正常等。

1.1.2.5 耕地机组作业的质量检查与验收

耕地机组作业的质量检查的内容主要如下。

(1)耕深检查。耕深检查是耕地质量检查的主要内容，可在犁耕过程中检查或耕后检查。每班次要检查耕深2~3次，每次要在地块上不相同位置测量5~6个点。耕翻的平均深度与规定深度相差不应超过1 cm。在犁耕过程中检查时，主要看沟壁是否垂直，用尺检查耕深是否达到规定的深度及各铧耕深的一致性，误差不超过20 mm。如以上都符合规定，还应保证耕后地面平整，覆盖严密，显不出各犁所耕的土垡有何差异，即为质量合格。

如在耕后检查，应站在耕区地边较高处，全面观察。如地面平整、土垡均匀且无弯来扭去，覆盖严密，地头整齐，说明质量基本合格。此后，再沿对角线检查，每耕区选20余点，检查时，先将该处地面整平，然后用直尺插入主沟底量深度，因耕后土壤疏松，实际耕深约为测出耕深的80%。

(2)地表平整性检查。在与耕地垂直方向检查沟、垄及翻垡情况时，除开墒和收墒处的沟垄外，要注意相邻行程接合处。若出现高起，说明两行程之间有重耕；如有低洼，说明有漏耕。如果地表普遍不平，说明犁的挂接不正确。此外，还应检查有无立垡和回垡现象。

(3)覆盖情况检查。检查残根、杂草覆盖是否严实，并要求覆盖有一定的深度，最好在12 cm以下或翻至沟底。

(4)地头检查。检查地头是否整齐，有无剩边、剩角。

(5)开墒直度检查。每1 000 m内小弯不超过2个，弯曲度≤±10 cm。

(6)直线性检查。要求在50 m内直线误差不超过150 mm。

以上检查工作应由土地承包户和机组人员共同进行，对照农业技术要求进行质量验收。

【知识拓展】

精准农业——自动驾驶

精准农业是一种现代化农业理念，是将最先进的科技应用于农业生产，从而达到科学合理利用农业资源、提高农作物产量、降低生产成本、减少环境污染、提高经济效益的目的。具体就是综合应用全球卫星导航系统(Global Navigation Satellite System，GNSS)、地理信息系统(Geographic Information System，GIS)、遥感技术(Remote Sensing，RS)和计算机自动控制系统，逐步向农业生产自动化方向发展。这是目前农业生产最前沿的技术和发展方向。

目前，我国在精准农业方面的应用主要集中在拖拉机自动驾驶，它能够提高农机作业的精准度，减少作业误差，提高农业生产的标准化程度，促进土地的高效利用。然而，要最大限度地提高产量，降低投入，使有限的土地资源效益最大化，农机自动驾驶仅仅是精准农业的开始。精准农业发展到今天，其内涵也在不断延伸，包括自动驾驶、产量测定、流量控制、变量控制、播种控制、信息共享等一系列新技术,正在被越来越多的农业生产者所认可。

1. 自动驾驶的特点和优势

自动驾驶可以实现 24 h 全天候不间断作业,不受天气因素干扰,无论日夜都可以保证作业的高精度。目前,基于具有我国自主知识产权的北斗高精度定位系统的自动驾驶系统(图 1-1-14),其作业误差在 2.5 cm 以内,可减少农业作业的重复面积、提高作业率、自动计算作业面积。同时,应用该技术可有效提高土地对阳光和水分的利用率,使每棵植株均匀分布并享有同等空间、阳光和水分,减少弱势植株的比例。对驾驶人员来讲,自动导航与驾驶系统可极大减轻驾驶员的劳动强度,解放驾驶员的双手和双眼,使其在作业时有更多精力与时间关注农机及农具的运行状态,更好地保证农机具的正常运行,进而节本增效,对提高中耕植保质量、采棉机采净率、残膜回收率、中耕基肥利用率、灾害重播作业质量有显著的效果。

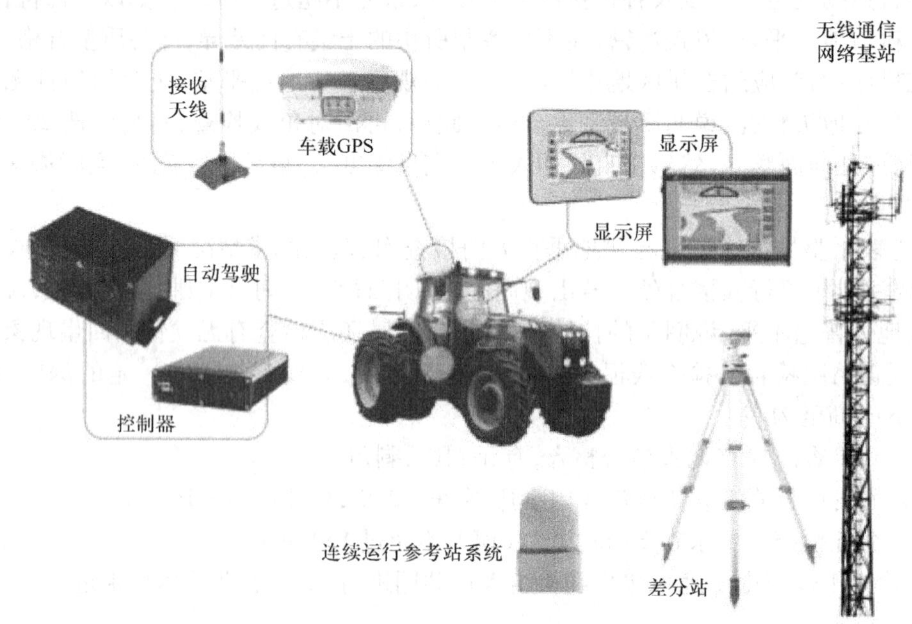

图 1-1-14 北斗导航自动驾驶系统

2. 自动驾驶系统的组成和工作原理

1)系统组成

自动驾驶系统主要包括导航光靶、方向传感器、通信模块、导航控制器、液压控制器等。

(1)导航光靶,接收全球定位系统(Global Positioning System,GPS)的定位信号,并设定导航线后,根据机组作业幅宽进行自动直线导航。其技术特点是在没有作业导航图的情况下,可在作业中生成导航线,在 GPS 的定位下可对农机田间直线行走作业做精确引导,使机组作业不重不漏,并具有作业面积计算统计等功能。

(2)方向传感器,向导航控制器发送高精度的转角信息。

(3)通信模块,接收基站的差分数据。

(4)导航控制器,自动驾驶系统的核心,通过接收 GPS 的定位信息和方向传感器的转角信息向液压系统发送指令。

(5)液压控制器,根据导航控制器发送的指令,改变液压缸油的流量和流向,保证农机按照设定的路线行驶。

2)工作原理

先在导航光靶上设定车辆行走路线并设置导航模式(直线或曲线)。通过接收基站的差分数据,实现厘米级的卫星定位,实时向控制器发送精确的定位信息。方向传感器实时向控制器发送车轮的运动方向。导航控制器根据卫星定位的坐标及车轮的转动情况,实时向液压控制器发送指令,通过控制液压缸油的流量和流向,控制车辆的行驶,确保车辆按照导航光靶设定的路线行驶。

3)注意事项

(1)一定要按所耕土地的要求设定与林带的距离,具体距离应根据地号的实际情况选择,使路线尽可能保持与林带平行。这样才能做到充分利用土地,并达到作业标准。

(2)多车在同一地号利用自动驾驶系统进行相同的作业时,车与车之间的行走路线必须平行,才能确保作业质量达到不漏或不重的目的。

(3)使用自动驾驶系统时,如需加速,最好先调整挡位,之后再加油门,这样能确保作业的直线度;需要减速时,最好先收油门再减挡,只有正确地操作机车,才能不影响作业的直线度。

【任务小结】

(1)熟悉耕地作业前的田间准备及机组准备工作内容。

(2)进行实地机组编制。

(3)了解耕地作业机组的作业方法和作业程序。

(4)根据耕地机组作业的质量标准,对机组编制及作业工艺的合理性进行检查与验收。

【课后练习】

1. 名词解释

(1)农机具比阻。

(2)梭形耕法。

(3)自走式机组。

2. 填空题

(1)犁耕机组的主要形式:________、________和________。

(2)机组在作业中转弯的形式较多,一般将转弯形式分成三类:________、________和________。

(3)联合整地机械化技术的优点:________、________和________。

3. 简答题

(1)农机作业成本的组成有哪些?减少成本的途径有哪些?

(2)耕地作业对农业技术的要求有哪些?

(3)耕地机组作业质量检查和验收包括哪些内容?

【总结评价】

(1)谈一谈你参加春耕作业的体会及收获。

(2)谈一谈在完成任务学习的过程中,你和你所在小组的收获、不足和有待改进提高的地方。

(3)结合学习的实际情况,完成表1-1-5和表1-1-6。

表1-1-5　耕地作业机组的编制与作业工艺组织管理

序号	考核内容		配分	评分内容	考核记录	得分
1	知识	机组生产率计算	10	1. 掌握理论生产率和技术生产率的区别; 2. 掌握理论生产率和技术生产率的计算方法		
		耕地作业机组编制的计算	20	1. 掌握机组计算的主要参数; 2. 掌握机组计算的步骤; 3. 能对计算结果进行对比分析,确定合理方案		
		耕地作业工艺组织管理	10	1. 了解耕地机组作业前的田间准备内容; 2. 了解耕地作业的农业技术要求; 3. 了解耕地机组机具的准备工作内容; 4. 掌握耕地机组的作业方法		
		耕地机组作业的质量检查与验收	10	1. 掌握质量检查的主要内容; 2. 掌握质量验收的主要标准		
2	技能	耕地机组编制的计算	10	1. 掌握耕地机组编制时,主要参数的计算方法; 2. 能通过编组计算,对比选优,确定合适的编组方案		
		作业前的田间准备	10	熟悉作业前田间准备的内容,并能根据实际作业地块规划作业小区及转弯地带等		
		质量检查与验收	10	1. 按照验收标准对耕作地块进行质量检查; 2. 会使用检测验收工具		
3	态度	安全生产意识	10	能在导师的指导下安全文明生产		
		合作、吃苦精神	10	能与小组同学合作完成本次任务,操作过程中能做到吃苦耐劳		
4	分数合计		100			

表 1-1-6 项目一任务一工单

<table>
<tr><td rowspan="2">任务名称</td><td rowspan="2">耕地作业机组的编制与作业工艺组织管理</td><td>姓名</td><td></td><td>班级</td><td></td></tr>
<tr><td>日期</td><td colspan="3"></td></tr>
<tr><td colspan="6">1. 耕地作业机组编制
1)机组生产率的计算
理论生产率 W_t =
技术生产率 W_p =
2)作业机组编制的计算步骤
(1)选择速挡。
(2)确定牵引力 P_T。
(3)确定土壤比阻 K。
(4)求最大作业幅宽 B_{max}。
(5)确定犁铧数 n。
(6)方案对比选择;验算牵引力利用系数;验算生产率。
3)编组计算
东方红-802 型拖拉机牵引犁在平坦的割后茬地上耕地,耕深 25 cm。已知工作时,犁单位面积上受到的阻力为 6.86 N/cm²,试进行编组计算。
2. 耕地机组作业质量检查的主要内容</td></tr>
</table>

任务二:整地作业机组的编制与作业工艺组织管理

【任务目标】

(1)熟悉整地作业前的田间准备及机组准备工作内容。

(2)能够实地进行机组编制。

(3)了解整地作业机组的作业方法和作业程序。

(4)能够根据整地作业机组的作业质量标准,对机组编制及作业工艺的合理性进行检查与验收。

(5)掌握有关农机作业机组运行的知识。

【导师导学】

1.2.1 整地作业机组编制

1.2.1.1 有关农机作业机组运行的知识

1. 工作行程和机组转弯基本概念

1)工作行程和空行程

移动式机组在田间作业过程中,要行进很长的路程,这些路程包括工作行程和空行程。通常把机组有负荷作业时运行的路程叫作工作行程,而把无负荷时运行的路程叫作空行程。

机组的空行程按性质可分为两类：一是与机组在小区内作业直接有关的转弯空行；二是空行转移，如在地块之间的转移，从停放处开往工作地点的转移等。机组在运行过程中，空行程占总路程的4% ~12%。例如，一台 1LZ－5.6 型整地机带一套钉齿耙，每整地 100 亩大约走 12 km，若全年完成 15 000 亩，要走 1 800 km。若以 8% 计算，每年空行约 144 km。空行时，机组不进行有效作业，造成人力、时间和物质的浪费。所以，减少空行程是确定机组最佳行走方案的重要目标。

2）机组中心和机组的出线长度

为便于研究转弯运动，把能够代表整个机组转弯运动特性的某点 O 称为机组中心。由于机组类型不同，机组的中心位置也不同。对于两轮驱动的机组，驱动轴的中点即为机组中心；对于四轮驱动的机组，两驱动轮轴中点连线的中点为机组中心；对于履带式机组，两履带中心连线的中点为机组中心；对于四轮驱动折腰式机组，折腰点为机组中心。不同机组的转弯中心如图 1－2－1 所示。在稳定的情况下，机组中心的转弯速度近似等于机组的转弯速度。

在牵引式机组和后悬挂式机组上，机组中心与农具作业部件的距离 e 称为机组的出线长度，如图 1－2－2 所示。它表示在地头控制线上起落工作部件以前，机组中心必须由控制线向前直线运行的距离。

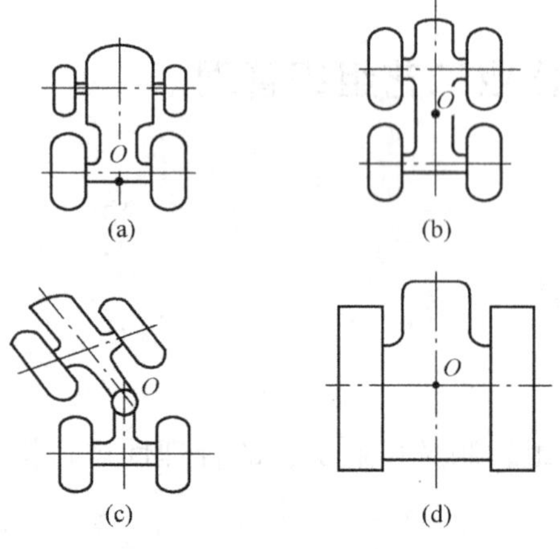

图 1－2－1　不同机组的转弯中心

（a）两轮驱动机组　（b）四轮驱动机组
（c）折腰转向机组　（d）履带式机组

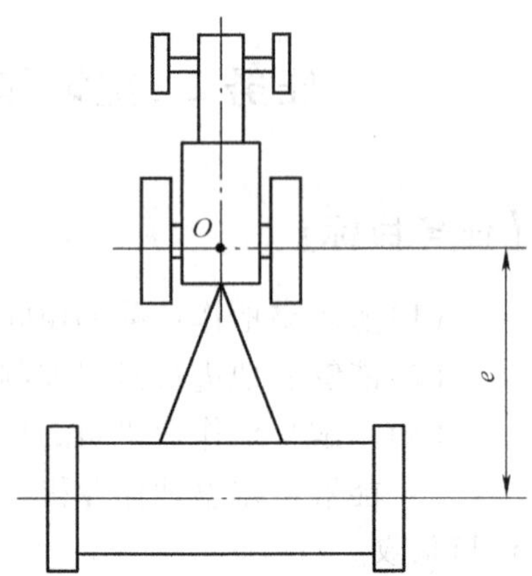

图 1－2－2　机组出线长度示意图

3）转弯中心和转弯半径

机组中心绕某一点（图 1－2－3 中的 O_1 点）做转弯运动，这个点就称为转弯中心。机组转弯时，机组中心所描绘的曲线半径称为机组的转弯半径，用 R 表示，如图 1－2－3 所示。机组的最小转弯半径是机组转弯时，连接装置和农机具不产生破坏、变形的最小半径，其数值取决于拖拉机、农机具及连接器行走部分的构造、机组的组成、土壤状态及地形。此外，机组的运动速度、机组行走系统的技术状态及驾驶员的技术水平对转弯半径也有很大影响。表 1－2－1 中列出了各种牵引式机组最小转弯半径的近似值。确定最小转弯半径的简单方法是试验测定法，即在实际工作中测定优秀驾驶员所操纵机组的实际转弯半径，测量多次求出平均值。计算公式为

$$R = \frac{D_1 + D_2}{4} \tag{1-2-1}$$

式中　D_1——拖拉机外轮或外链轨运动轨迹的直径(m)；

D_2——拖拉机内轮或内链轨运动轨迹的直径(m)。

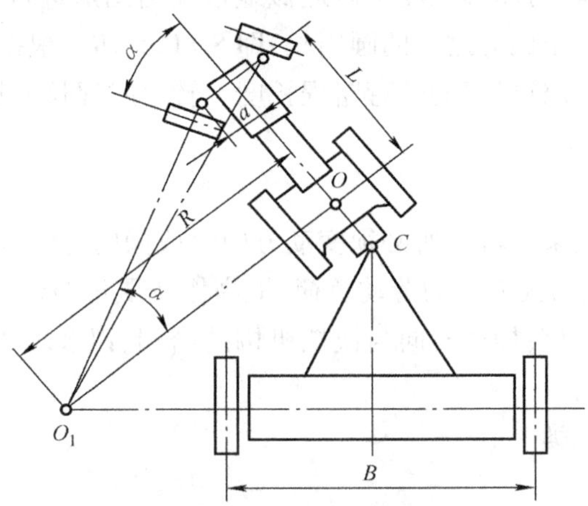

图 1-2-3　机组转弯中心及转弯半径

表 1-2-1　各种牵引式机组最小转弯半径的近似值

机组种类	R_{min}的近似值(m)
耕地机组	$(3.4 \sim 7)B$
钉齿耙或宽幅机组	B
播种机或中耕机(1 台农具)	$1.7B$
播种机或中耕机(2 台农具)	$1.2B$
播种机或中耕机(3 台农具)	$0.8B$

机组在作业中,转弯的形式较多,适用于不同的机具、工作条件和行走方法。一般将转弯形式分成三类:90°转弯,180°转弯和任意角转弯。机组 180°转弯形式如图 1-2-4 所示。在实际生产过程中,由于地块面积、形状等条件的限制,机组作业的转弯形式会有很多变化。

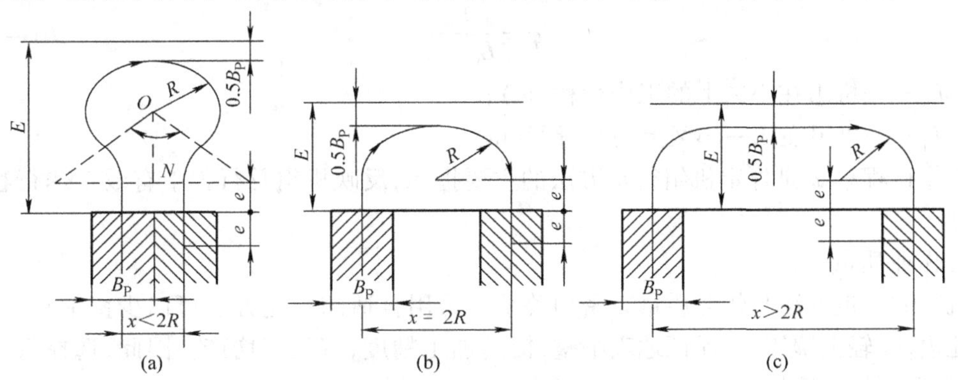

图 1-2-4　机组 180°转弯形式

(a)梨形弯　(b)半圆弯　(c)带直线行程转弯

2. 机组转弯形式的主要评定指标

机组转弯路程长度及转弯时的操向次数是机组转弯形式的主要评定指标。

1）转弯路程长度

机组稳定运动时，其转弯路程长度可以近似地按几何图形进行计算。例如，机组转 90°弧形弯的路程长度近似等于四分之一的圆周长，即 $S=0.5\pi R$。根据转弯方式以及机组的相关结构尺寸，可以近似地计算机组的转弯路程长度。转弯路程长度越小，机组采用的转弯方式越好。

2）转弯操向次数

转弯操向次数指完成某一转弯所必须变动方向盘或操向杆位置的次数。例如，90°转弯的操向次数为 2。为减轻驾驶人员的劳动负荷，提高作业质量，转弯操向次数越少越好。操向和换挡次数的增加，不仅会加速转向与换挡机构的磨损，以及增大驾驶人员劳动强度，还将增加转弯的路程和时间。

3. 机组行走方法的分类

1）直行法

机组的工作行程平行于小区的长边，机具的工作部件在地头线上起落，在地头做 180°转弯。

2）绕行法

机组的工作行程平行于小区的各边。根据机组的行走方向，这种方法又分为向心绕行法（机组由小区边缘渐次绕向中心）和离心绕行法（机组由小区中心渐次绕向边缘）两种。

3）斜行法

机组与小区长边成一斜角进行直线行驶作业，在地头或地边进行空行转弯或工作转弯。

以上述三种行走方法为基础，配合各种转弯形式，可以演变出各种行走方法。

4. 机组行走方法的评价指标

1）工作行程率

机组在小区上进行作业时，其工作行程与机组在同一小区上总行程的比值，称为机组的工作行程率，以 φ 表示，即

$$\varphi=\frac{L_w}{L_w+L_i} \tag{1-2-2}$$

式中 L_w——机组在小区上的工作行程（m）；

L_i——机组在同一小区上的空行程（m）。

工作行程率 φ 是评定机组行走方法的主要指标，反映机组总行程中有效工作行程的利用程度。

2）作业质量

机组的行走方法与作业质量有密切关系。采用合适的行走方法可以少留地头和地角，不留地边，减轻土壤压实，保证地表平整，提高加工精度，有利于增产。因此，选择行走方法时，必须保证作业质量。

3）地块区划

所选行走方法，应易于田块小区、地头、地边的区划，便于驾驶员识别。

4)操纵方便性

所选行走方法,应有利于减少转弯次数、简化操作、减少机具磨损、保障作业安全。

1.2.1.2 整地作业机组编制的要求

(1)满足整地作业的农业技术要求,作业质量好。

(2)机组生产率高,能保证农时,及时完成作业。

(3)单位作业的燃料消耗和劳动消耗少,作业成本低。

(4)操作方便,保证安全作业。

1.2.1.3 整地作业机组编制的计算

整地作业机组编制的计算方法和步骤同耕地作业的不同之处体现在圆盘耙的牵引阻力,且有

$$R_a = K_b aB \text{ (N)} \tag{1-2-3}$$

式中 K_b——耙地作业比阻(N/cm^2);

a——耙深(cm);

B——总工作幅宽(cm)。

耙地作业速度一般为6~10 km/h,常见耙地作业比阻可按表1-2-2确定。

表1-2-2 常见耙地作业比阻

	未耕地(灭茬耙)		已耕地	
K_b(N/cm^2)	黏土:5.5	壤土:3.5	黏土:2.8	壤土:2.1

1.2.1.4 整地作业的机组准备

1. 机组人员配备

整地作业机组通常每班次配1名驾驶员,必要时也可加配1名助手。

2. 机组选型

整地作业包括耙地、平地和镇压,有的地区还包括起垄和作畦。

整地机械的种类很多,常用的类型包括圆盘耙、钉齿耙、镇压器、联合整地机等,如图1-2-5至图1-2-8所示。其中,钉齿耙主要用于旱地犁耕后进一步松碎土壤,平整地面,为播种创造良好条件。钉齿耙也可用于覆盖撒播的种子、肥料,以及进行苗前、苗期的耙地除草作业。圆盘耙分为重型、中型、轻型三种,如图1-2-9至图1-2-11所示。圆盘耙主要用于犁耕后的碎土和平地,也可用于搅土、除草、混肥、浅耕,以及播种前耕地或果园的松土、除草和飞机撒播后的盖种等作业。其是牵引型表土耕作机具中应用最广泛的一种机具。

应根据土地状况和作业要求,选择不同的机具。对于草皮层较厚、土质黏重的新荒地,以及水稻田、盐碱地,一般采用重型缺口耙;对于耕翻质量好或质地疏松的熟地,一般采用轻型圆盘耙;而中型钉齿耙主要用于覆盖种子,消灭杂草或苗期耙地。

例如,新疆多选择与作业负荷相适应的履带拖拉机(大功率拖拉机)和钉齿耙整地以及联合整地机械。

图 1－2－5　圆盘耙

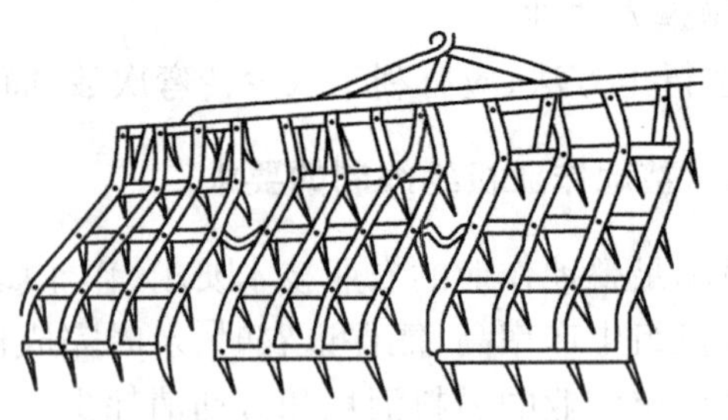

图 1－2－6　钉齿耙

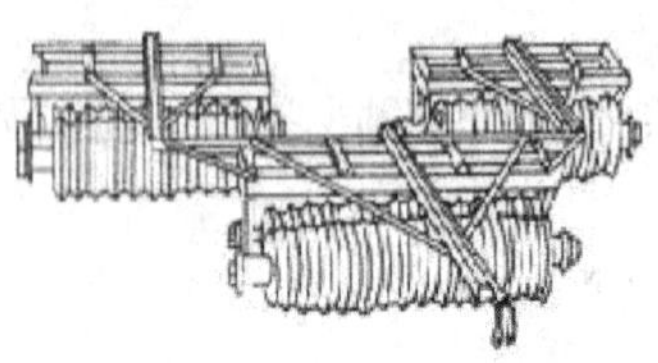

图 1－2－7　镇压器

图 1－2－8　联合整地机

图 1－2－9　重型圆盘耙

图 1－2－10　中型圆盘耙

图 1－2－11　轻型圆盘耙

1.2.2　整地作业工艺组织管理

1.2.2.1　整地机组作业前的田间准备

（1）清除田间障碍物，对不能清除的障碍物，如电线杆及拉线、水井、水坑等，应做出明显标记，也应在滴灌设施处做出明显标记。

（2）平整田间渠埂。

（3）采用多区对角耙时，应依次选定作业行进路线，并测量地块、划分作业小区，插上第一行程标杆。

(4)采用其他运行方法时,应从中心线或对角线偏过1/2作业幅宽处插上第一行程标杆。

(5)对水稻田耙地前,先将地块规划成2~3亩大小的小块田或格田。

1.2.2.2 了解整地作业的农业技术要求

整地作业主要用于播种前整地,以确保播种质量,也可用于春季耕地保墒及秋季整平地越冬等。机械整地的一般农业技术要求包括以下6个方面。

(1)平:作业后土壤表层没有垄起的土堆、土条及明显的凹坑。

(2)齐:田边地角要整到、整好。

(3)松:作业后土壤表层疏松,有适当紧密度。

(4)碎:土块要耙碎,不允许有10 cm以上的土块、泥条。

(5)净:肥料覆盖良好,地表无作物残株和杂草。

(6)墒:作业适时,墒情适当。

1.2.2.3 整地机组的作业方法

1. 做好整地机组的机具调整

圆盘耙的调整主要包括调整牵引线,调整耙片作业偏角,以及耙架上加重等。

1)调整牵引线

圆盘耙在作业时,应使耙架保持水平,以使前、后耙组耙深一致,可通过调整牵引板孔的位置实现。

2)调整耙片作业偏角

当耙片作业偏角增大时,翻土和碎土的效果增强,但耙深也增加。使用中,注意左、右耙组偏角一致,以便保证整台耙的作业质量,各种圆盘耙片的工作偏角,要根据地块条件加以选择。

3)耙架上加重

有时为了增加耙片入土深度,会在轻耙的加重盘上加重物。每台耙附加质量不应超过400 kg。此外,加重也起平衡作用。

2. 规划作业小区

作业小区的宽度应根据地块的长度和整地机械的工作幅宽确定。

3. 整地方向的选择

在一般情况下,整地的方向相对于耕地方向可分为以下三种。

(1)顺向作业:整地的方向相对于耕地方向一致。其工作阻力小,但碎土与平地作用差,适于疏松土壤。

(2)横向作业:整地的方向相对于耕地方向垂直。其碎土和平地效果好,但机具振动大,转弯多,工效低。

(3)斜向作业:整地的方向相对于耕地方向约成45°。其碎土和平地作用介于顺向作业和横向作业之间,但行走路线复杂。

一般斜向作业应用较多。

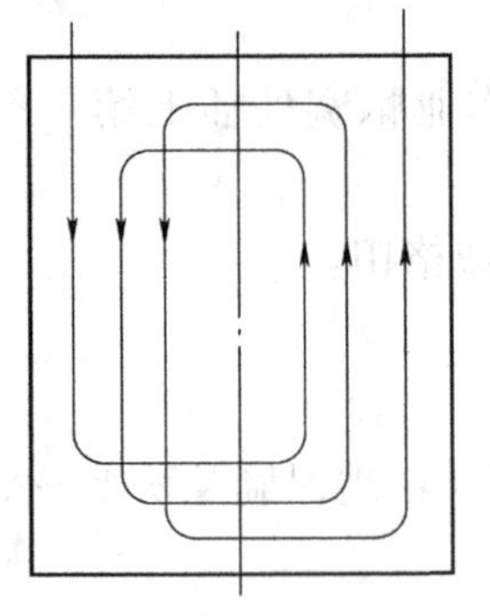
图 1－2－12　两区套耙法

4. 整地方法

耙地作业时，应根据土质、地块尺寸、形状及农艺要求等，选择适当的耙地方法。常见耙地方法有以下几种。

1）两区套耙法

将条田划分成两个等宽的小区，机组从一小区的一侧进入，从另一小区返回，采用顺时针或逆时针方向套耙，两小区同时结束作业，如图 1－2－12 所示。

2）单区对角耙

对于正方形地块，机组沿着对角线偏过半个工作幅宽进入地块进行作业，到对角后，沿顺时针或逆时针方向返回，依次作业，最后沿四周地边绕行 2～3 圈结束，如图 1－2－13 所示。

3）多区对角耙

对于长方形地块，可分成若干近似正方形的小区，连接起来进行对角耙，如图1－2－14 所示。

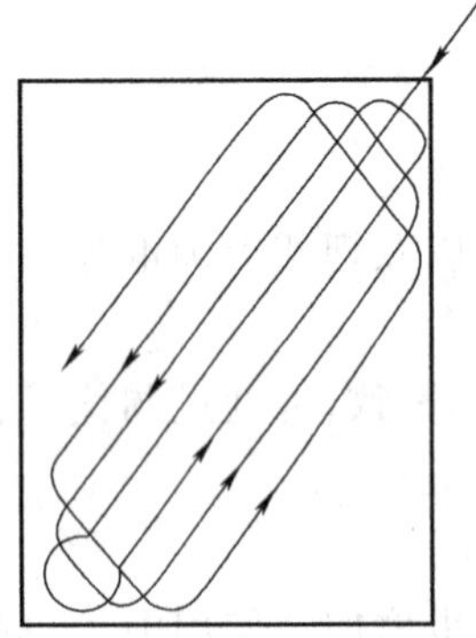
图 1－2－13　单区对角耙

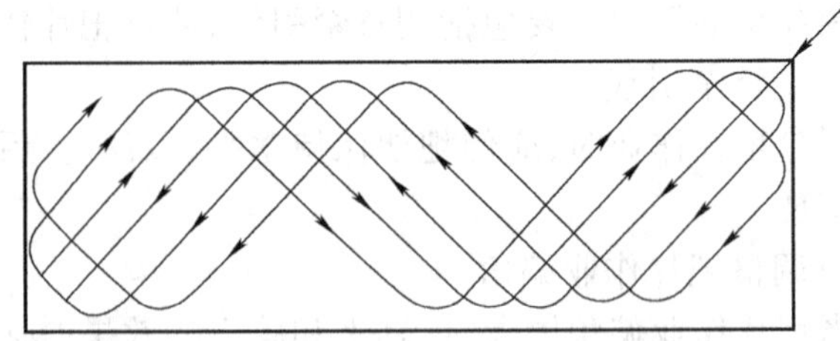
图 1－2－14　多对角耙（三区）

4）绕行向心耙或单遍梭形耙

此外，也可采用绕行向心耙或单遍梭形耙，如图 1－2－15 和图 1－2－16 所示。

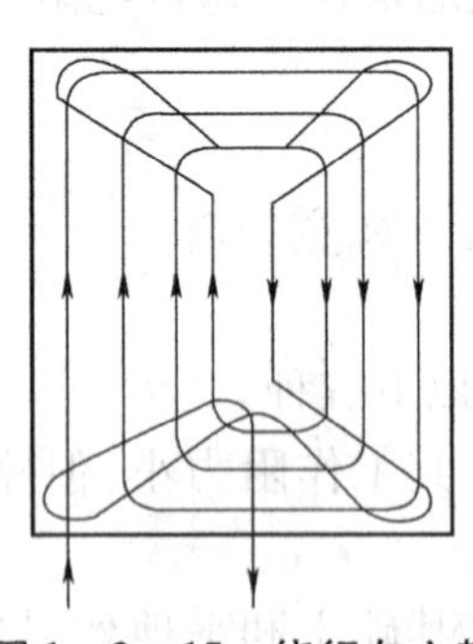
图 1－2－15　绕行向心耙

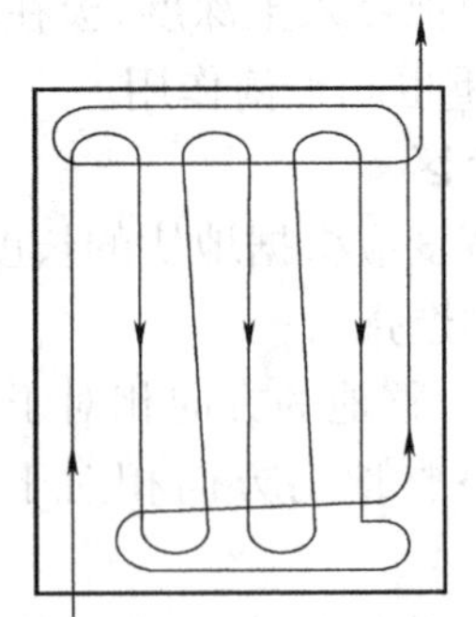
图 1－2－16　单遍梭形耙

耙地作业应在最佳墒情时进行，作业第一圈时，应检查质量，必要时进行调整。作业速度一般在 6～8 km/h 为宜，要直线行驶，相邻两个幅宽可重叠 100～200 mm，转弯处防止漏耙。

常用整地方法有套耙法和对角耙法。

5. 联合整地机械的作业规程

1）概述

联合整地机是当前国内外整地机具的发展趋势之一。联合整地机械化技术指以大、中型拖拉机作为配套动力，驱动联合整地机械一次完成深松、灭茬、旋耕、起垄、深施肥，直至播种作业。它代替了以往的翻、耙、压、起的单项作业，是一种节本增效十分显著的技术。联合整地机械化技术的优点有以下几个。

（1）节油降本。与传统的翻、耙、压、起单项作业相比，联合整地每公顷可节省油料 15 kg，降低油耗 21.7% ~40%，降低作业成本 38%，节省投资 50% 以上。

（2）蓄水保墒。联合整地可创造疏松绵软、结构良好、活土层厚、上虚下实、松紧相间、地表平整、肥沃的耕层结构，有利于土壤吸纳雨水、雪水，与常规整地相比，每公顷可多蓄水 150 m^3。

（3）提高地温。旋耕、深松作业后的土壤较为松软，能接纳更多的阳光。联合整地后，距地表层 10 cm 以内的土壤在春季可提高地温 0.6 ℃左右，利于作物生长。

2）机组的调整

由于各地对农业技术要求不同，土壤情况也不同，为了满足不同地区的需要，并保证良好的作业质量，机具应进行以下几个方面的调整。

（1）在纵垂面内的调整。机具作业时，机架应平行于地面，前后耙组耙深应一致，否则应进行调整。调整方法：转动调节螺杆，即缩短螺杆的有效长度可使机架前部降低；伸长螺杆的有效长度可使机架前部升高。

（2）盘耙组的调整。根据土壤条件和对耙深的要求，选择合适的耙组偏角，常用角度为 9° ~13°。调整方法：松开固定螺栓，转动耙组到合适的角度，然后将耙组固定。

（3）地齿板的调整。调整调节拉杆的长度，使平地齿板角钢的下平面离开理想地平面 2 ~3 cm。调整耙齿长度，使其入土深度为 8 ~10 cm。

3）使用及安全操作规程

（1）机组必须停在平坦的地面上后，再升起或放下翼梁。翼梁升起时，翼梁两侧严禁站人。

（2）机组完全停放在地面上后，再与拖拉机脱开或挂接。

（3）运输时，机组的两侧翼梁必须升起到位，并用锁销固定。根据地面状况，选择合适且安全的运输速度。

4）使用前的准备

（1）配套使用的拖拉机应安装双轮胎，以增加附着力、提高牵引能力、减轻对已耕地的压实。

（2）对于新机具，作业前必须检查各紧固件是否牢固，各润滑点是否已注油，各转动件是否灵活。其中，方轴螺母的紧固尤其重要，一定要用加力杠拧紧。

5）其他注意事项

（1）在调整机具或紧固件时，工作人员必须戴手套。当机具与拖拉机挂接在一起时，工作人员应站在机具两侧或机具上进行操作；当需要升起机具并在下面修理时，一定要在机架四周加支承，以免发生意外。

（2）当拖拉机与机具挂接时，要慢速倒车，严禁任何人在两者之间停留。

(3)机组在作业或运输过程中,严禁闲人靠近或攀爬。

(4)机组在作业、左右转弯或倒车时,均应将机具提升为运输状态,以免损坏工作部件。

(5)当机具发生堵塞时,应将机具升起,排除堵塞后再继续作业。

(6)如发现机具有变形、开焊或损坏现象,应及时修复。

(7)在维修机具上的液压件时,要将行走轮置于接地状态(不要将机具抬起),然后慢慢松开胶管接头,使液压油渗出并泄压后,再进行修理,这样既能少浪费油,又不会导致高压油伤人。

(8)机具的工作速度应小于 8 km/h。

6. 整地机组作业质量检查与验收

整地机组作业质量检查的主要要求如下。

(1)整地作业时,应保持机具在水平状态下作业,以使作业地表深浅一致。在作业中,要经常检查各紧固件是否有松动,必要时加以紧固。

(2)土壤翻耕后,第一遍耙地时,因土质松软,作业速度要慢,以 4 ~ 5 km/h 为宜;第二遍耙地时,作业速度可提高到 5 ~ 6 km/h。

(3)为增加作业深度,可以采用加重法,但不得用铁器、石块加重,更不允许在农具上站人。

(4)作业中应及时清理黏挂的杂草、秸秆。

(5)检查耙地作业质量。检查点的选取方法:在对角线方向上,间隔 8 ~ 10 m 取一个点;在与运行垂直的方向上,间隔 6 ~ 8 m 取一个点;每块地检查点不少于 10 ~ 15 个。具体检查内容如下。

① 耙深耙透。轻耙的耙深为 10 ~ 12 cm,中耙的耙深为 14 ~ 16 cm,重耙的耙深为 16 ~ 18 cm。耙深须一致,耙深合格率大于 80%。

② 土块细碎。每平方米内,尺寸为 50 ~ 100 mm 的土块不超过 8 块。

③ 耙到头、耙到边,不重耙、不漏耙,相邻作业幅宽的重耙量小于 15 cm。斜耙完毕后,绕地边再耙一圈,地头耙两遍,漏耙率小于 5%。

④ 田面平整。

(6)检查平地作业质量。平后地表平整,无明显土包、沟坑,并尽可能减小条田的自然坡度,消除垄沟及土埂等不平处。

(7)检查镇压作业质量。镇压作业应不漏、少重、压碎土块,并使种子与土壤紧密接触,以促进发芽。

(8)检查开沟筑埂作业质量。作业方向应根据地形地势确定,并与灌水方向相适应,埂沟平直,无扭曲凹凸,土埂要有一定坚实度。

以上检查工作应由土地承包户和机组人员共同进行,对照农业技术要求进行质量验收。

【知识拓展】

保护性耕作的优点

保护性耕作指通过少耕、免耕、地表微地形改造技术及地表覆盖、合理种植等综合配套措施,减少农田土壤侵蚀,保护农田生态环境,并获得生态效益、经济效益及社会效益协调发展的可持续农业技术。其核心技术包括少耕、免耕、缓坡地等高耕作、沟垄耕作、残茬覆盖耕作、秸秆覆盖等农田土壤表面耕作技术及其配套的专用机具等。其中,配套技术包括绿色覆盖种植、作物轮作、带状种植、多作种植、合理密植、沙化草地恢复以及农田防护林建设等。

保护性耕作的优点如下。

(1)减少劳动量,节省时间。与两次甚至多次土壤耕作相比,仅用一次作业完成播种,意味着拖拉机及劳动力作业时间的减少或者在相同时间内完成更多的播种面积。例如,在202.3 hm^2 的土地上采用保护性耕作,1 年就可以节约 225 h,按每周工作 60 h 计,1 年相当于节约近 4 个星期的劳动时间。

(2)节省燃料。采用保护性耕作后,平均每公顷土地可节约燃油 32.75 L,或者一个202.3 hm^2 的农场每年可节省燃油近 6 625 L。

(3)减少机器磨损。工作次数的减少使每公顷因机器磨损产生的年维修费用减少约 82.4 元。也就是说,一个 202.3 hm^2 的农场,年机器磨损相关的维修费用可以节省近 17 000 元。

(4)改善土壤的可耕作性。连续免耕能够增强土壤微粒的聚合(成为团粒结构),可以使作物根系更容易发展。土壤耕作性能的提高也可以减少土壤压实。当然,耕作行程的减少也是降低土壤压实的重要原因。

(5)锁住土壤水分,提高水分利用率。保护性耕作可保持土壤残茬覆盖,提供遮阴,锁住土壤水分。残茬就像一个微小的水坝,可减慢水的流速,增加水分入渗的机会。事实上,在夏末连续的免耕可以为作物多提供 50.8 mm 的可利用水分。

(6)减少土壤侵蚀。在土壤表面覆盖作物残茬可以减少土壤风蚀、水蚀。与没有保护的或经过强烈耕作的土地相比,残茬覆盖可以减少 90% 的土壤侵蚀。

(7)提高水的质量。作物残茬有利于土壤保存肥料与杀虫剂,减少其流入地表水中的可能。事实上,残茬可以使杀虫剂的流失减少一半。而且,在富碳土壤中生存的微生物能够很快地降解杀虫剂并充分利用肥料,从而保证了地下水的质量。另外,由于水蚀的减少,使随水蚀流入河流中的泥沙量减少,也是提高水质量的另一原因。

(8)保护野生动植物。作物残茬可以为野生动物,如鸟和其他小动物,提供掩蔽处和食物。

(9)提高空气质量。采用保护性耕作可减少风蚀,从而减少空气中的灰尘量。此外,减少拖拉机进地的行程,减少矿物燃料燃烧的排放;在有机质中聚集更多的碳,减少释放到大气中的二氧化碳量。所以,实施保护性耕作可使空气质量得到改善。

【任务小结】

(1)熟悉整地作业前的田间准备及机组准备工作内容。

(2)了解整地作业机组的作业方法和作业程序。

(3)根据整地作业的质量标准,对机组编制及作业工艺的合理性进行检查与验收。

【课后练习】

1. 名词解释

(1)工作行程。

(2)空行程。

(3)转弯操向次数。

2. 简答题

(1)整地机组机具调整的内容有哪些？

(2)常用的整地方法有哪些？

(3)联合整地机械化技术的优点有哪些？

【总结评价】

(1)谈一谈你学习本任务后的体会及收获。

(2)谈一谈在完成任务学习的过程中，你和你所在小组的收获、不足和有待改进提高的地方。

(3)结合学习的实际情况，完成表1－2－3和表1－2－4。

表1－2－3　整地作业机组的编制与作业工艺组织管理

<table>
<tr><th>序号</th><th colspan="2">考核内容</th><th>配分</th><th>评分内容</th><th>考核记录</th><th>得分</th></tr>
<tr><td rowspan="4">1</td><td rowspan="4">知识</td><td>机组运行</td><td>10</td><td>1. 掌握工作行程和空行程；
2. 能确定机组中心和转弯中心；
3. 掌握机组转弯的主要评定指标；
4. 了解机组行走的方法</td><td></td><td rowspan="4"></td></tr>
<tr><td>整地机组编制</td><td>20</td><td>1. 了解整地作业机组编制的基本要求；
2. 掌握整地作业机组编制计算的方法和步骤；
3. 能对计算结果进行对比分析，确定合理方案</td><td></td></tr>
<tr><td>整地作业工艺组织管理</td><td>10</td><td>1. 了解整地作业机组作业前的田间准备内容；
2. 了解整地作业的农业技术要求；
3. 了解整地机组机具的准备内容；
4. 掌握整地机组的作业方法</td><td></td></tr>
<tr><td>整地作业的质量检查与验收</td><td>10</td><td>1. 掌握质量检查的主要内容；
2. 掌握质量验收的主要标准</td><td></td></tr>
<tr><td rowspan="3">2</td><td rowspan="3">技能</td><td>整地机组编制的计算</td><td>10</td><td>1. 会计算整地机组编制主要参数；
2. 能通过编组计算对比选优，确定合适的编组方案</td><td></td><td rowspan="3"></td></tr>
<tr><td>作业前的田间准备</td><td>10</td><td>熟悉作业前田间准备的内容，并能根据实际作业地块规划作业小区及转弯地带等</td><td></td></tr>
<tr><td>质量检查与验收</td><td>10</td><td>1. 按照验收标准对工作地块进行质量检查；
2. 会使用检测验收工具</td><td></td></tr>
<tr><td rowspan="2">3</td><td rowspan="2">态度</td><td>安全生产意识</td><td>10</td><td>能在导师的指导下安全文明生产</td><td></td><td rowspan="2"></td></tr>
<tr><td>合作、吃苦精神</td><td>10</td><td>能与小组同学合作完成本次任务，操作过程中能做到吃苦耐劳</td><td></td></tr>
<tr><td>4</td><td colspan="2">分数合计</td><td>100</td><td></td><td></td><td></td></tr>
</table>

表 1-2-4　项目一任务二工单

<table>
<tr><td rowspan="2">任务名称</td><td rowspan="2">整地作业机组的编制与作业工艺组织管理</td><td>姓名</td><td></td><td>班级</td><td></td></tr>
<tr><td>日期</td><td colspan="3"></td></tr>
</table>

1. 整地作业机组编制

(1)工作行程和空行程。

(2)找出下图中不同机组的转弯中心。

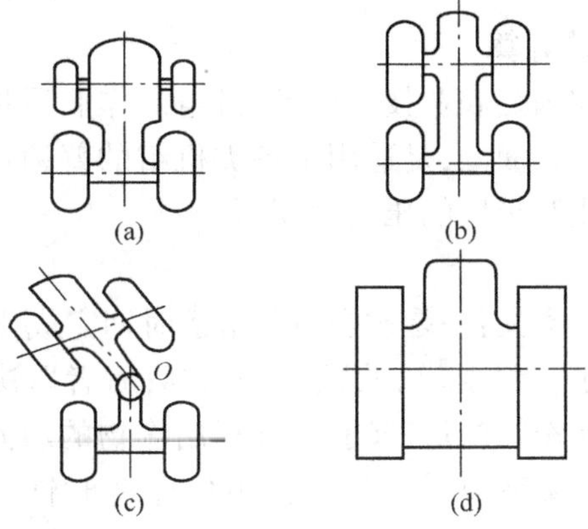

(3)下图所示的整地机械适合在哪种土地上作业？为什么？

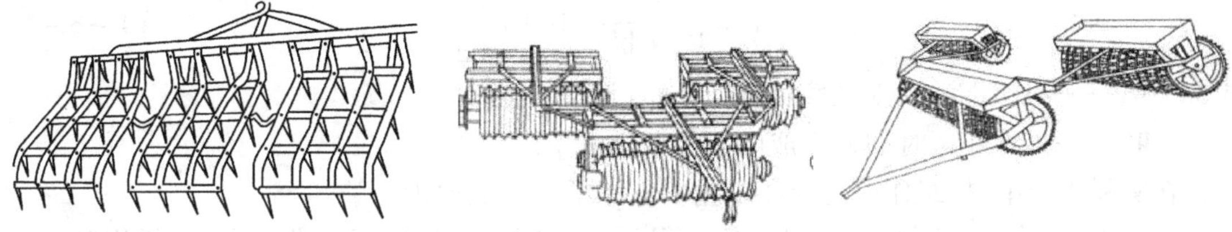

2. 整地机组作业质量检查与验收内容

任务三：播种作业机组的编制与作业工艺组织管理

【任务目标】

(1)熟悉播种作业前的田间准备及机组准备工作内容。

(2)能够实地进行机组编制。

(3)了解播种作业机组的作业方法和作业程序。

(4)能够根据播种机组作业的质量标准对机组编制及作业工艺的合理性进行检查与验收。

(5)熟悉有关农机作业质量及配备的相关计算。

【导师导学】

1.3.1　播种作业机组编制

1.3.1.1　有关农机作业质量及配备的相关计算

1. 机组作业质量指标的计算

农业机械作业要实现和满足农业技术要求,机组的作业质量直接影响作物的生长及产量。机组作业质量指标是多方面的,是适用于各类机组的普遍性指标,包括作业适时性、作业面积完整率以及机组作业对土壤的压实程度等。

1)作业适时性

作业适时性有两方面的含义:一是按农时季节适时期完成作业;二是在作业条件适宜的时期进行作业。前者取决于产量要求,兼顾经济指标;后者取决于作物和土壤的状态。例如,在适时期割晒,既能保证作物产量,又能充分利用作物的后熟特性;再如,在土壤水分适宜时进行耕整地作业,可提高整地质量等。机组作业适时性一般用作业适时率 t_a 表示,且有

$$t_a = \frac{W_a}{W_a + W_o} \times 100\% \qquad (1-3-1)$$

式中　W_a——机组在适时期内完成的工作量(hm^2);

W_o——机组在适时期外完成的工作量(hm^2)。

在实际生产中,机组作业适时率低主要有以下三方面原因。

(1)在适时期内,机组生产率过低,不得不延至适时期外完成作业。所以,机组的高生产率是保证作业适时率的重要条件。

(2)在适时期内,机组生产率虽高,但由于作业任务量大,不得不拖后作业。这就需要改变机器配备数量或者调整作物比例。

(3)适时期太短。应根据当地作物的农业技术要求,并考虑经常出现的自然条件影响等,确定合适的种植计划、耕作制度和作业时期。

2)作业面积完整率

机组在地块上进行作业时,会残留一部分未进行作业的面积,有时这些面积会占较大的比例。在进行耕整地和施肥播种作业时,出现这种现象会形成低产区,影响整个地块的均衡增产。因此,应该尽可能地缩小农机作业残留面积。一般用作业面积完整率表示残留的程度。

机组作业面积完整率可表示为

$$A_e = \frac{A - \Delta A}{A} \times 100\% \qquad (1-3-2)$$

式中　ΔA——残留面积(hm^2);

A——地块面积(hm^2)。

地块上的残留面积一般分布于下列三个区域。

(1)地角。在地块四角上往往留有残留面积,这种残留面积的大小随机组组成、作业和地头环境、操作技术水平的变化而变化。

(2)工作区边。由于农具工作部件接触不到工作区的边缘(如农具幅宽小于拖拉机宽度的机组、非对称机组、农具行走轮距大于作业幅宽的机组、区边外有沟河或障碍、区边不整齐等),而在地边残留下的未作业地带。

(3)工作区内部。该残留面积主要由下列原因造成:①地头线处农具升降不及时;②在工作行程中,农具产生故障;③由于偏牵引,或指印器、划印器计算不正确或有故障,使相邻两行程接合不好,产生漏耕;④机组行走的直线性不良。

了解产生残留面积的原因有助于采用有效措施,减少残留面积。

3)机组作业对土壤压实程度

机组在地面上行走,不但会在地面上压出轮辙,而且对耕作层的土壤也会产生压实作用,从而破坏土壤的团粒结构,影响作物的生长及产量,进而影响土壤的生产能力和农业的可持续发展。为了减轻压实程度,需要从以下多方面采取措施。

(1)在确保产量和降低单位面积能源消耗的前提下,尽可能减少机组的进地次数。

(2)降低机组对土壤的比压和机组驱动装置的打滑率。严重的滑转对土壤的挤压和剪切作用非常强烈,在农业机械编组和操作时应予以充分考虑。

(3)减少机组在地块上的压实面积。机组内所有行走装置(机车行走系、农具行走轮、支持轮、连接器、划印器轮子)均对土壤有压实作用。但驱动装置的压实作用较强,所以应尽可能减少驱动装置。

除去地头外,在工作区内,机组驱动装置的轮辙面积(压地面积)可表示为

$$\Delta A_k = \frac{C}{B_P}(L-2E)2b \tag{1-3-3}$$

式中 L——地块长度(m);

C——地块宽度(m);

E——地头宽度(m);

b——工作幅宽(m);

B_P——轮辙宽度(m)。

在工作区内,轮辙面积所占总工作区面积的百分比为

$$E_a = \frac{\Delta A_k}{C(L-2E)} = \frac{2b}{B_P} \times 100\% \tag{1-3-4}$$

可见,机组作业对土壤的压实程度与机组实际工作幅宽成反比,在实际生产中,采用宽幅机组可以有效减轻机组作业对土壤的压实。

2. 农机机组配备相关参数的计算

1)作业机械数量的计算

根据完成某项作业时,单个机组所配备的作业机械台数 n_t 和相应拖拉机的配备量计算作业机械的数量,即

$$n_m = m \times n_t \tag{1-3-5}$$

式中　m——该拖拉机配备的相应农具的台数。

2)机组日历生产率的计算

在作业日历期内,考虑自然条件及机械技术状态等因素的影响,预计机组可达到的平均日(或小时)生产率,称为机组日历生产率,其计算公式为

$$W_r = W_p T_r \tau_r \tau_y \tag{1-3-6}$$

式中　W_p——机组班次技术生产率(标准公顷/班);

T_r——机组在作业日历期内日平均可作业的小时数(h/d);

τ_r——日历日期利用系数;

τ_y——机组的地块转移时间利用系数。

机组日历日期利用系数 τ_r 指在作业的农时日历期内,机组实际可能作业的日数与日历日数 R 之比。影响日历日期利用系数的主要因素有天气、土壤湿度、按级保养的停机天数和机组因故障停机的天数等。通常,日历日期利用系数可表示为

$$\tau_r = \xi_q \xi_b \xi_w \tag{1-3-7}$$

式中　ξ_q、ξ_b、ξ_w——日历气象系数、机组的保养系数和技术完好系数。

3)作业负荷及其调节

用单位时间机械完成的作业量或为按给定的时间完成作业任务而投入的机械能量,可以反映机械在一定时间内承担的作业任务量的大小,通常统称为机械的作业负荷。前者称为工作量负荷,单位为标准 hm^2/d;后者称为能量负荷,单位为 kW/d、kW · h/d 等。

(1)作业负荷的计算。

$$U_r = \frac{U\delta}{R} \tag{1-3-8}$$

式中　U——欲完成作业的总面积(hm^2);

δ——该项作业标准公顷折合系数;

R——按农艺要求允许作业的日历日数(d)。

(2)作业负荷的调整。

计算完各项作业负荷后,往往要以时间为横轴,将各项作业的作业负荷直方图画在同一坐标系中,称其为作业负荷图。由于农业生产具有季节性,则可能出现某段时间内作业负荷非常大,而有的期间作业负荷特别小,甚至没有作业项目。作业负荷图能直观反映这种现象。为降低机械设备投资和作业成本,提高机械的利用率,应在一定范围内合理调整某些日期的作业项目或负荷值,以降低负荷高峰。调整方法及原则如下。

① 改变作业日期。将处于高峰期的某些作业项目移离原来的位置,具体方法如下。

a. 平移法。改变作业的起止日期,向前或向后调整作业,被移离的作业项目的作业日数保持不变。

b. 缩短作业日期。将处于高峰期的作业项目的开始日期后移或将结束日期前移。用缩短作业期的方法将某项作业移离负荷高峰期。

c. 延长作业期。通过延长处于高峰期的作业项目的作业期(提早开始,或延迟结束,或者同时提早和延迟作业的开始与结束日期)的方式来减小负荷高峰值。

② 重新分配各作业动力的作业任务。

将处于高峰期的作业项目所包含的全部或部分作业任务调配给同期作业但负荷较轻的

其他动力(人、畜力等),以此来降低某种动力的负荷高峰值。

1.3.1.2 播种作业机组编制的要求

(1)满足播种作业的技术要求,作业质量好。

(2)机组生产率高,能保证农时,并能按时完成作业。

(3)单位作业的燃料消耗和劳动消耗少,作业成本低。

(4)操作方便,保证安全作业。

1.3.1.3 播种作业机组编制的计算(计算方法和步骤同耕地作业)

1. 播种机组牵引阻力的计算

$$R_n = Bkn + R_H \quad (1-3-9)$$

式中 B——每台农具工作幅宽(m);

k——农机具的单位幅宽作业比阻(N/m),见表 1-3-1;

n——农机具数;

R_H——附件阻力(N)。

表 1-3-1 不同农机具的单位幅宽作业比阻概值

机具及工作条件	k(N/m)
中型钉齿耙和网耙	46~65
刀齿草地耙	150~230
圆盘耙及灭茬犁	160~210
行间中耕	120~180
锄铲式中耕机全面中耕	140~260
圆盘式开沟器播种机	100~140
仿形点播机	100~140
马铃薯方形穴播机	320~350
起垄、培土器	150~200
割草机	70~140
牵引式割晒机	120~150
悬挂式割晒机	80~120
牵引式联合收获机	110~190
横向搂草机	50~70
侧向搂草机	70~100
马铃薯挖掘机	580~650
V 形镇压器	90~120
环形镇压器	250~499

$$R_H = gG_Hf_H \quad (1-3-10)$$

式中 G_H——联接器的质量(kg);

f_H——联接器滚动阻力系数;

g——重力加速度,$g=9.8\ m/s^2$。

2. 编组计算实例

东方红－75 型拖拉机，用 J－11 型联接器牵引 24 行播种机，在平坦耙后地上进行播种作业，试求Ⅲ、Ⅳ挡条件下的编组。

解：1）确定牵引力 P_T和附着力

查拖拉机的说明书，得

$$P_{TⅢ}=22\ 050\ \text{N}$$
$$P_{TⅣ}=17\ 640\ \text{N}$$
$$G_T=5.6\times10^3\ \text{kg}$$
$$\mu=0.7$$

附着力为

$$F_{max}=9.8\mu G_T=9.8\times0.7\times5\ 600=38\ 416\ \text{N}$$

2）确定作业比阻 k

$$k=1\ 372\ \text{N/m}$$

3）求最大工作幅宽 B_{max}

根据资料，J－11 联接器重 $G_H=667$ kg，滚动阻力系数 $f_H=0.2$，工作幅宽 $B=3.6$ m。则

$$B_{max\ Ⅲ}=\frac{22\ 050-9.8\times667\times0.2}{1\ 372}=15.12\ \text{m}$$

$$B_{max\ Ⅳ}=\frac{17\ 640-9.8\times667\times0.2}{1\ 372}=11.9\ \text{m}$$

4）确定播种机数 n

由于 $n=\frac{B_{max}}{B}$，则

$$n_Ⅲ=\frac{15.12}{3.6}=4.2，取 4 台$$

$$n_Ⅳ=\frac{11.9}{3.6}=3.3，取 3 台$$

5）方案对比选择

（1）验算牵引力利用系数。

由 $\xi=\frac{R_n+R_H}{P_T}$，得

$$\xi_Ⅲ=\frac{4\times3.6\times1\ 372+9.8\times667\times0.2}{22\ 050}=0.96$$

$$\xi_Ⅳ=\frac{3\times3.6\times1\ 372+9.8\times667\times0.2}{17\ 640}=0.91$$

（2）验算生产率。

由 $W_t=1.5V_tB_t$，且 $V_{tⅢ}=6.54$ 亩/小时，$V_{tⅣ}=7.82$ 亩/小时，则

$$W_{tⅢ}=1.5\times6.54\times4\times3.6=141.26\ 亩/小时$$

$$W_{tⅣ}=1.5\times7.82\times3\times3.6=126.68\ 亩/小时$$

从以上验算结果，可以看出Ⅲ挡的牵引力利用系数和生产率都高于Ⅳ挡，且牵引力利用系数在要求范围内。所以，采用Ⅲ挡牵引 4 台播种机编组为好，但要匹配传统的作业速度，可采用Ⅳ挡牵引 3 台播种机编组。

1.3.1.4 播种作业的机组准备

1. 机组人员配备

在作业前,应明确播种机组各岗位人员职责,配齐安全设施,使人员劳动防护完备。在作业中,应遵章操作,并配足辅助工作人员。机组人员必须通过培训、考核、训练,在满足播种作业操作的各方面要求后,才能顶班驾驶,进行播种作业。

2. 机组选型

在播种机编组时,要考虑拖拉机的功率和作业地块的大小,充分发挥拖拉机的效能,提高作业效率。

播种机的类型很多,按播种方法可分为以下几种主要类型。

1)撒播机

撒播机是使撒出的种子在播种地块上均匀分布的播种机 。常见的机型为离心式撒播机,其附装在农用运输车后部,由种子箱和撒播轮构成。种子从种子箱落到撒播轮上,在离心力的作用下沿切线方向播出,播幅可达 8 ~ 12 m。该机也可撒播粉状或粒状肥料、石灰及其他物料。撒播装置也可安装在农用飞机上使用。

2)条播机

条播机主要用于谷物、蔬菜、牧草等小粒种子的播种作业,常见的是谷物条播机。在其作业时,行走轮带动排种轮旋转,种子从种子箱内的种子杯按要求的播种量排入输种管,并经开沟器落入开好的沟槽内,然后由覆土镇压装置将种子覆盖压实,这样可使作物出苗后成平行等距的条行。用于不同作物的条播机除采用不同类型的排种器和开沟器外,其结构基本相同,一般由机架、牵引或悬挂装置、种子箱、排种器、传动装置、输种管、开沟器、划行器、行走轮和覆土镇压装置等组成。其中,影响播种质量的主要部件是排种器和开沟器。常用的排种器有槽轮式、离心式、磨盘式等;开沟器有锄铲式、靴式、滑刀式、单圆盘式和双圆盘式等。

3)穴播机

穴播机是按一定行距和穴距,将种子成穴播种的种植机械 。每穴播 1 粒或数粒种子,分别称单粒精播和多粒穴播。穴播机主要用于玉米、棉花、甜菜、向日葵、豆类等中耕作物的播种,又称中耕作物播种机。每个播种机单体可完成开沟、排种、覆土、镇压等全部作业。

4)精量播种机

精量播种机是以精确的播种量、株行距和深度进行播种的机械。它具有节省种子、免出苗后的间苗作业、播种后每株作物的营养面积均匀等优点。

5)联合作业机和免耕播种机

(1)联合作业机。如在谷物条播机上加设肥箱、排肥器和输肥管,即构成联合作业机,其可在播种的同时施肥。由播种机与土壤耕作、喷洒杀虫剂和除莠剂、铺塑料薄膜、铺设滴管带等作业机械联合组成的联合作业机,能一次完成土壤播前耕作、施种肥、土壤消毒、开排水沟、播种、施杀虫剂和除莠剂等作业。

(2)免耕播种机是在前茬作物收获后的茬地上直接开出种沟播种,也称直接播种机或硬茬播种机。它可防止土壤流失,节约能源,降低作业成本,多用于谷物、牧草和青饲玉米等作物的播种作业。

一般来说,密植作物选用条播机,中耕作物选用精量或半精量播种机。

1.3.2 播种作业工艺组织管理

1.3.2.1 播种机组作业前的田间准备

1. 地块的准备

(1)机组进入地块播种前,应认真检查地块的情况,清除条田地块障碍,对不能清除的做好标志,为滴灌设施做好明显的标志;对电线杆、树木等也应事先有所了解,并采取相应的措施,确保机组道路畅通。

(2)划出地头线。在地块两端用拖拉机空行压出清晰可见的地头线,作为播种机起落的标志,地头宽度一般为播种机工作幅宽的 2 ~ 3 倍。

(3)为了便于作业,对所播地块应该进行简单的划区,并确定行走方法。地块划区根据地块大小、形状,确定播种方向。播种方向最好以作物接受阳光最有利的原则来安排。

2. 播种机组机具的准备

(1)机架不应有弯曲与倾斜。

(2)传动齿轮或链轮应在同一平面内。齿轮应全啮合,齿顶与齿根之间应有合适的间隙;链条紧度应适当,若不符合要求,则应予以调整。

(3)排种器应牢固地安装在种子箱底部,不应松动,间隙应符合要求。外槽轮式排种器,其齿槽不得有损坏,各排种器的有效工作长度应相等,偏差不大于 0.3 mm;排种轮与阻塞轮之间的间隙不应超过 0.5 mm。各排种轮与排种舌之间的间隙应一致。

(4)播量调节杆应能灵活移动,不得有滑动和空移现象。

(5)开沟器的运输间隙应大于 100 mm。开沟器起落时,传动装置应能迅速地接合或分离。

(6)锄铲式开沟器的安装高度应一致,底平面高低相差不应超过 5 mm。铲尖应锋利,其入土角应为 3°左右。

经过播前检查后,对不符合要求的部位,应重新调整,直至符合要求为止。

1.3.2.2 了解播种作业的农业技术要求

(1)播期适时,播行笔直,行距一致,地头整齐,播量准确,下籽均匀,不漏不重,播深适宜,覆土良好,镇压确实,不留边,不丢角。

(2)在灌溉地区,播种机前带小畦筑埂器时,小畦高度应达到要求标准。

(3)播种同时施肥时,施肥量和施肥深度必须达到规定的要求。

(4)铺膜播种机组作业速度以不超过 8 km/h 为宜。每趟工作开始时,应将膜端用土压实;作业中,膜边应压土严实、覆土良好。土地条件要求:土地平整、细碎、墒度好。

(5)在机组播种作业同时铺设滴管带时,滴管带铺设要平整,不扭曲,铺设通畅,不卡、不磨。迷宫式滴管带的迷宫面要在上面,滴管带的松紧适中。

1.3.2.3 播种机组的作业过程

1. 小麦播种工作流程

(1)行距调整。将小麦的种植行距调整为等行距 20 cm 或 22 cm。

(2)播量调整。半冬性品种一般每亩播量为 6 ~ 8 kg,基本苗达 13 万株左右,可成穗 40

万 ~45 万株。春性品种一般每亩播量为 7 ~9 kg,基本苗达 15 万株左右,可成穗 35 万 ~40 万株。晚播或整地差的条件下要适当加大播量。

(3)划印器长度调整。为了使相邻两个接行的行距正常,不发生重播和漏播,应保证拖拉机能正确行驶。因此,要调整划印器长度 L,即从最边行开沟器至所划印迹线处的距离,保证拖拉机中心线对准印迹线。

$$L=\frac{B+b}{2} \tag{1-3-11}$$

如拖拉机偏位驾驶,常以拖拉机的右前轮对准印迹线。此时,左、右划印器长度应不等。

$$L_{左}=\frac{B+b}{2}+\frac{A}{2} \tag{1-3-12}$$

$$L_{右}=\frac{B+b}{2}-\frac{A}{2} \tag{1-3-13}$$

式中 B——播幅;

b——行距;

A——拖拉机前轮中心距。

(4)调整好打埂器。

(5)调整好镇压器位置。

(6)加种子、种肥,试播。

(7)划出地头线。宽度为机组工作幅宽的整倍数。在第一播种行程中,插标杆,标杆高度为 1.6 ~1.8 m。

(8)播种。播种方法有梭形播种法、向心播种法、离心播种法。

① 梭形播种法。机组从条田的一端进地,沿田块一侧开始播种,播完一个行程后,在地头转一梨形弯而进入下一行程,一行程接一行程,直至播完主要地块以后,再播地头,如图 1 -3 -1所示。其优点是地块无须区划,运行简便;但地头留空较多,转弯空行时间多。

② 向心播种法。机组从规划小区或自然条田的左侧或右侧起播,到地头顺时针或逆时针方向转弯,由另一侧地边返回。照此向中间推移作业,剩最后一趟时播一端地头,播完后返回另一地头,如图 1 -3 -2 所示。其优点是行走路线简单,只需要在一侧安装划印器用以导向;缺点是在地块中心需转梨形弯,地头宽度大。此法适用于地边整齐的条田。

③ 离心播种法。离心播种法与向心播种法相似,区别在于机组由地块中间开始播种,逐次向两侧推进,如图1 -3 -3所示。

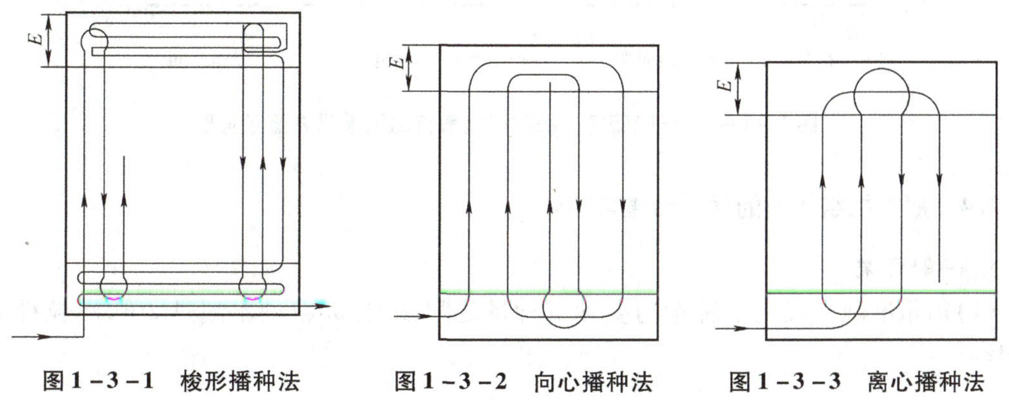

图 1 -3 -1　梭形播种法　**图 1 -3 -2　向心播种法**　**图 1 -3 -3　离心播种法**

2. 棉花、玉米、番茄等播种工作流程

(1)行距调整。对于使用机械采收棉花的地块,要求棉花播种行距必须适合采棉机的采收行距,即保证两行棉株的行距为 10 cm,每行棉株的株距保持 10 cm。将玉米的种植行距调整为 60 cm。番茄的种植行距:一膜两行一机三膜宽窄行的播种行距为 30 cm,株距为 25 cm,背垅行为 122 cm;一膜四行一机四膜宽窄行的播种行距为 20 cm + 30 cm + 20 cm,株距为 20 cm,背垅行为 80 cm。

(2)滴灌带位置的调整。对于玉米和番茄,都是一膜一管 ,如图 1 - 3 - 4 和图 1 - 3 - 5 所示。

(3)播量调整。

(4)划印器长度调整。播种作业时,应根据播幅、交接行行距和驾驶位置调整划印器长度。

(5)加种子,安装滴灌带、地膜,试播。

(6)检查调整铺膜、采光面、开沟、下籽均匀度、覆土质量。

(7)播种(采用梭形播种法),如图 1 - 3 - 6 所示。

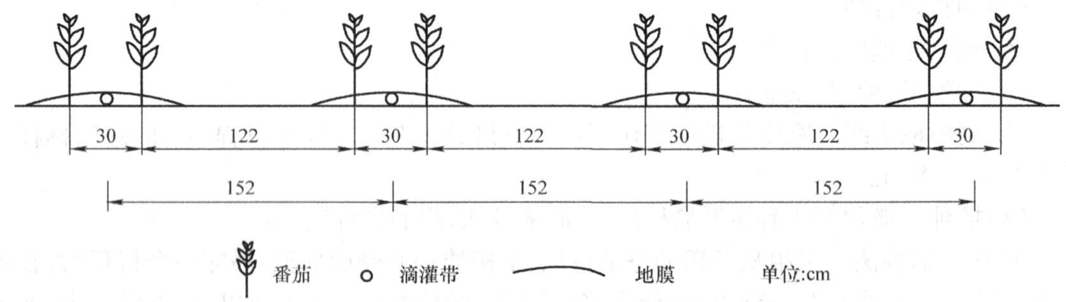

图 1 - 3 - 4 一膜两行一机三膜宽窄行的滴灌带布置示意图

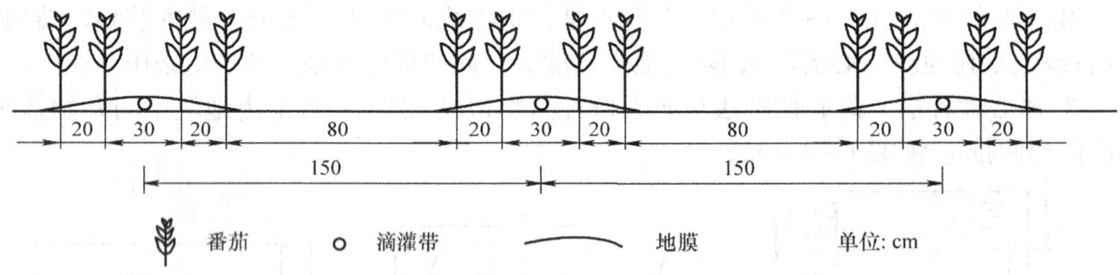

图 1 - 3 - 5 一膜四行一机四膜宽窄行的滴灌带布置示意图

1.3.2.4 播种机组作业的质量检查与验收

1. 一般要求

(1)播量准确。规定下种量与实际下种量之间偏差:大粒种不超过 2% ,小粒种不超过 3% 。

图1-3-6　番茄铺膜、铺带、播种作业

（2）下种均匀。同一播幅内，各行下种量偏差不超过6%。穴播的穴粒数合格率应大于85%；空穴率不超过2%。

（3）播深适宜。当规定播深为3~4 cm时，偏差不超过0.5 cm；当规定播深为5~6 cm时，偏差不大于1 cm。

（4）膜孔与种穴的错位率小于2%。

（5）地头整齐，起落一致，要播到头、播到边。留够地边的工作幅宽，插好横头第一行程的标杆。有路地头播一圈，无路地头播一圈半，另半圈播正行时上（下）行出地。在正播地块最后一趟前，开始播横头。对于玉米种子制种用田地，其横头全部播母本。

（6）膜孔覆土率不小于95%。

（7）地膜两侧应可靠地埋入土中。

（8）覆土严密，无浮籽。

（9）镇压严实。

（10）播期适宜，能在规定的播种期内完成作业。

2. 对铺膜播种质量标准

除播种作业质量要求外，还包括以下五点。

（1）膜床整形平实，不得有外露的残茬。

（2）铺膜平直。50 m距离内弯曲不大于8 cm，且膜面紧贴地面，膜面宽度不得小于规定宽度的2 cm。

（3）埋膜严实。埋膜深度4~5 cm，不得有连续30 cm未经埋土的膜边，50 m内未经埋土的膜边总长度不超过1.5 cm。

（4）地膜不得有撕裂、破损，每平方米膜面内直径小于2.5 cm的孔洞不得超过3处。

（5）铺膜作业要铺到头，铺到边，起落一致。各铺膜机组要确保实现铺膜作业到头、到边，必须有充足的辅助劳力进行地边补种、铺膜、封土、压膜工作。

3. 膜上点播质量标准

除播种作业质量要求外，还有以下标准。

(1)膜孔与种穴的错位率小于2%。

(2)下种均匀,同一播幅内,各行下种量偏差不超过6%。穴播的穴粒数合格率应大于85%;空穴率不超过2%。

(3)膜孔覆土厚度为(1 ±0.5) cm,且均匀一致;覆土宽度为(9 ±2) cm。覆土合格率大于85%。

(4)在作业中,农具员应经常检查排种、排肥情况和种子箱、排种杯、输种管、开沟器等是否被杂物、泥土堵塞,必要时清理调整。每作业30 ~50 亩,机组应自检作业质量,核对排种、排肥量,必要时进行调整,并按规定紧固、润滑各部位。

(5)在作业中,种子箱内的种子量不得少于其容积的1/4。为节省时间,应采用快速加种(肥)法。机组在作业中若发现晚放开沟器,则应做好标志,及时补种。如遇作业中途因故障停车,必须将开沟器升起,倒退2 ~3 m,再放下开沟器划印器,继续播种。播种机上不得超员、超重。

(6)铺膜机组在作业中应特别注意对铺膜质量的检查,如检查滚筒鸭嘴开闭是否灵活以及膜边覆土情况,地膜破损处应加盖泥土。当风力超过4 级时,应停止作业。中途断膜时,应先升起机组并后退,将膜重新压好土后再继续作业。当在地头切膜、压膜时,应注意位置准确、及时。膜端用土压实,防止地膜移动,造成错位。

(7)播种质量的检查与验收是在条田两条对角线上各取4 ~5 个点,每点2 行,每行取10 m进行质量检查。出苗后再进行一次检查与验收,如发现断条或漏播,应及时采取补救措施。

以上检查工作由土地承包户和机组人员共同进行,期间对照农业技术要求进行质量验收。

【知识拓展】

播种机

1636 年,希腊业余音乐家杰斯洛·图尔受到管风琴共鸣板装置的启发,发明了世界上第一台播种机 。1830 年,俄国人在畜力多铧犁基础上制成犁播机。1860 年以后,英、美等国开始大量生产畜力谷物条播机。进入20 世纪后,相继出现了牵引式和悬挂式谷物条播机,以及运用气力排种的播种机。1958 年,挪威出现第一台离心式播种机。20 世纪50 年代以后,各种精密播种机逐步发展起来。中国20 世纪50 年代引进了谷物条播机、棉花播种机等,并于20 世纪60 年代先后研制了悬挂式谷物播种机、离心式播种机、通用机架播种机、气吸式播种机等多种播种机械,并研制了磨纹式排种器。到20 世纪70 年代,中国的播种机已形成播种中耕通用机和谷物联合播种机两个系列,同时研制成功了精密播种机。

播种机种植的对象是作物的种子或制成丸粒状的包衣种子。播种机按播种方式可分为真空种子撒播机、条播机和穴播机3 类。20 世纪50 年代开始,大量发展的各类型精密播种机能精确控制播种量、穴(株)距和播深。20 世纪70 年代开始发展的气力排种精密播种机,其排种器(气吸式、气压式或气吹式)利用正压或负压气流,以一定的间隔排出一列种子,实现单粒精密穴播。与传统的机械式排种器相比，气力排种精密播种机具有播量精确、不伤种子等特点。此外，还有一种机械式精密排种器，其为带施肥装置的悬挂式6行中耕作物播种机，可用于大豆、玉米和高粱等中耕作物的条播和穴播。

【任务小结】

（1）熟悉播种作业前的田间准备及机组准备工作内容。

（2）进行实地机组编制。

（3）了解播种作业机组的作业方法和作业程序。

（4）根据播种机组作业的质量标准对机组编制及作业工艺的合理性进行检查与验收。

【课后练习】

1. 填空题

（1）农业机械作业要实现和满足________，________质量直接影响作物的生长及产量。

（2）作业的适时性有两个方面的含义：一是按________适时期完成作业；二是在________适宜期进行作业。

（3）机组在地块上进行作业时，会________一部分未进行作业的面积，有时其占有较大的比例。

（4）播种的种类很多，按播种方法，可分为________、________、________、________、________、________。

（5）清除条田地块障碍，对不能清除的________，做好滴灌设施的标志。

2. 说出下图中所示的播种方法的名称

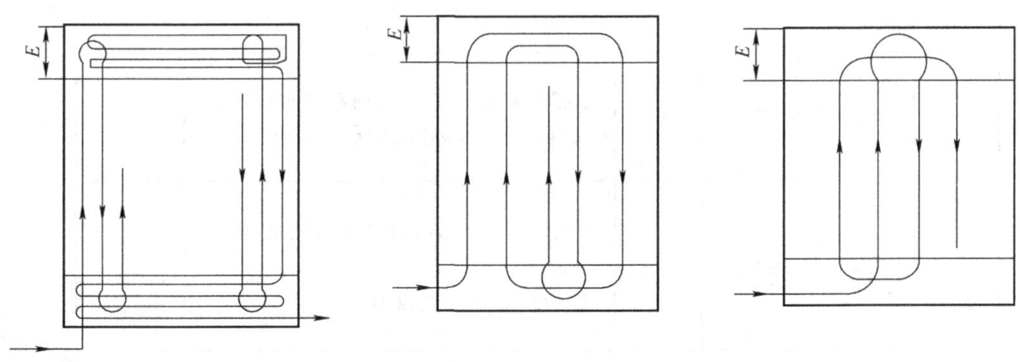

【总结评价】

（1）谈一谈你学习完本任务的体会及收获。

（2）谈一谈在完成任务学习的过程中，你和你所在小组的收获、不足和有待改进提高的地方。

(3)结合学习的实际情况,完成表 1-3-2 和表 1-3-3。

表 1-3-2　播种作业机组的编制与作业工艺组织管理

<table>
<tr><th>序号</th><th colspan="2">考核内容</th><th>配分</th><th>评分内容</th><th>考核记录</th><th>得分</th></tr>
<tr><td rowspan="4">1</td><td rowspan="4">知识</td><td>机组作业质量指标计算</td><td>10</td><td>1. 会计算机组作业的适时率;
2. 知道机组作业适时率低的主要原因;
3. 会计算作业面积完整率;
4. 知道减轻土壤压实程度的可取措施</td><td></td><td rowspan="4"></td></tr>
<tr><td>播种作业机组编制的计算</td><td>20</td><td>1. 掌握播种作业机组计算的主要参数;
2. 掌握播种作业机组计算的步骤;
3. 能对计算结果进行对比分析,确定合理方案</td><td></td></tr>
<tr><td>播种作业工艺组织管理</td><td>10</td><td>1. 了解播种机组作业前的田间准备内容;
2. 了解播种作业的农业技术要求;
3. 了解播种机组机具的准备工作内容;
4. 掌握播种机组的作业方法</td><td></td></tr>
<tr><td>播种机组作业的质量检查与验收</td><td>10</td><td>1. 掌握质量检查的主要内容;
2. 掌握质量验收的主要标准</td><td></td></tr>
<tr><td rowspan="3">2</td><td rowspan="3">技能</td><td>播种机组编制的计算</td><td>10</td><td>1. 掌握播种机组编制时主要参数的计算方法;
2. 能通过编组计算,对比选优,确定合适的编组方案</td><td></td><td rowspan="3"></td></tr>
<tr><td>作业前的田间准备</td><td>10</td><td>熟悉作业前田间准备的内容,并能根据实际作业地块规划作业小区及转弯地带等</td><td></td></tr>
<tr><td>质量检查与验收</td><td>10</td><td>1. 按照验收标准对播种地块进行质量检查;
2. 会使用检测验收工具</td><td></td></tr>
<tr><td rowspan="2">3</td><td rowspan="2">态度</td><td>安全生产意识</td><td>10</td><td>能在导师的指导下安全文明生产</td><td></td><td rowspan="2"></td></tr>
<tr><td>合作、吃苦精神</td><td>10</td><td>能与小组同学合作完成本次任务,操作过程中能做到吃苦耐劳</td><td></td></tr>
<tr><td>4</td><td colspan="2">分数合计</td><td>100</td><td></td><td></td><td></td></tr>
</table>

表 1-3-3　项目一任务三工单

任务名称	播种作业机组的编制与作业工艺组织管理	姓名		班级	
		日期			

1. 播种作业机组编制

1)机组作业质量指标的计算

(1)作业适时率 $t_a = \frac{W_a}{W_a + W_o} \times 100\%$。

(2)作业面积完整率 $A_e = \frac{A - \Delta A}{A} \times 100\%$。

2)作业机组编制的计算步骤

(1)选择速挡。

(2)确定牵引力 P_T。

(3)确定土壤比阻 K。

(4)求最大作业幅宽 B_{max}。

(5)确定机具数 n。

(6)方案对比选择:验算牵引力利用系数;验算生产率。

3)编组计算

东方红-75拖拉机,用J-11联接器牵引24行播种机,在平坦耙后地上进行播种作业,试求Ⅲ、Ⅳ挡编组。

2. 播种机组作业质量检查的主要内容

任务四:中耕作业机组的编制与作业工艺组织管理

【任务目标】

(1)熟悉中耕作业前的田间准备及机组准备工作内容。

(2)能够实地进行机组编制。

(3)了解中耕作业机组的作业方法和作业程序。

(4)能够根据中耕机组作业的质量标准对机组编制及作业工艺的合理性进行检查与验收。

(5)熟悉农机化技术经济效果指标的主要内容。

【导师导学】

1.4.1　中耕作业机组编制

1.4.1.1　有关农机化技术经济效果指标的知识

1. 农机化技术经济效果指标的概念

农机化技术经济效果是农机化生产成果与取得这一成果的劳动消耗之比。它说明农业

机械化产出和投入的相对经济效果，具体表达式为

$$E = \frac{C}{L} \tag{1-4-1}$$

式中　E——农机化技术经济效果；

C——农机化生产成果；

L——农机化劳动消耗。

2. 农机化技术经济效果评价指标的作用

（1）全面评价农机化技术经济效果，防止主观随意性和片面性。

（2）准确反映评价对象的经济效果，提高评价的准确性。

（3）系统认识各种指标在指标体系中的作用和地位，以及它们之间的相互关系，便于针对不同的评价对象和评价目的选择和应用指标。

3. 农机化技术经济效果评价指标设置的原则

指标设置的原则是以经济效果的理论为依据，从实际需要和实际可能出发，适应农机化现代化管理水平和计算机技术的发展水平，遵循科学、全面、简便、易行的原则，做到既有科学依据又切实可行。

4. 反映农机化技术经济效果的主要指标

1）农业机械装备指标

农业机械装备配备的目标应该是在保证完成农业生产任务、充分发挥机具装备效能、提高机器利用率的情况下，实现最经济最合理的配备。

（1）农用总动力指标：

$$每千瓦负担耕地面积 = \frac{耕地总面积}{农用总动力}（亩/千瓦）$$

（2）拖拉机指标：

$$每标准台负担耕地面积 = \frac{耕地总面积}{拖拉机总标准台数}（亩/标准台）$$

$$每千瓦负担耕地面积 = \frac{耕地总面积}{拖拉机总千瓦数}（亩/千瓦）$$

$$每台大中型拖拉机平均负担耕地面积 = \frac{耕地总面积}{大中型拖拉机总台数}（亩/台）$$

（3）联合收割机指标：

$$每标准台负担谷物收割面积 = \frac{谷物收割总面积}{联合收割机总标准台数}（亩/标准台）$$

$$每标准台负担麦类收割面积 = \frac{麦类收割总面积}{联合收割机总标准台数}（亩/标准台）$$

$$每千瓦负担麦类收割面积 = \frac{麦类收割总面积}{联合收割机总千瓦数}（亩/千瓦）$$

（4）田间作业机具指标：

$$每台大中型拖拉机平均配带田间作业机具 = \frac{田间作业机具总台数}{大中型拖拉机总台数}（台/台）$$

（5）农用汽车指标：

$$每台农用载重汽车负担耕地面积=\frac{耕地总面积}{农用载重汽车总辆数}(亩/辆)$$

(6)排灌动力指标:

$$每千瓦负担耕地面积=\frac{耕地总面积}{排灌总千瓦数}(亩/千瓦)$$

(7)农机设备投资指标:

$$每亩耕地农业机械投资=\frac{农业机械总投资}{耕地总面积}(元/亩)$$

2)农机运用指标

(1)机车"三率"指标:

$$完好率=\frac{拖拉机(联合收割机)完好台班数}{在册拖拉机(联合收割机)总台数}\times100\%$$

$$出勤率=\frac{拖拉机(联合收割机)实际出勤台班数}{实际出勤台班数+因责任事故、故障送修、组织不当而停车台班数}\times100\%$$

$$时间利用率=\frac{拖拉机(联合收割机)班次内实际工作时间}{班内延续工作时间}\times100\%$$

(2)工作时间指标:拖拉机年平均工作时间,即工作时间 $=\frac{年总工作时间}{在册总台数}$(小时/台)

(3)拖拉机每标准台年平均工作量和平均消耗燃油量指标:

$$每标准台年平均工作量=\frac{年总工作量}{在册总标准台数}(标准亩/标准台)$$

$$田间作业平均消耗燃油量=\frac{田间作业燃油总消耗量}{田间工作标准总工作量}(千克/标准亩)$$

$$年平均机械作业成本=\frac{工资+折旧费+油料费+维修费+大修提存费+管理费}{拖拉机年总工作量}(元/标准亩)$$

$$年平均日常维修费=\frac{日常维修费}{拖拉机年总工作量}(元/标准亩)$$

(4)农机安全率及农机事故损失率指标:

$$安全率=\frac{农机安全作业台班数}{在册农机总台数}\times100\%$$

$$事故损失率=\frac{事故损失金额}{作业费用总额}\times100\%$$

3)农业机械化程度指标

$$单项作业机械化程度=\frac{单程作业机械完成工作量}{该项作业总工作量}\times100\%$$

$$单项作物田间作业机械化程度=\frac{该项作物各项田间作业机械完成工作量}{该项作物人、机、畜田间总工作量}\times100\%$$

$$全部作物田间作业综合机械化程度=\frac{全部作物各项田间作业机械完成工作量}{全部作物人、机、畜完成的田间作业总工作量}\times100\%$$

4)机械化经济效益指标

$$每名种植工人担负耕地面积=\frac{耕地总面积}{种植工人数}(亩/人)$$

$$粮棉平均亩产量=\frac{粮棉总产量}{粮棉种植总面积}(千克/亩)$$

$$每名种植业工人年平均产值=\frac{粮棉总产量}{种植业工人总数}(元/人)$$

$$农用动力平均每千瓦产量=\frac{粮棉总产量}{农用动力总千瓦数}(千克/千瓦)$$

$$拖拉机每千瓦产值=\frac{农用生产总产值}{拖拉机总千瓦数}(元/千瓦)$$

$$粮棉商品率=\frac{粮棉销售量}{粮棉总产量}\times 100\%$$

$$投资回收期=\frac{农机总投资额利息}{农机年利润额+年税金+年折旧率}(年)$$

$$投资回收率=\frac{累计资金回收总额}{累计投资总额}\times 100\%$$

1.4.1.2 中耕作业机组编制的要求

(1)满足中耕作业农业技术要求,作业质量好。

(2)机组生产率高,能保证农时,并能及时完成作业。

(3)单位作业的燃料消耗和劳动消耗少,作业成本低。

(4)操作方便,保证安全作业。

1.4.1.3 中耕作业机组编制的计算

中耕作业机组的编制计算方法和步骤与耕地作业机组的编制计算类似,不同之处体现在各挡下的牵引力利用系数,即

$$\varepsilon_p = R/P_{Tn} \quad (1-4-2)$$

式中 R——农机具工作阻力(N);

P_{Tn}——标定牵引力(N)。

常用机具的作业牵引力利用系数的概值,见表1-4-1。

表1-4-1 常用机具的作业牵引力利用系数的概值

作业类型	机具类型	
	履带式	轮式
耕地作业	0.76~0.94	0.76~0.93
其他作业	0.84~0.96	0.79~0.95

为便于控制中耕深度,提高除草效果,减少伤苗和铲苗,中耕机组的速度一般不超过6~7 km/h;对于草多、土壤板结的地块,以不超过4~5 km/h为宜;幼苗期中耕作业速度不宜超过4 km/h。发动机超负荷时,要及时换挡,不应采用减少耕深的方法勉强工作。

1.4.1.4 中耕作业的机组准备

1. 机组人员配备

机组每班配驾驶员1人、农业技术员1人。中耕机组必须实行定机、定人、定岗的责任制。机组人员必须通过培训、考核、训练后，才能进行中耕作业。

2. 机具选型

中耕机(图1-4-1和图1-4-2)按工作特点，可分为全面中耕机、行间中耕机和通用中耕机等；按工作条件，可分为旱地中耕机和水田中耕机；按工作部件的形式，可分为锄铲式中耕机和回转式中耕机。此外，还有播种中耕通用机、中耕培土机及中耕追肥机等。例如，在我国新疆维吾尔自治区，应用较广的是带通用机架的中耕追肥机。

图1-4-1 中耕机

图1-4-2 中耕机作业机组

中耕机的主要工作部件有锄铲式和回转式两大类。其中，锄铲式应用较广，可按作用分为除草铲、松土铲和培土铲三种类型。

1)除草铲

除草铲分为单翼式、双翼式和通风式三种。单翼除草铲用于作物早期除草，工作深度一般不超过6 cm，它由水平锄铲和竖直护板两部分组成。前者用于锄草和松土，后者可防止土块压苗且护板下部有刃口，可防止挂草堵塞。中耕时，单翼除草铲分别置于幼苗的两侧，所以有左翼铲和右翼铲两种类型，在安装时必须加以注意。双翼除草铲的作用与单翼除草铲相同，通常与单翼除草铲配合使用。

2)松土铲

松土铲用于作物的行间松土，使土壤疏松但不翻转，松土深度可达13~16 cm。松土铲由铲尖和铲柄两部分组成。铲尖是工作部分，它的种类很多，常用的有凿形、箭形和桦形三种。凿形松土铲的宽度很窄，它利用铲尖对土壤切削过程中产生的扁形松土区来保证松土宽度。这种松土铲在过去应用较多。箭形松土铲的铲尖呈三角形，工作面为凸曲面，耕后土壤松碎，沟底比较平整，松土质量较好。在我国新设计的中耕机上，大多已采用箭形松土铲。桦形松土铲适用于垄作地区第一次中耕松土作业，其铲尖呈三角形，工作面为凸曲面，外形与箭形松土铲相似，只是翼部向后延伸比较长。

3)培土铲

培土铲的用途是培土和开沟起垄。培土铲的铲尖较窄，所开的沟底宽度窄，且对垄侧的除草性能较强。培土铲与铲胸铰连，左、右培土壁的张度由调节壁调节和控制，调节范围为275～430 mm，可满足常用行距的培土和开沟需要。我国北方平原旱作地区广泛使用培土铲。按工作面类型，培土铲可分为曲面型和平面型两种。曲面型培土铲的铲尖和铲胸部分为圆弧曲面，其碎土能力强，左、右培土壁为半螺旋曲面，翻土能力较强，因而在作业时，可将行间土壤松碎，翻向两侧。平面型培土铲适用于东北垄作地区，主要用于锄草和松土，安装培土板后还可以起垄培土。通常，在第一次中耕松土时，用幅宽为200 mm的三角犁铧，不带培土板；在第二次中耕松土时，用幅宽为250 mm的三角犁铧，培土板调到中间位置；在第三次中耕松土时，用幅宽为350 mm的三角犁铧，培土板调到偏大或最大张角位置。

选择适宜的拖拉机和农机具机型，并根据作物行距调整轮距，然后根据苗情、土壤墒度和杂草情况选配锄草铲或松土铲。为了保证中耕作业质量，必须正确选择中耕铲。当中耕作业以除草为主要目的时，应选择适当的除草铲；当以松土为主要目的时，应选择适当的松土铲；当以培土为主要目的时，应选择适当的培土铲。

前期中耕应装上护苗器；行走轮、传动链轮、链条等需装上分行器；追施花铃肥时，也应有护苗措施。按要求进行机组的调整与锄铲的配置。肥料应过筛，达到流动性好，无杂质的目的。

1.4.2 中耕作业工艺组织管理

1.4.2.1 中耕机组作业前的田间准备

(1)检查机组作业所经道路、桥涵，尽量排除障碍物。

(2)查看地面杂草情况及土壤墒情。

(3)根据播种所采用的方法划分小区，做出小区进出地段标志。

(4)根据条田长度设置加肥点，准备好所需肥料。

1.4.2.2 了解中耕作业的农业技术要求

(1)行间中耕应根据地面杂草及土壤墒度情况适时进行。一般第一次中耕在显行后进行；地膜覆盖作物可先于显行进行。中耕深度一般为10～18 cm，耕后地表应松碎、平整，不允许有拖堆、拉沟现象。护苗带宽度为8～12 cm，且应在不伤苗的前提下尽量缩小护苗带。伤苗率不大于1%，地头转变处伤苗不超过10%；不错行、不漏耕，起落一致，地头、地边均要耕到。

(2)在进行追肥作业时，除中耕作业各项要求外，还应做到追肥均匀，下肥管符合要求。追肥深度一般为8～15 cm，前期浅，后期深，肥料距苗行的距离为10～15 cm。在棉花耕种的后期，花铃肥应施于苗行中心，肥料不得漏洒在地表或作物上。

(3)对非滴灌地进行开沟作业时，应在灌水前5天内完成。灌水沟应在苗行中心，沟深为 15 cm，沟宽为 30 ~ 40 cm，沟垄整齐，沟内畅通。

1.4.2.3 中耕机组机具的准备

（1）根据中耕要求及作物品种，配置合适的工作部件。按照作物行距调整拖拉机、中耕机的轮距。用链轨拖拉机播种时，应留出行车道。行走轮轴向、径向的摆动量应小于 1 cm。

（2）机架不变形、不弯曲。

（3）工作部件应完好，锄铲的铲刃应锋利。

（4）各处润滑良好，操纵机构灵活可靠。

（5）当作物种植行数为双数时，在中耕机架的中心线处安装锄铲，并依次按行距向左、右两侧安装；当作物种植行数为单数时，在机架中心线左、右两侧相隔半行宽处安装锄铲，并依次按行距向左、右两侧安装锄铲，邻接行内只安装一半锄铲。

（6）在安装锄铲时，不同行锄铲间距为行距，锄铲铲尖与作物根部距离应为 10 ~ 15 cm，同行的锄铲间应有重叠量。

（7）锄铲安装后，各铲高度应一致，在拖拉机轮辙内，锄铲深度应适当加大。

（8）中耕机与拖拉机必须正确连接，机架左右对称，前后水平。

1.4.2.4 中耕机组的作业过程

（1）作业前，机组人员必须熟悉作业路线，并按指示标志进入地块和第一行程位置。

（2）中耕机组的幅宽应等于播种机组作业幅宽，或者等于其幅宽的一半。

（3）中耕行走方法应与播种时相同，且保持进地、出地位置不变。为减少地头中耕时伤苗，可采用与梭形播种 4 大圈耕法相应的中耕行走方法，如图 1 - 4 - 3 所示。中耕机组幅宽为播种机组幅宽的 1/2 时，一开始先梭形中耕，然后中耕图 1 - 4 - 3 中画斜线部分的 4 大圈，再返回来中耕未画斜线部分的 4 大圈，这 8 圈转弯时可不升起工作部件。操作者要特别注意，避免错行铲苗。

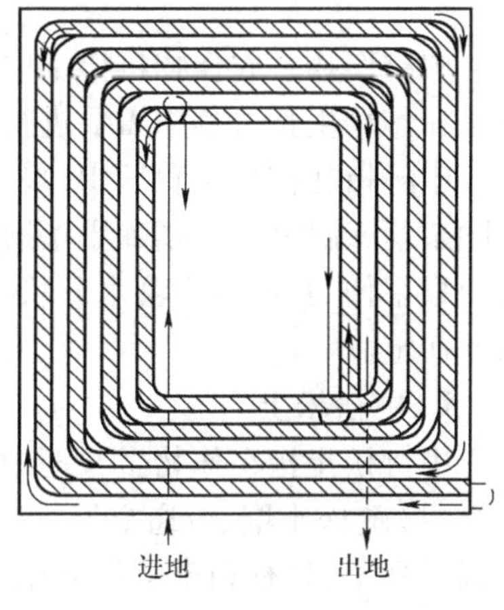

图 1 - 4 - 3 梭形播种 4 大圈耕法

（4）为便于控制中耕深度，提高除草效果，减少伤苗、铲苗，中耕机组的速度一般不超过 6 ~ 7 km/h。对于草多、土壤板结的地块，速度以不超过 4 ~ 5 km/h 为宜。幼苗期中耕作业时，速度不宜超过4 km/h。发动机超负荷时要及时换挡，不应使用减少耕深的办法勉强工作。

（5）中耕作业第一行程走过 20 ~ 30 m 后，应停车检查护苗带宽度、杂草铲除情况和伤苗情况等，发现问题应及时排除。在追肥作业时，应检查施肥开沟器与苗行的距离，不合要求时应及时调整；还应检查排肥量及排肥通畅情况。在草多的地块作业时，应随时清除拖挂的杂草，以保持铲刃锋利。

（6）机组升降工作部件时，应在地头线上进行，防止过早或过迟，尽量避免伤苗。后续作业的行走路线必须与第一次相同。

1.4.2.5 中耕机组作业的质量检查与验收

(1)第一遍中耕深度要在 14 cm 以上,入土深度一致,误差小于 2 cm,前浅后深,防止起块压苗。

(2)第二、三、四遍中耕的深度应在 18 cm 以上。

(3)耕后地表应松碎、平整,无拖堆、拉沟现象。

(4)护苗带宽度,前期为 10 ~ 12 cm,后期为 13 ~ 15 cm,并应在不伤苗的前提下尽量缩小护苗带。

(5)在中耕作业时,要保证不偏墒、不漏耕、不弃耕、不铲苗、不压苗、不损伤根系、地头整齐、伤苗率小于 2%。

以上检查工作由土地承包户和机组人员共同进行,期间对照农业技术要求进行质量验收。

【知识拓展】

作物中耕

中耕作物是农作物耕作学中的一种提法,其作物范围涵盖很广,没有固定限制。总之,凡是在作物生长过程中需要进行铲蹚等作业管理的农作物,都可称为中耕作物。

中耕指在作物生育期中,采用手锄、犁具等工具在株行间进行的表土耕作措施。中耕可去除杂草、疏松表土、增加土壤通气性、提高地温,以及促进好气微生物活动和养分有效化、促使根系伸展、调节土壤水分状况等。中耕的时间和次数因作物种类、杂草生长情况和土壤状况而定。

1. 中耕松土

中耕松土指在作物生育期中,在株行间进行的表土耕作。其作用有以下几个方面。

(1)疏松土壤,流通空气,提高地温。例如,早春温度低,对春玉米田地及时中耕松土,可以提高土温,有利于根系下扎,促进幼苗健壮生长。

(2)有益于土壤微生物活动,加速有机质的分解,提高土壤有效养分,改善营养条件。

(3)调节水分,防旱保墒,促进玉米生长。中耕松土可以破除土壤板结,截断毛细管,防止松土层以下水分蒸发,达到蓄水保墒作用。当土壤水分过多时,中耕松土又可使土壤水分蒸发,促进作物良好生长。

(4)防除杂草。例如,玉米植株行间较宽,易生杂草,中耕松土可清除杂草,利于作物生长。

2. 中耕机械

中耕机械类型主要有旱作中耕机和水稻中耕机两类。

1)旱作中耕机

旱作中耕机分为畜力和机力两种。中耕机上可装配多种工作部件,分别满足作物苗期生长的不同要求。主要的工作部件有以下几种。

(1)除草铲,主要用于作物行间第一、二次松土除草作业,分单翼除草铲和双翼除草铲两种。单翼除草铲由倾斜铲刀和垂直护板两部分组成,铲刀刃口与前进方向成 30°,铲刀平面与地面的倾角为15°左右，用以切除杂草和松碎表土，垂直护板起保护幼苗不被土壤覆盖的作用，护板前端有垂直切土用的刃口。单翼铲分置于幼苗的两侧，所以又有左翼铲和右翼铲之分，作业深度为4 ~6 cm。双翼铲由双翼铲刀和铲柄组成，其除草作用强而碎土能力较弱。

(2)通用铲，碎土能力比除草铲强，因而被广泛使用。通用铲兼有除草和碎土两项功能，但其作业时土壤侧向位移较大，入土角始终不变，耕后会形成浅沟。通用铲也有双翼和单翼两种。双翼铲配置于作物行间的中部；单翼铲配置于苗行两侧，可防止因土壤侧移而覆盖幼苗。

(3)凿形松土铲，主要用于作物行间深松土壤而不翻动土层，有利于蓄水保墒和促进根系发育。其在两行作物的中间地带作业，上部为矩形断面铲柄，每一单组由1 ~5个工作部件组成，下部略弯曲向前，尖端呈凿形，根据作物的行距大小和中耕要求，作业深度一般为10 ~12 cm，最深可达18 ~20 cm。

(4)培土器，用于玉米、棉花等中耕作物的培土壅根和灌溉地的行间开沟，由铲尖、分土板和培土板组成。铲尖负责切开土壤，使之破碎并沿铲面升至分土板上，然后被推向两侧，由左、右培土板将土壤培到苗行上和垄上。培土板一般可以调节，以适应植株高矮、行距大小及原有垄形的变化，耕深可达8 ~12 cm。垄作地区的培土器是在垄作铧的基础上加分土板和培土板而成，其耕深为11 ~14 cm，沟底至垄顶高度为16 ~25 cm。

(5)垄作铧，用于中国东北垄作地区的行间松土、除草和培土作业，其铲尖近似三角形，工作表面呈凸曲面。在垄作铧作业时，土壤沿曲面上升，破碎后一部分培于垄上，一部分从后部落入垄沟，耕深可达8 ~12 cm。

(6)星轮松土器，由前后两排串装在水平横轴上的星形针轮组成。在作业时，星轮松土器在土壤反力作用下转动前进，可有效破碎地表板结层，起到松土保墒作用。在实践中，可用多个星轮组成宽幅机组，对北方早春麦田或休闲地进行松土。

在旱作中耕机的使用中，总是根据作物的行距大小和中耕要求，将几种工作部件配置成“中耕单组”，每一单组由1 ~5个工作部件组成，其上部为矩形断面铲柄，在两行作物的中间地带作业。各中耕单组通过一个能随地面起伏而上下运动的仿形机构与机架横梁连接，以保持耕深一致。

2)水稻中耕机

水稻中耕机分人力耘禾器和机力水稻中耕机两种，后者的工作部件由小动力机驱动。工作部件的类型有多种，其中以装有弧形齿的六面体除草轮效果最好。六面体除草轮的接地面积大，可减少作业时的下陷。在除草轮向后滚动，弧形齿搅拌土壤时，会产生沿机器前进方向的土壤反力。水稻中耕机适用于小块密植水稻的行间中耕除草。

【任务小结】

(1)熟悉中耕作业前的田间准备及机组准备工作内容。

(2)了解中耕作业机组的作业方法和作业程序。

(3)根据中耕机组作业的质量标准对机组编制及作业工艺的合理性进行检查与验收。

【课后练习】

1. 判断题

(1)为便于控制中耕深度，提高除草效果，减少伤苗铲苗，中耕机组的速度一般不超过

6 ~7 km/h；对于草多土壤板结的地块，以不超过 4 ~5 km/h 为宜；幼苗期中耕作业速度不宜超过 4 km/h。 （ ）

（2）中耕机组每班配驾驶员 1 人、农业技术员 1 人。中耕机组必须实行定机、定人、定岗位的责任制。 （ ）

（3）除草铲分为单翼式、双翼式和通风式三种。单翼铲用于作物早期除草，工作深度一般不超过 5 cm。 （ ）

（4）第一遍中耕，深度要在 14 cm 以上，入土深度应一致，误差小于 2 cm，前浅后深，防止起块压苗。 （ ）

（5）中耕作业时，要保证不偏墒、不漏耕、不弃耕、不铲苗、不压苗、不损伤根系，地头整齐，伤苗率小于 5%。 （ ）

2. 简答题

（1）中耕机组作业前的田间准备内容。

（2）中耕机组作业的质量检查内容。

【总结评价】

（1）谈一谈你学习完本任务的体会及收获。

（2）谈一谈在完成任务学习的过程中，你和你所在小组的收获、不足和有待改进提高的地方。

（3）结合学习的实际情况，完成表 1 -4 -2 和表 1 -4 -3。

表 1 -4 -2 中耕作业机组的编制与作业工艺组织管理

序号	考核内容		配分	评分内容	考核记录	得分
1	知识	农机化技术经济效果	10	1. 掌握农机化技术经济效果的计算方法； 2. 了解农机化技术经济效果评价指标的作用； 3. 了解农机化技术经济效果的主要指标		
		中耕作业机组编制	20	1. 了解中耕作业机组编制的基本要求； 2. 掌握中耕机组编制计算的方法和步骤； 3. 能对计算结果进行对比分析，确定合理方案		
		中耕作业工艺组织管理	10	1. 了解中耕机组作业前的田间准备内容； 2. 了解中耕作业的农业技术要求； 3. 了解中耕机组机具的准备工作内容； 4. 了解中耕机组的作业过程		
		中耕机组作业的质量检查与验收	10	1. 掌握质量检查的主要内容； 2. 掌握质量验收的主要标准		
2	技能	中耕机组编制的计算	10	1. 掌握中耕机组编制时主要参数的计算方法； 2. 能通过编组计算，对比选优，确定合适的编组方案； 3. 知道中耕作业机组编制计算和耕地作业编组计算的不同之处		

续表

<table>
<tr><th>序号</th><th colspan="2">考核内容</th><th>配分</th><th>评分内容</th><th>考核记录</th><th>得分</th></tr>
<tr><td rowspan="2">2</td><td rowspan="2">技能</td><td>作业前的田间准备</td><td>10</td><td>熟悉作业前田间准备的内容,并能根据实际作业地块规划作业小区及转弯地带等</td><td></td><td rowspan="4"></td></tr>
<tr><td>质量检查与验收</td><td>10</td><td>1. 按照验收标准对工作地块进行质量检查;
2. 会使用检测验收工具</td><td></td></tr>
<tr><td rowspan="2">3</td><td rowspan="2">态度</td><td>安全生产意识</td><td>10</td><td>能在导师的指导下安全文明生产</td><td></td></tr>
<tr><td>合作、吃苦精神</td><td>10</td><td>能与小组同学合作完成本次任务,操作过程中能做到吃苦耐劳</td><td></td></tr>
<tr><td>4</td><td colspan="2">分数合计</td><td>100</td><td></td><td></td><td></td></tr>
</table>

表 1-4-3　项目一任务四工单

<table>
<tr><td rowspan="2">任务名称</td><td rowspan="2">耕地作业机组的编制与作业工艺组织管理</td><td>姓名</td><td></td><td>班级</td><td></td></tr>
<tr><td>日期</td><td colspan="3"></td></tr>
</table>

1. 中耕作业机组编制

1)农机化技术经济效果指标

(1)计算表达式:$E = \frac{C}{L}$。

(2)农机化技术经济效果评价指标的作用。

2)反映农机化技术经济效果的主要指标

(1)农业机械装备指标。

(2)农机运用指标。

(3)农业机械化程度指标。

3)中耕作业机组编制的基本要求

2. 中耕机组作业工艺组织管理

1)中耕机组的作业过程

2)中耕机组作业的质量检查与验收

任务五:收获作业机组的编制与作业工艺组织管理

【任务目标】

(1)熟悉收获作业前的田间准备及机组准备工作内容。

(2)能够实地进行机组编制。

(3)了解收获作业机组的作业方法和作业程序。

(4)能够根据收获作业机组的作业质量标准对机组编制及作业工艺的合理性进行检查与验收。

(5)掌握有关农机标准化管理的知识内容。

【导师导学】

1.5.1 农机标准化管理知识

农机标准化管理的实质是对农业机械在农业生产过程中的全面质量管理。其目的是以最少的消耗和最佳的方式,实施各项农艺措施,促进农业生产水平提高,获得较高的经济效益。农机标准化管理主要包括以下十个方面的内容。

1. 机务队伍标准

建立一支适应农机化发展的管理人员、技术人员、操作使用人员队伍。机务队伍必须做到定员、定额,且相对稳定。各级组织(如乡镇、村)都应建立农机管理机构,配备相应的管理人员,建立健全机务人员档案,实施切实有效的管理,并要实行管理的布置化、常规化。机务人员要实行分级培训,采用代培、轮训等多种渠道和多种形式进行岗位培训。新上岗的人员要进行岗前培训,在取得驾驶证前必须经驾驶资格培训,要充分利用职业教育学校,有计划地培训农机后备人员,并经常性地进行必要的知识更新,建立健全技术、业务考核制度。

2. 机械作业标准

按农业技术要求,合理编组,正确使用机具,达到作业质量的要求,确保农业单产持续增长,达到适时、优质、高效、低耗、安全地完成各项作业任务的目标。新的和修后的动力机具要按规定进行试运转,及时填写技术档案,确认技术状态正常。作业机具要正确安装调整,在达到技术标准要求后,方能投入作业。按照机械作业计划,作业前要进行地块区划,确定行走路线,训练好标准作业手,做好各项物资准备工作。机具要合理编组,并采取正确的作业方法。要实行精耕细作、科学种田,建立自检和专人验收相结合的作业质量检查与验收制度,对出现的作业质量不合格问题要及时予以解决。

3. 技术保养标准

按技术要求做到适时、正确地保养各种农业机械设备。动力机械必须达到"五净、四不漏、一完好",即油、水、空气、机器和工具净,不漏油、水、气、电,技术状态完好。农机具达到"六不、三灵活、一完好",即不缺损、不变形、不锈蚀、不旷动、不松动、不缺油,转向灵活、传动灵活、操作灵活,技术状态完好。

4. 农机修理标准

要认真贯彻执行计划预防维修制度和大修基金提存制度，坚持计划修理和日常修理相结合。动力机械实行定期修理制度，农机具实行常年维修制度，积极采用以技术状态监测为基础的修理方法；严格遵守维修规程，执行修理技术标准，改进修理工装，提高检测技术和修理工艺水平。动力机械的大修必须由具备大修能力的农机修造厂或有条件的修理所承担。大修后的机车要达到质量验收标准规定的功率及耗油率等技术经济指标；实行“三包”，并有明确的保修期限。要在保证修理质量的前提下，积极做好旧件的修复利用，节约修理资金和材料，积极推广检测、节能等新技术，努力做到优质、低耗、方便、及时的农机维修服务，确保动力机械和作业机械呈现完好的技术状态。农机修造厂要加强维修设备的管理和维修，保证设备精度，提高设备利用率。修理后，农机要达到各项技术经济指标的要求，其中动力机械的功率恢复率应达95%以上。

5. 油料管理标准

要建立健全油料管理制度，有专人管理，职责明确。主、副油按类、按号分库存放。汽油要单库存放，柴油净化要按最新的净化工艺进行，黄油要有加注器，混合油要有搅拌器。在油品使用时应做到领发登记、账物相符。要及时供应合乎规格的各种净化油料，推广节油技术，搞好废油回收、再生，杜绝浪费。此外，油库要有可靠的安全措施。

6. 农机具保管标准

拖拉机、联合收割机要进库保管，农具要进棚、上台保管，待修农具要进场停放。要求处于保管状态的机具技术状态完好，并有质量验收合格卡片；长期停放的农具技术状态也应完好，并做到排列整齐、整机清洁、垫离地面。工作部件要做好防锈处理，不乱拆乱卸。对容易变质、变形、锈蚀的部件，如电器、橡胶制品、纺织品、链条、刀片等，应清洁后入库保管，以确保其技术状态完好。

7. 零件、材料保管标准

要建立账目，做到领发有据、账物相符。在零件、材料保管时，要摆放整齐，勤查勤理，涂漆防锈，做到不腐蚀、不变形、不错乱、不老化，零件库内干净整洁。

8. 技术档案标准

要求动力机械有档案，作业机械有卡片。对技术资料、工作日记和核算报表的要求是及时、准确、齐全、清楚。

9. 机组单车核算标准

要求农机化统计资料齐全、清楚，并按规定及时汇总和上报。要建立经济核算制度，正确反映和监督农机化经营活动。要按作业和消耗定额，及时核算机车的作业成本，并定期公布核算结果。

10. 安全生产标准

要加强农机日常安全监督，机务人员要严格遵守《农机安全管理条例》、相关安全操作规程和道路交通规则。各级领导要重视安全工作，制定、落实安全措施，配齐安全设施，做好经常性的安全检查，在每项作业前，都要进行针对全体机务人员和作业辅助人员的安全教育，确保安全生产。各级农机监理机构要加强自身建设，认真做好安全监督和技术状态监督工作，做到学法、懂法、守法、执法。驾驶操作人员必须接受农机安全监理部门考试并合格，驾驶员应持有驾驶证，农具手应持有操作证，无证者不准开车、操作。力争做到不发生重大的机械责任事故和人身伤亡事故。

1.5.2 收获作业机组的编制与作业工艺组织管理

1.5.2.1 谷物收获作业机组的编制与作业工艺组织管理

1. 谷物收获作业的农业技术要求

(1)保证收获质量。其指收获损失小,谷粒破碎和产品操作少,清洁度高。收获总损失不超过2%;割茬高度,通常要求在15 cm以下。

(2)适应性好。能收获多种作物,适应不同自然条件、环境和栽培制度。

(3)适时完成收获作业。一般农产品的收获期短,期间劳动力供给紧张,要求收获机械生产率高且工作可靠。

(4)机械结构简单、工作可靠。要求收获机械容易操作,简便耐用,调整、保养方便,成本低,效率高,产品呈系列化,通用化程度高。

2. 谷物收获作业前的田间准备

(1)在收获作业前7~9天,要进行田间勘察,了解作物成熟度、成熟均匀度、作物倒伏情况,以及杂草高度、密度,预测产量,测定地表含水量,检查通往田间、粮场的桥梁、道路情况,必要时进行修整。

(2)灌完最后一水后3~5天,开始平整田间毛渠、横埂,填平深坑。

(3)在收获前,清除地块中的石块、木桩等障碍物。割除高大杂草,对严重倒伏的作物进行人工割除或扎成小束。

(4)将大面积地块划分为作业小区,小区宽度不超过60 m。

3. 谷物收获作业的机组编制

1)机组人员配备

应将有经验的联合收割机手和拖拉机手编入联合收获作业机组。每个联合收获作业机组中配备拖拉机手2~4人,每台自走式收获作业机组配备2~3人。在作业前,应进行技术培训,使机务人员明确任务,提高技术水平。

2)机具选型

常用的收获机械有收割机械、脱粒机械及联合收获机三类,谷物联合收获机如图1-5-1所示。

(1)收割机械,主要完成作物的收割、铺放(或打捆铺放)两道工序。按作物的铺放形式,其可以分为收割机、割晒机和割捆机。

① 在收割机收割时,其将作物铺放在割茬上,形成转向条铺(茎秆倒地方向与拖拉机前进方向大致垂直)或间断性条堆,适合于割后进行人工打捆。

② 在割晒机收割时,其将作物放成顺向条铺,以便联合收割机捡拾脱粒。

③ 在割捆机收割时,其将作物捆成小捆并抛于割茬上,以便人工集垛装运。

收割机械的结构简单、造价较低、保养维护方便、易于推广,但整个收获过程还需大量人力配合,劳动生产率较低,而且收获损失也较高。

(2)脱粒机械,按完成脱粒工作的程度可以分成简易式、半复式和复式脱粒机三种。

① 简易式脱粒机仅能完成把谷粒从穗上脱下来的工序。

图 1-5-1 谷物联合收获机

② 半复式脱粒机除具有脱粒功能外,还有简易的分离机构,能把脱离物中的茎秆、部分颖壳分离出来。

③ 复式脱粒机具有完备的脱粒、分离和清选机构,相当于联合收获机的脱谷机部分。

(3)联合收获机,优点是机械化水平高、劳动生产率高、劳动强度低;能及时清理土地,以利于下茬作物抢耕抢种;收获比较适时,田间作业工序减少,籽粒的总损失减少。其缺点是所用机械构造复杂、造价高;因为是随割随脱粒,一般情况下脱离物的湿度较大,容易发生机器堵塞等故障;不适合作物成熟不一致的收获。

目前,联合收获机是谷物收获的主要机械。

4. 谷物收获作业机组的作业过程

1)收获作业机组作业前的有关测算

(1)产量预测。产量可通过下式计算:

$$\text{亩产量}=\frac{\text{穗数/米}^2\times\text{穗粒数}\times\text{千粒质量}}{1\ 000\times1\ 000}\times666.7(\text{kg}) \tag{1-5-1}$$

$$\text{亩产量}=\frac{\text{亩收获株数}\times\text{株粒数}\times\text{千粒质量}}{1\ 000\times1\ 000}(\text{kg}) \tag{1-5-2}$$

还可在作物蜡熟中期进行产量实测。每个测试点采取 1 m^2 植株,将植株全部拔出,经干燥称重计算出亩产量和总产量。

(2)成熟度鉴定。在一块谷田中,取有代表性的若干个点,每个点连续数 10 穗,鉴定每穗中部 1 ~2 个籽粒的成熟度。当平均有 75% 的籽粒数达到成熟度要求时即可。

(3)确定收割期。依据籽粒成熟度来确定收割期。在正常情况下,小麦的腊熟中期至完熟初期为机械收割适宜期。分段收割法:对于商品粮,可在蜡熟初期开始收割;对于种子,要在蜡熟中期开始收割。联合收割法:对于商品粮,可在蜡熟末期开始收割;对于种子,则在完熟初期开始收割。

2)收获机组机具的准备

(1)收获机的技术检查调整。在收获作业前,应认真进行试运转,按技术规范进行试车。经检查调整后的联合收获机要进行空载试运转。先缓慢地接合离合器并保持低速运转,倾听有无杂音,有无异常现象;然后逐步提高转速,在中速下运转 30 min,继续观察机件有无碰撞，操纵机构是否灵活。如中速运转无异常，可将滚筒转速提高到额定转速；运转10 min后，停车检查各轴承和转动部件有无过热等不正常现象，必要时进行调整。空载试运转后，应进行空行试运转，由低挡到高挡，每个挡位运行10 min，观察变速箱、离合器、传动皮带、齿轮及刹车是否正常，在确认一切正常后才能投入试割作业。

(2)运粮机组的准备。应根据运粮距离，配足运粮车，保证行进中的卸粮作业不影响收获作业效率。运粮机车及拖车的技术状况应完好，启动方便，制动可靠，照明信号齐全，车厢挂接可靠。车厢应严密、无漏洞，必要时加垫篷布。

(3)做好收获作业机组的易损零件储备，及时供应主、副油料，做好田间流动修理。准备好必要的防灭火器材。

(4)根据收获作物的种类调整或更换作业部件，如水稻收获应使用钉齿滚筒及钉齿凹板，油菜收获应使用缝隙小的凹板。

3)机组行走方法

机组行走主要采用离心法和向心法。

4)试收

在正式作业前，应先进行试收，一般可提前2～3天进行。此时，机组进入田间后，以工作状态向前收获15 m后停车，在已割地上铺放帆布，机组再倒车到帆布上，然后用人工均匀喂入谷物，原地脱粒3 min，观察是否有籽粒落在帆布上，若有，应找出原因，进行堵漏。在保证机组各部位运转正常后，进行第一行程试割，开始用一挡中油门作业，注意观察收割、输送、脱粒和清选各部分的负荷情况，逐步加速达到满负荷正常工况，并进行作业质量检查，必要时调整。在联合收获机正式作业前，还应先割两端地头，使地头回转宽度不小于两个割幅，转角处应割成圆弧形，以利转弯。

5)作业中的注意事项

作业中机组应保持直线行驶，驾驶员精力集中，防止漏割或压倒作物，保持割茬一致，随时注意各工作部件是否正常。如发现异常声响、异味或堵塞，应立即停车排除，带有集草车的机组不得倒退，所卸草堆应整齐成行。谷物湿度大、草多、产量高时，应放慢作业速度；气温高、作物干燥时，可适当提高作业速度。作业完成后，进行物料装卸。

5. 谷物收获作业机组作业的质量检查与验收

该部分主要检查割茬高度、割台损失、脱粒损失、清粮损失，测算总损失率。除此之外，还应观察有无漏割，检查渠埂边的损失状况，转弯处损失状况，卸粮时的损失状况等，并随时进行调整。

1)割茬高度的检查

沿机组工作行程任取数点，分别测量各点割茬高度。平均割茬高度与规定割茬高度相差不应超过2 cm。联合收割机的割茬高度一般为15～20 cm，有特殊要求时，最高不超过40 cm。

2)割台损失

割台损失包括拨禾轮打掉的谷穗、谷粒，漏割的谷穗和收割台输送过程中的掉穗、掉粒。测量方法：首先，用面积为1 m^2 的木框，在将要作业的地段上任取数个测点，求出每平方米内的自然落粒数；其次，在收割后沿收割台宽度、长度各1 m围成线框，收集框内所有掉穗和掉粒，取数个测点并算出平均每平方米的总损失；最后，由每平方米总损失减去每平方米自然落粒损失，再乘以 666.7 m^2，即得每亩割台平均损失量。收获作业粮食时，总损失率应小于2.5%；

3）脱粒损失

脱粒损失包括脱不净损失和破碎损失。脱不净损失的检查方法是在秸堆上、中、下三个部位分别取收获株数的万分之一，如收获株数为50万株则取50株，检查脱不净的粒数，然后乘以 10 000 和 1 000 粒质量，即为脱不净损失量。例如，包壳率（水稻带柄率）应小于1.5%。

4）清粮损失

清粮损失包括茎秆裹粮和筛子跑粮。其检查方法是用两块 3 m×4 m 的塑料布和一条布袋，在机组平常作业时，分别收集机组前进 10 m 后排出的茎秆和清粮室排出的颖壳和杂余、粮仓的谷粒。处理后分别称其质量，除以 10 m×工作幅宽，算出每平方米损失量，再乘以 666.7 m^2，即为亩损失量。

5）漏粮损失

观察机组在作业中，机体各部位的漏粮情况，发现漏粮部位要及时堵漏，并根据行走距离计算出其损失量。

6）破碎率和清洁率

在粮仓出粮时，取 50～100 g 样品，捡出样品中的破碎籽粒，并称其质量，按下式计算其破碎率：

$$破碎率 = \frac{破碎籽粒质量}{样品质量} \times 100\% \qquad (1-5-3)$$

捡出样品中的清洁籽粒，并称其质量，按下式计算清洁率：

$$清洁率 = \frac{清洁籽粒质量}{样品质量} \times 100\% \qquad (1-5-4)$$

籽粒破碎率应小于1.5%～2.5%；粮食含杂率应小于5%。

1.5.2.2 棉花收获作业机组的编制与作业工艺组织管理

1. 棉花收获作业的农业技术要求

（1）适时采收。脱叶率达到90%以上，吐絮率达到95%以上，即可进行机械采收。

（2）采净率达到95%以上，总损失率不超过4%，含杂率在10%以下。喷洒脱叶催熟剂必须在采收前 18～25 d 进行，且气温一般稳定在 18～20 ℃时进行喷洒较为适宜。

（3）田间残膜应彻底清除干净，机械作业时避免跨播采摘。

2. 棉花收获作业前的田间准备

棉花一般在吐絮后 6～8 d 铃重大，纤维强力与成熟好，捻曲多，色泽洁白，品级高。如果采摘过早，则纤维成熟度差、强力低、细度偏小、光泽灰暗、品级低、棉轻，影响产量；但是如果过了最佳采摘期，棉花纤维在紫外线的作用下，强力将会逐渐降低，导致棉花变脆。因此，采摘过早或过迟都不好，以在棉铃开裂后 7～10 d 期间内采摘为佳。

（1）收获前 5～7 d 对田间进行实地调查。

① 查看通往被采收条田的道路，桥梁宽度不小于 4 m，机器通过高度不小于 4.5 m。

② 了解棉花的脱叶率、吐絮率是否达到规定要求。

③ 了解条田毛渠、田埂是否平整,是否达到技术要求。

④ 了解地块墒度是否适宜,是否有影响机车行走的因素。

⑤ 彻底清除田间残膜。

(2)对田边地角机械难以采收但又必须通过的地段进行人工采摘。

(3)查看通往条田道路及条田内有无障碍物影响通行。

(4)确定进出条田的路线。

(5)机采棉田应人工清理 15 ~20 m 的地头,以利于采棉机(图 1 -5 -2)在地头转弯和卸棉。

(6)滴灌棉田在机采前,应拆除滴灌支管,将毛管接头压埋严实。

(7)仔细检查采棉机下地路线,确保采棉机运行安全。

图 1 -5 -2 采棉机

3. 棉花收获作业的机组编制

1)机组人员配备

(1)采棉机、运棉机的驾驶和操作人员必须经过专业技术培训,持有驾驶证、操作证方可上岗。

(2)运棉机驾驶员必须服从采棉机驾驶员的统一指挥、调度,做到相互配合、协调一致,以确保采收的顺利进行。

(3)运棉机驾驶员必须对装入车内的棉花负责,严禁棉桃、杂物进入运棉机车厢,发现运棉机车内混有棉桃、杂物的,由运棉机驾驶员负全部责任。

2)机具选型

根据采棉部件采摘棉花的工作原理,棉花收获机具可分为水平摘锭式采棉机、软摘锭式采棉机和梳齿式采棉机。水平摘锭式采棉机的性能先进、技术成熟,是目前推广应用的机型。

4. 棉花收获作业机组的作业过程

1)收获作业机组机具的技术准备

在采棉机作业前,必须对其进行全面的技术调试。

(1)检查轮胎气压,必要时充气。

(2)启动前检查发动机机油、柴油、冷却液及各传动部件间隙,必要时添加或调整。

(3)检查各系统仪表的指示是否正常,如有警示则必须查找并排除报警故障。确认正常后,鸣号启动。

(4)启动机车,检查转向行走机构间隙。

(5)检查液压升降系统、升降采摘头及棉箱。出现升降不灵与不升降时,检查液压油及保险开关。必要时,添加或更换液压油,更换保险开关。

(6)运转采摘滚筒,进行清洗、保养,检查并调整摘锭与脱棉盘、刷座及压紧板的间隙。检查传动齿轮箱,加注摘锭油。

(7)连接风机装置,检查负压管道气压。

(8)加注清洗剂、调试润湿系统压力,检查泵、阀压力及喷嘴的雾化情况。

(9)严格按操作说明要求及保养要求进行操作保养。

2)采棉机田间作业现场技术调试

(1)检查调整轮距,找准行走路线。

(2)检查调整采摘头的前倾角度和压紧板的间隙。

(3)根据棉花成熟度情况及空气湿度情况,检查调整润湿水压。

(4)检查报警装置间隙及灭火器配置。

3)拉花运输车的技术准备

(1)拖拉机工作必须正常,达到“五净”“四不漏”标准,必须安装防火罩。

(2)网箱车连接可靠,必须安装安全销及链。

(3)网箱车关闭机构灵活可靠。

(4)网箱车必须配备盖布。

(5)网箱车必须配备灭火器

4)机组行走方法

采棉机和运棉机主要采用离心法和向心法行走。

5)物料装卸

采棉结束后,进行物料装卸。

5. 棉花收获作业机组作业的质量检查与验收

(1)由连队领导或技术人员、承包户、机组人员共同组成验收小组,在采棉机进地前,按要求对机采棉田逐条田、逐地块进行检查。

① 查看脱叶率、吐絮率是否达到规定要求,脱叶率应达93%,吐絮率达95%。

② 检查地块自然损失率,总损失率应 <7%。

③ 条田的准备工作是否按要求进行。

④ 棉田生长情况是否达到收获技术要求。

⑤ 田间残膜、滴灌带、杂草是否已彻底清除干净。

⑥ 查看道路、桥梁是否达到采棉机通过的要求。

(2)采收结束后，进行综合质量检查验收。验收标准：采收干净，总损失率 <7%；挂枝棉、撞落棉、遗留棉在规定标准以内；籽棉含杂质率在 12% 以内；籽棉回潮率（含水率）在 12% 以内。

(3)如果对采收质量检查结果有分歧，由主管部门进行协调、仲裁。

1.5.2.3　番茄收获作业机组的编制与作业工艺组织管理

1. 番茄收获作业的农业技术要求

(1)番茄秧的漏切率要低，不得高于 0.1%。

(2)番茄果实的分离要彻底，漏摘率不高于 3%；番茄果实的损伤率要低，总损伤率不高于 4%。

(3)准确分选成熟度合格的果实。对熟番茄果实的分选率不低于 99%。

2. 番茄收获作业前的田间准备

(1)机械采收前 10 ~20 d，根据土壤类型和期间气候情况适时停止灌水。条田的土壤湿度不宜过大，以便机采。正常的机械采收期为每年 8 月初至 10 月上旬。

(2)机械采收前 3 ~6 d 进行田间实地调查。

① 查看通往准备采收条田的道路。桥梁宽度不小于 4 m，机器通过高度不小于 4.5 m。

② 在条田两头的采收起割地头，应留不少于 13 m 的机采运输转弯带。条田两头的机采运输转弯带要平整，并用人工将在转弯带上种植的番茄放置在相对应的行上。

③ 停水后，将条田中的滴灌带、支管、辅管收回。对于滴灌带浅埋的条田，可不回收滴灌带。回收时间以不影响正常机采为宜。

④ 对处于田边地角且机械难以采收，但又必须通过其地段的番茄进行人工采收，并及时将其运出采收区域。

⑤ 条田采收机起割行应选在本采收小区中心行左右两侧，共选择 5 行，然后进行（人工或机力）翻秧整形，以减少采收机配套的运输车辆行走所造成的损失。

⑥ 确定进出条田的路线。查看通往准备采收条田及田内的路线，保障采收、运行区域畅通无阻，以便安全地进行采收作业。

3. 番茄收获作业的机组编制

1)机组人员配备

番茄采收机、番茄运输机车的驾驶和操作人员必须经过专业技术培训，持有驾驶证、操作证方可上岗，另配备 2 ~3 名人员负责机采辅助除杂工作。

2)机具选型

从国外番茄收获技术的发展情况看，目前有代表性的机具主要为美国和意大利的产品，如美国的 California Tomato Machinery、Pik Rite Inc，意大利的 POMAC、GUARESI、MTS、GALLIGNANI 等公司的产品。机具分为自走式收获机和牵引式收获机两大类。其都带各种形式的振动分果装置，以确保番茄果实与秧藤的分离；且使用自动的光电色泽选果装置或人与选果装置相结合的方法来剔除不符合要求的果实。选果装置的通道数根据额定生产率不同而有所不同。

图 1－5－3　自走式番茄采收机

4. 番茄收获机组的作业过程

1）收获作业机组机具的技术准备

（1）在番茄采收机（图 1－5－3）作业前，必须进行全面的技术调试，包括以下几个方面。

① 检查轮胎气压，必要时充气。

② 启动前，检查发动机机油、柴油、冷却液及各传动部件的间隙，必要时添加或调整。

③ 检查各系统仪表指示是否正常，如有警示的必须查找并排除报警故障，确认正常后，方可鸣号启动。

④ 启动机车，检查转向行走机构的间隙，拉开人工分选站台。

⑤ 检查液压升降、液力传动系统、升降传动收割台和提升机，如出现升降传动不灵和不升降传动，则检查液压油、调压阀、开关阀及保险开关，必要时添加液压油或更换保险开关。

⑥ 对采收、分选、抛秧、色选、提升机的传动链耙进行清洁、保养，并检查色选传送带和抛秧辊链轮的间隙。检查各部分传动减速箱，加注齿轮油。

⑦ 连接分机装置，检查其工作情况是否正常。

⑧ 检查色选系统，加注分选汽缸润滑油。之后，调试系统工作压力，检查气泵、阀、分选汽缸的工作情况。

⑨ 启动振动分选系统，检查其运转是否正常，如有不正常，检查皮带张紧度与溢流阀压力。

⑩ 严格按操作规程及保养要求进行操作保养。

（2）番茄采收机田间作业现场必须进行技术调试，包括以下几个方面。

① 检查调整轮距，找准采收小区中心行及行走路线。

② 检查调整收割台分秧器的前倾角度和上升恢复弹簧的张度。

③ 根据番茄成熟度情况、植株生长情况，检查并调整色选仪的分辨率和振动分选机的频率，以满足对采收质量的要求。

④ 检查报警装置和灭火装置。

(3)番茄运输车必须进行全面的技术准备,包括以下几个方面。

① 拖拉机工作必须正常,达到"五净""四不漏"标准。

② 拉运番茄的挂车连接可靠,必须安装安全销及保险链。

③ 卸料开关机构灵活可靠。

④ 拉运番茄的挂车的车厢门高度不高于 80 cm。

⑤ 必须配备灭火器。

2)其他

机组主要采用梭形法行走。采收完成后进行物料装卸。

5. 番茄收获机组作业的质量检查与验收

由技术人员、承包户、机组人员共同组成验收小组按要求逐条田、逐地块的进行检查,应达到地表平整、无大土块,切割果实彻底且无漏割,果实与番茄茎秆分离干净且无落地果,红、青果分选、色选干净彻底,商品果中青果率不超过1%,杂质不超过3%。接运番茄的机车速度与番茄收获机应保持一致,距离应保持合理。道路、桥梁应达到番茄采收机通过的要求。

【知识拓展】

尽善尽美型的摘棉机——约翰·迪尔 CP690 型自走式打包摘棉机

约翰·迪尔 CP690 型自走式打包摘棉机是在约翰·迪尔 7760 型自走式摘棉机基础上改进而来,如图 1-5-4 所示。在 7760 型摘棉机原有的一人一机高效率收获模式的基础上,CP690 型有了实质性的改进,动力更强劲,性能更佳,速度更快。其是对创新型的 7760 型摘棉机的进一步完善。从 2017 年开始,CP690 型摘棉机开始具备籽棉水分含量适时动态监测和显示棉包质量的功能。CP690 型摘棉机被称为"尽善尽美型的摘棉机",该型摘棉机的优势体现在以下几个方面。

1. 动力更强

采用约翰·迪尔符合 Tier Ⅲ二级排放标准的 PowerTech 柴油发动机。该发动机的排气量为 13.5 L,功率为 418 kW,另外还包括 24 kW 的带电子控制的动力爆发装置。因此,即使在困难的作业条件下,也不会出现动力不足的问题。与 7760 型摘棉机相比,CP690 型摘棉机的功率增加了 6%,其能够在 1 h 内完成 60 亩的棉花收获作业(在美国和澳大利亚的田间条件下),使之成为世界上效率最高的摘棉机。

2. 性能更佳

CP690 型摘棉机采用 ProDrive 自动换挡变速箱,并配备限滑控制系统以确保优异的前后轮牵引力输出的稳定性。驾驶员在行进间只需通过电钮操作,即可实现平稳变速。该机的多功能控制杆同样简单易行,其采用模块化设计,可通过一触式操作实现棉包卸载。另外,该机采用高级发光二极管驾驶室照明以及直管型发光二极管环境照明设备(选装配置),即使在能见度不理想或很差的情况下,也能够实现正常作业。

3. 速度更快

CP690 型摘棉机的田间采摘行进速度很快,一挡采摘速度可达 7.1 km/h,比 7760 型摘棉机提高了 5%。这对于大面积的棉花采摘作业而言,能大幅提升效率,降低燃油费用,节省工作时间。另外,该机的二挡采摘速度也提升了 5%,最高可达 8.5 km/h。

4. 运行时间更长

CP690 型摘棉机减少了机器的停机时间，提高了田间作业效率，使驾驶者能够更快地完成棉花收获。CP690 型采棉机延长了液压油的更换周期，从 7760 型摘棉机的 400 h，延长到 1 000 h。对采摘头脱棉盘系统的调整工作进行了优化，使其变得更加简单方便，操作者只需要一把采摘头专用工具即可完成，减少了停机时间。为方便起见，还设置了辅助风扇，有助于提高自清洁旋转过滤网和初级空气过滤器的滤清质量。

5. 技术更先进

CP690 型摘棉机采用先进的精准农业技术，如 Harvest Doc，提供了出色的棉花产量分析和产量图绘制的功能；棉包身份识别技术，提供了在田间作业期间收集棉包生成的时间、地点等数据资料的功能，无须进行人工标记；无线数据传输技术，提供了分散信息采集和无线数据传输功能。CP690 型摘棉机还采用了智能通信系统（JDLink），并在驾驶室配备全新的数字显示器，可清晰地显示机器各系统的运行状态参数。

图 1－5－4　约翰·迪尔 CP690 型自走式打包摘棉机

【任务小结】

（1）熟悉收获作业前的田间准备及机组准备工作内容。

（2）了解收获机组的作业方法和作业程序。

（3）根据收获机组作业的质量标准对机组编制及作业工艺的合理性进行检查与验收。

（4）掌握有关农机标准化管理的知识内容。

【课后练习】

1. 填空题

（1）农机标准化管理主要内容有以下 10 个部分：________、________、________、________、________、________、________、________、________、________。

（2）谷物收获作业的农业技术要求包括：________、________、________、________。

（3）按完成脱粒工作的程度，脱粒机械可以分成________、________、________三种。

（4）在一块谷田中，取有代表性的若干个点，每个点连续数________，鉴定每穗中部________籽粒的成熟度。当平均有________的粒数达到成熟度要求时即可。

（5）番茄采收机、番茄运输机车的驾驶和操作人员必须经过________，持有________、________方可上岗。

2. 简答题

(1)简述棉花收获作业机组的作业质量检验与验收的内容。

(2)番茄采收机田间作业必须进行现场技术调试的项目有哪些?

【总结评价】

(1)谈一谈你学习完本任务的体会及收获。

(2)谈一谈在完成任务学习的过程中,你和你所在小组的收获、不足和有待改进提高的地方。

(3)结合学习的实际情况,完成表1-5-1和表1-5-2。

表1-5-1 收获作业机组的编制与作业工艺组织管理

序号	考核内容		配分	评分内容	考核记录	得分
1	知识	农机标准化管理	10	掌握农机标准化管理的主要内容		
		收获作业机组编制与作业工艺组织管理	30	1. 了解谷物收获作业机组编制与作业工艺组织管理; 2. 了解棉花收获作业机组编制与作业工艺组织管理; 3. 了解番茄收获作业机组编制与作业工艺组织管理		
		收获作业机组的作业质量检查与验收	10	1. 掌握质量检查的主要内容; 2. 掌握质量验收的主要标准		
2	技能	收获作业机组编制的计算	10	1. 掌握谷物收获机组作业前的产量预测方法; 2. 掌握破碎率和清洁率的测算方法		
		作业前的田间准备	10	1. 了解谷物收获作业前的田间准备内容并能组织实施; 2. 了解棉花收获作业前的田间准备内容并能组织实施; 3. 了解番茄收获作业前的田间准备内容并能组织实施		
		质量检查与验收	10	1. 按照验收标准对工作地块进行质量检查; 2. 会使用检测验收工具		
3	态度	安全生产意识	10	能在导师的指导下安全文明生产		
		合作、吃苦精神	10	能与小组同学合作完成本次任务,操作过程中能做到吃苦耐劳		
4	分数合计		100			

表 1-5-2　项目一任务五工单

<table>
<tr><td rowspan="2">任务名称</td><td rowspan="2">收获作业机组的编制与作业工艺组织管理</td><td>姓名</td><td></td><td>班级</td><td></td></tr>
<tr><td>日期</td><td colspan="3"></td></tr>
<tr><td colspan="6">1. 农机标准化管理的主要内容
(1)机务队伍标准。
(2)机械作业标准。
(3)技术保养标准。
(4)农机修理标准。
(5)油料管理标准。
(6)农机具保管标准。
(7)零件、材料保管标准。
(8)技术档案标准。
(9)机组单车核算标准。
(10)安全生产标准。
2. 收获作业机组的编制与作业工艺组织管理
1)谷物收获作业机组的编制与作业工艺组织管理
(1)谷物收获作业的农业技术要求。
(2)谷物收获作业前的田间准备。
(3)谷物收获作业的机组编制。
(4)谷物收获机组的作业过程。
(5)谷物收获机组作业的质量检查与验收。
2)棉花收获作业机组的编制与作业工艺组织管理
(1)棉花收获作业的农业技术要求。
(2)棉花收获作业前的田间准备。
(3)棉花收获作业的机组编制。
(4)棉花收获机组的作业过程。
(5)棉花收获机组作业的质量检查与验收。
3)番茄收获作业机组的编制与作业工艺组织管理
(1)番茄收获作业的农业技术要求。
(2)番茄收获作业前的田间准备。
(3)番茄收获作业的机组编制。
(4)番茄收获机组的作业过程。
(5)番茄收获机组作业的质量检查与验收</td></tr>
</table>

项目二　农机作业的生产管理

【项目目标】

(1)熟练掌握对农机作业机组进行定额制订、调整工作。

(2)熟练掌握用图表法和线性法制订机械作业计划。

(3)掌握农机统计核算的知识,能够在农业机械化企业(国营农牧团场)基层单位正确填报各类统计报表,并对基层单位的农机作业成本进行核算。

【技能目标】

熟练掌握农机作业定额,制定农机作业计划,会对农机作业成本进行核算。

【项目描述】

掌握定额管理的作用和意义;掌握定额制定的原则、内容及方法,并会对定额进行修订和调整;掌握用图表法和线性法制订机械作业计划;掌握农业机械作业成本分析与核算。

【项目分解】

项目二 农机作业的生产管理	任务一:农机作业定额	2.1.1　农机作业定额的制订
		2.1.2　农机作业定额的调整
	任务二:农机作业计划	2.2.1　农机作业计划的制订
		2.2.2　农机作业计划制订实例
	任务三:农机统计核算	2.3.1　农机统计核算方法
		2.3.2　农业机械作业成本

任务一:农机作业定额

【任务目标】

(1)掌握农机定额管理的作用和意义。

(2)掌握机务定额的内容及制订。

(3)掌握制订定额的原则及方法。

(4)掌握定额的修订与调整。

【导师导学】

2.1.1　农机作业定额的制订

2.1.1.1　定额管理和作用

1. 定额

定额是一种标准，是企业衡量效率、质量和消耗的尺度，是企业及其工作人员在从事农机作业活动中，在人力、物力、财力利用方面所必须达到的标准，是企业管理的基本手段，是各项管理工作的基础。

2. 定额管理

定额管理指通过定额来管理企业的生产经济活动。

3. 技术定额

技术定额指采用科学方法制订的定额和人们利用机械技术在达到质量要求的基础上完成的数量标准。

4. 定额管理的意义

定额管理是企业管理的一种科学方法，通过定额的制定、执行和修改内容来实施。

5. 定额管理的作用

正确地制订定额和实行定额管理是机务管理工作的重要内容，是实行计划管理的基础。定额管理对加强经济核算，贯彻生产责任制，加强劳动纪律，挖掘设备潜力，调动广大员工的积极性和创造性，提高作业质量和效率，发挥机具效能，降低作业成本，提高经济效益有着十分重要的作用。

2.1.1.2　机务定额的内容及制订

1. 机务定额的主要内容

(1)机械作业定额指对田间作业机械、畜牧机械、排灌机械、运输机械的小时或班工作量和耗油量进行定额。

(2)人员配备定额指对机务管理人员、技术人员、驾驶员、修理工及学徒等的配备标准进行定额。

(3)材料消耗定额指对机具保养、修理用零件或原材料的消耗定额等。农机维修定额见附表。

(4)机具配备定额指对拖拉机、联合收割机、牵引农具、排灌机械、汽车、修理设备、储油设备等的数量进行定额。

(5)设备或人员利用定额指对出勤率、班次时间利用率、人员出勤班次等进行定额。

(6)质量定额指对作业质量、产品成品率、机械完好率、机械折旧年限等进行定额。

(7)财务定额指对投资额、允许占用资金、作业成本和各项费用进行定额。

2. 制订定额的原则和方法

1)制订定额的原则

(1)在保证质量的前提下，确定数量标准。

(2)由于作业条件存在不同,应实施差别定额。

(3)制订定额时应该考虑先进性、合理性和相对稳定性。随着生产工具和操作方法的改进,适时地加以修订。

(4)制订和修订定额时,要从实际出发、实事求是,要注意现有的环境和条件以及设备状况与技术水平,要调查不同技术水平工人的实际定额,制订一个切实可靠的有群众基础的定额。

2)制订定额的方法

制订定额一般有两种方法,即综合法和要素法。综合法是在对已有统计资料和群众经验进行研究分析的基础上,结合本单位具体条件制订定额的方法;要素法是在对构成定额的各种要素进行考虑和测定的基础上,结合具体条件制订定额的方法。

(1)经验估算法。根据经验,参照某些历史资料和数据,并结合当时、当地的具体条件和因素,经大体分析制订定额。这种方法简单易行,但主观因素较多。

(2)经验统计法。对历年积累的资料进行综合整理和分析,选出典型的材料,计算出先进的平均数,结合当地具体情况及机具技术状态适当加以调整,作为定额标准。这种方法简单易行,但科学依据不够充分。

(3)统计分析法。运用统计和调查所取得的材料,进行整理、分析、比较来制订定额。采用这种方法时要有可靠的统计、调查资料,并注意已经发生变化的各种条件。

(4)试验法。通过实地试验制订定额,试验时应选择有代表性的机车和中等技术水平的驾驶员,在有代表性的生产条件下,按定额的技术要求和质量标准,反复试验多次,根据结果计算出一个平均值作为定额标准。这种方法适用于缺乏经验和资料,或有关条件变化较大(如新机具、新技术的采用)的情况。

(5)技术查定法。它是建立在实地观察、分析研究,并在具有各种资料的基础上,经过科学地分析和计算,制订出技术定额。这种方法制订的定额依据比较准确,可靠程度较好,符合客观实际情况。但该方法工作量较大,也较复杂。

3)机械作业定额的技术查定法

机械作业定额的技术查定,通常采用工作日写实法,主要查定机组作业的班次工作量、耗油量和作业中的时间利用情况。按查定记录表(表2-1-1),准确观察并记录机组的时间消耗、工作量、耗油量等,每次查定时间应延续一个班次,每种作业项目应查定3~5个班次。查定工作人员不能随意更换,查定班次结束后应对查定记录及时加以汇总和分析。对查定中不合理的因素(如组织不当、技术故障等),要找出原因,研究改进办法,并在下次查定中改正。

在对查定记录进行综合分析时,最主要的是分析对定额有影响的诸因素在时间上的反映,并分析工时利用的合理程度,寻求减少不应有的时间浪费,增加有效工时,特别是增加基本工时,提高班次工作效率。基于分析结果,规划新的工作结构,再按基本工时和小时生产率来制订班次作业定额,结合统计资料加以比较分析,组织驾驶人员和有关人员讨论后确定定额,经上级批准后实施。

表 2-1-1　机组作业查定记录表

单位名称______________________查定日期______________________
(1)作业名称及行走方法______________________________________
(2)机组组成：
拖拉机型号______________________________________
农具型号及数量______________________________________
(3)作业地点______________________________________
(4)土地情况：
土壤类型______________________地段长度______________________
地势坡度______________________地表状态______________________
机组作业速度______________________________________
(5)班内时间利用情况：
纯工作时间______________________技术保养______________________
连接农具______________________地头空行______________________
地号转移______________________工艺停车______________________
拖拉机故障______________________农具故障______________________
组织不当______________________自然影响______________________
其他______________________________________
(6)定额：
工作量定额______________________亩/班；实际______________________亩/班
耗油量定额______________________千克/亩；实际______________________千克/亩
(7)作业质量______________________________________
(8)驾驶员及农具手姓名______________________________________
记录人员签字______________________________________

2.1.2　农机作业定额的调整

机务定额应保持先进合理的水平，但是随着生产技术条件的变化，先进技术和先进经验的采用和推广，操作人员技术水平的提高，管理方法的改进，原来的定额可能已不再适应生产发展的需要，因此要对定额进行修订。此外，由于生产条件和机具技术状态的不同，还需制订差别定额。

2.1.2.1　先进平均定额的制订方法

把定额标准定在先进平均水平上，是制订定额的基本原则。制订或修订先进平均定额的方法有两种：一种是按先进平均数确定定额；另一种是按平均数和先进数之间的区间确定定额。下面举例说明。

按 10 台拖拉机带钉齿耙进行耙地作业，每台完成的班次作业亩数分别为 700、720、740、780、800、840、860、900、920、940 亩，求其先进平均定额是多少？

1. 按第一种方法

(1)计算总平均数为

$$\text{总平均数}=\frac{700+720+740+780+800+840+860+900+920+940}{10}=820\ \text{亩}$$

(2)找出高于平均数，即先进的数值。本例中，高于平均数 820 亩的有 840、860、900、

920、940 亩,其均为先进数。

(3)由先进数的平均数即可求出先进平均定额,即

$$先进平均定额=\frac{840+860+900+920+940}{5}=892\ 亩$$

2. 按第二种方法

定额由平均数和先进数之间的区间确定,即在 820 和 940 间确定。这种方法有一定的伸缩性,具体运用时需根据实际情况确定。

先进平均定额的执行结果:多数人经过努力可以达到或略有超过;少数水平高的员工能够超过;其余水平低的员工要经过一定努力才能达到或接近。由于这种定额是大部分员工经过一定努力才能达到或超过的,因而有利于调动机务人员的积极性,有利于促进机务管理水平的提高。

2.1.2.2 标准定额与差别定额

在特定条件下,即土壤比阻为 4.4 ~ 5.4 N/cm^2 的中质土,地段长度为 1 000 m,地势平坦,地表状态变化良好,用查定方法制定的定额称为标准定额或基本定额。然而,农业生产往往受自然条件的影响,作业条件不同,作业定额和耗油定额亦应不同。因此,需制订适用于不同条件的差别定额,有了差别定额,单位的生产积极性才能得以发挥。国营农场和农机管理部门应实行基本定额和差别定额相结合的技术定额制度。

1. 差别系数法

制订差别定额时,多采用差别系数法,即引用一个代表地区条件的差别系数和基本定额相乘,得到适应该具体条件的差别定额。

$$W_i=W_n\cdot n_i \tag{2-1-1}$$

式中 W_i——工作量差别定额;

W_n——工作量基本定额;

n_i——工作量差别系数。

$$Q_i=Q_n\cdot m_i \tag{2-1-2}$$

式中 Q_i——燃油消耗量差别定额;

Q_n——燃油消耗量基本定额;

m_i——燃油消耗量差别系数。

2. 差别系数

1)工作量差别系数

自然环境及工作条件对定额的影响是很复杂的,对各种作业的影响程度各不相同。因此,决定各种影响因素的差别系数不是轻而易举的工作。制订差别定额时并不要求考虑影响定额的所有因素,而只要求考虑对各种作业影响最大的一些主要因素。

根据研究,在土壤耕作中,对定额影响最大的因素有以下 4 个。

(1)土壤类型及耕作深度是影响比阻的主要因素。

(2)地势坡度是影响机组阻力及功率利用系数的主要因素。

(3)地表状态不但影响比阻,还影响功率及时间利用系数。

(4)地块长度决定工作行程率的大小,是时间利用系数的主要影响因素之一。

$$n_i = n_{Ki} n_{\alpha i} n_{\rho i} n_{\varphi i} \quad (2-1-3)$$

式中 n_i——工作量差别系数；

n_{Ki}——比阻差别系数，见表 2-1-2；

$n_{\alpha i}$——坡度差别系数，见表 2-1-3；

$n_{\rho i}$——地表状态差别系数，见表 2-1-4；

$n_{\varphi i}$——地块长度差别系数，见表 2-1-5。

表 2-1-2　比阻差别系数

土壤类型	轻质土	中质土	黏重土	特重土
比阻(N/cm^2)	2.94～3.92	4.41～5.69	5.88～7.84	8.82～9.80
差别系数	1.2	1	0.8	0.65

表 2-1-3　不同车辆类型对应的坡度差别系数

地垫坡度(°)	0	1～2	3～4	5～6
轮式	1.00	0.98	0.96	0.90
履带式	1.2	0.99	0.98	0.95

表 2-1-4　地表状态差别系数

地表状态	良好	较差	不良	严重
差别系数	1.00	0.98	0.96	0.85

表 2-1-5　地块长度差别系数

地块长度(m)	300	400	500	800	900	1 000	1 500	2 000	2 500
差别系数	0.90	0.93	0.95	0.98	0.99	1.00	1.02	1.03	1.04

2)燃油消耗量差别系数

燃油消耗定额和工作量定额之间有一定关系，可以令燃油消耗量差别定额与工作量差别定额的乘积等于燃油消耗量基本定额与工作量基本定额的乘积。

$$W_i Q_i = W_n Q_n \quad (2-1-4)$$

$$Q_i = \frac{W_n}{W_i} Q_n \quad (2-1-5)$$

式中，$\frac{W_n}{W_i} = \frac{1}{n_i}$ 即为燃油消耗量差别系数 m_i，其是工作量差别系数的倒数，即有 $m_i = \frac{1}{n_i}$。

必须指出，用这种方法得到的燃油消耗量差别定额有一定误差，因为影响工作量定额的因素对燃油消耗量定额的影响程度是不同的。例如，工作行程率愈大，生产率愈高，但工作行程率对燃油消耗的影响就比较复杂，因为空行和空转的单位燃油消耗量较负荷工作时相差甚多。

3. 以能量消耗为基础的差别定额

1)制订的依据

以能量消耗为基础的定额标定法是由生产单位根据具体条件，在测定拖拉机各个作业消耗的能量后，从定额手册上直接查找不同牌号拖拉机和不同地块长度对应的差别定额，从而避免了统一定额不符合各种具体条件的缺点，也简化了考虑差别条件时的一系列计算。

燃油消耗量和机械能消耗量之间的关系是制订班次工作量和燃油消耗量定额的基础。

已知机组生产率的表达式为

$$W=\frac{298}{k}N_{e}\eta_{T}\beta\tau(\text{kW}) \tag{2-1-6}$$

式中 N_e——发动机功率(kW)；

k——农机具比阻(9.8 N/m)；

η_T——拖拉机牵引效率；

β——幅宽利用率；

τ——时间利用率。

每亩地的作业能量消耗为

$$A=\frac{k}{550.8}(\text{kW}\cdot\text{h/亩}) \tag{2-1-7}$$

根据亩耗油量的理论公式，可以列出以下等式：

$$A=\frac{1\ 000\theta}{q}=\frac{k}{550.8} \tag{2-1-8}$$

式中 θ——单位面积上的纯作业耗油量(kg/亩)；

q——每牵引千瓦的小时耗油量(g/(kW·h))。

从上述这些公式所表明的关系可知：

(1)每单位面积作业和机械能消耗量与机组生产率之间有一定的函数关系；

(2)当找出某种作业的单位面积纯作业耗油量和每牵引千瓦的小时耗油量之后，就可以算出相同条件下的单位面积作业的机械能消耗量，并作为计算定额的基础，但制订定额时，还必须考虑能量消耗量以外的其他因素。

2)确定定额标准的步骤与方法

Ⅰ. 确定程序

(1)选定代表不同能量消耗的典型地块(主要是依据土壤结构、比阻、地表状态和地形等影响机组作业的机械能消耗量的因素)。

(2)选用对照机组，进行调整试验后在选定的地块上进行纯作业亩耗油量的测定。

(3)将对照机组发动机的小时耗油量与标准值对比，并加以修正。

(4)根据所得的纯作业亩耗油量从能量对照表上查出能量消耗等级。

(5)按照能量消耗等级，在定额手册上查出不同机组在不同垄上的差别定额。

为了使纯作业亩耗油量的测定值准确，建议对于耕地作业测定 5 ~ 6 次，对于非耕地作业测定 3 ~ 4 次。

Ⅱ. 对照机组

对照机组应选择有代表性的拖拉机和农业机械，其技术状态应良好。如用新的或大修后的拖拉机，其工作量不应少于 1 000 h，采用正常的编组。对照机组发动机必须经过发动机制动测试，检查发动机的最大功率和发动机在 90% 负荷时的小时燃油消耗量。

Ⅲ. 修正系数

由于对照机组发动机的小时燃油消耗量可能和标准发动机有差异，为了使定额的制订不受用来测定燃油消耗量的对照机组发动机的技术状态差异的影响，采用修正系数 c 进行修正。

$$c = \frac{\text{标准发动机小时燃油消耗量}}{\text{对照发动机小时燃油消耗量}} \quad (2-1-9)$$

Ⅳ. 测定作业的能量消耗

用对照机组在选定的地块上作业，在机组工作正常时测定纯作业的燃油消耗量和耕地面积，转弯空行时的燃油消耗不计入总燃油消耗中，测定的时间不少于 1.5 ~2 h。将测得的燃油消耗量 Q 除以耕作面积 F，则得出纯作业亩耗油量。

$$\theta = \frac{Q}{F}(\text{kg/a}) \quad (2-1-10)$$

将得出的结果再用修正系数修正，即

$$\theta_0 = C\theta(\text{kg/a}) \quad (2-1-11)$$

根据修正过的纯作业亩耗油量 θ_0 的数值，用查表法（表 2-1-6）查出机械能的消耗。

表 2-1-6　拖拉机耕地作业纯作业亩耗油量和亩能量消耗量对照表

能量消耗((kW·h)/a)	1.47	1.49	1.52	1.54	1.57	1.59	1.62	1.64
耗油量(kg/a)	0.69	0.69	0.70	0.70	0.71	0.72	0.73	0.73 ~ 0.74

制订耕地定额时，对照机组耕地的实际深度与规定深度可能有差别。此时，应将求得的耕地作业能量消耗折算成规定深度的能量消耗。为此，必须用实际耕作深度除以求得的能量消耗然后再乘以规定的深度（规定深度为 20 ~22 cm 时，用 21 乘；规定深度为 25 ~27 cm 时，用 26 乘）。

Ⅴ. 确定作业定额

根据亩能量消耗量，参照地块长度，可在定额手册中查得各种牌号拖拉机的工作量和耗油量定额。

Ⅵ. 确定工时费

按照农机维修类别及等级确定工时费。

1）从事整机维修竣工检验工作，以及二级农业机械综合维修业务的人员，工时费为 15 元/小时。

2）从事各种农业机械的整车修理和总成、零部件修理，以及三级农业机械综合维修业务的人员，工时费为 12 元/小时。

3）从事常用农业机械的局部性换件修理、一般性故障排除以及整机维护的人员，工时费为 9 元/小时。

农业机械专项维修工时定额见附表。

【知识拓展】

农机具购置补贴

农机具购置补贴指国家对农民个人、农场职工、农机专业户和直接从事农业生产的农机作业服务组织，购置和更新农业生产所需的农机具时给予的补贴。

农机具购置补贴是国家“三补贴”强农惠农政策的重要内容，是贯彻落实中央一号文件的重要举措，对改善农业装备结构、提高农机化水平、增强农业综合生产能力、发展现代农业、繁荣农村经济具有重要意义。

根据2004年11月1日起施行的《中华人民共和国农业机械化促进法》第二十七条规定：“中央财政、省级财政应当分别安排专项资金，对农民和农业生产经营组织购买国家支持推广的先进适用的农业机械给予补贴。补贴资金的使用应当遵循公平、公开、公正、及时、有效的原则，可以向农民和农业生产经营组织发放，也可以采用贴息方式支持金融机构向农民和农业生产经营组织购买先进适用的农业机械提供贷款。具体办法由国务院规定。”按照党中央国务院的部署，财政部、农业部于2004年共同启动实施了农机购置补贴政策，当年安排了补贴资金0.7亿元，并在66个县实施。此后，中央财政不断加大投入力度，补贴资金规模连年大幅度增长，实施范围扩大到全国所有农牧县和农场。2004—2009年，中央财政累计安排农机购置补贴资金199.7亿元，其中2009年安排130亿元，比2008年增加90亿元，增长了225%。从2009年实施情况看，全年共补贴各类农机具超过343万台(套)，受益农户逾300万户。农机购置补贴政策的实施，推动了全国农机总动力快速增长，耕种收综合机械化水平持续提高，为保障我国粮食安全和农民增收，巩固农业在国民经济中的基础性地位发挥了重要作用。

购置农机具的补贴流程如下。

(1)由符合购机条件的购机者填写书面申请。

(2)各县农机局根据购机者填写的书面申请表，将购机者的基本信息(姓名、身份证号、地址、邮编)、拟购机具情况等相关信息录入系统，并现场上传购机者身份证及本人照片至信息系统。

(3)各县农机局将购机申请信息经网络实时上报省、市农机局进行公示审批(公示期为5天)。

(4)购机者的购机申请经过省、市农机局审核且已过5天公示期后，由县农机局与购机者打印和签订已通过审核的农业机械购置补贴申请表和农业机械购置补贴协议书。

(5)购机者将自动生成的申请表的协议编号和身份证号提供给机具销售商，并交机具差价款。

(6)经销商在农机购置补贴信息系统内录入购机者身份证号和协议编号，并在信息系统内录入购机者的购机日期、发票号码、机具发动机号码、机具出厂编号及购机正式发票图片。

(7)各县农机局审核经销商录入的购机相关信息，核实确认购买信息，并打印正式农业机械购置补贴申请表，经购机者签字后，再由省、市农机局对购机信息进行核实确认(核实期为10天)。

(8)若省、市农机局对购机情况核实属实，经销商可通过购机补贴信息系统向省农机局提出结算申请并打印结算资料。

【任务小结】

(1)了解农机定额管理的作用和意义；

(2)掌握机务定额的内容及定额的制订；

(3)掌握制订定额的原则及方法；

(4)掌握定额的修订与调整；

(5)能熟练掌握对农机作业机组进行定额制订和调整工作。

【课后练习】

1. 名词解释

(1)定额。

(2)机组。

(3)机械作业计划。

(4)质量定额。

2. 简答题

农机作业机组如何进行定额制订,如何对其进行调整?

任务二:农机作业计划

【任务目标】

(1)掌握机组作业计划的内容和制订方法。

(2)重点掌握机械作业计划。

(3)掌握验证机组作业计划的合理性并进行修订。

(4)掌握用图表法和线性法制订机械作业计划。

【导师导学】

2.2.1 机组作业计划的制订

计划管理是在国家计划指导下,根据国家对企业的要求和市场的需要,因地制宜地确定企业的生产、建设和财务计划。机械化农业生产不仅需要有一定数量的、适用的农业机器和技术合格的操作者,而且要按照农业生产的要求与自然条件合理地组织生产,才能保证及时完成任务,并取得较好的技术经济效益。

正确的农机作业计划是合理组织生产的前提,它明确规定了作业的要求、时间、工作量和应投入的机器种类和数量,以及相应的油料、物资消耗等的数量。有合理的农机作业计划才能使管理者和运用者对生产做到心中有数;才有利于把任务分配给最有效的机组去完成;才能使各项工作互相衔接,协调进展;才能合理地利用各种物质资源,采用较经济有效的措施,达到企业的预定目标。所以,制订农机作业工作计划是农机化管理的基本工作之一。

农机作业工作计划包括:机械作业计划;保养修理计划;运输计划;油料计划;设备投资计划;零配件及材料计划;机务区建设计划以及其他机务工作计划(如技术改装和革新、科研和试验、农机培训、机务检查等)。其中,机械作业计划是主体,是制订其他计划的基础。

合理的农机作业工作调度是农机作业工作计划得以执行的保证,也是农机管理工作的中心环节,它的主要任务:为适应农业生产的特点(管理对象的高度分散性和很多不可控制的外部因素),对农机作业工作计划的执行、机器的利用、技术保养和修理的情况实行业务监督；对农机作业日常工作信息及时地进行收集、整理、分析、处理和系统化，实现农机作业各项工作的协调和有机配合，准确地组织生产。机务管理工作的经验证明，认真做好农机作业调度工作，不仅可减少农业机器停歇时间，提高机组的生产率，而且可以大大增加农业机器系统的经济效益。正确地制订和执行农机作业工作计划，是实现优质、高效、低耗、安全的重要措施。

2.2.1.1 制订机械作业计划的原则

为了使计划具有科学性、预见性、可行性，充分发挥计划指导生产的积极作用，制订机械作业计划必须遵循如下原则。

(1)坚持社会主义方向，按经济规律办事，讲求经济效果。

(2)计划应有利于发挥机具效能，提高作业质量，促进增产增收，降低作业成本。

(3)因地制宜，扬长避短，结合企业实际情况，促进提高劳动生产率和商品率。

(4)计划指标要先进、可行、具有一定的灵活性，并应留有余地，可根据客观条件及时进行调整。

(5)要以生产计划为依据，依靠群众，发扬民主，做到上下结合。

2.2.1.2 制订机械作业计划

机械作业计划是根据企业的农业生产任务、工作计划和农业技术要求，为了充分运用现有机械装备，配合落实机械作业任务而制订的。目的是合理地计算和分配作业任务，用以指导生产。机械作业计划应包括每一机型（或机组）要完成的作业项目、技术要求、完成日期、作业数量、作业质量要求、投入的机械数量等。

机械作业计划一般分年度计划和阶段计划两种，制定方法基本相同。年度计划考虑全年的总任务，内容较多，相对概括；阶段计划是根据年度计划的总要求，按农业生产阶段制订的更详细的计划。阶段计划是参照机组状况、生产条件和作业任务等变化因素，按农时季节制订的，它是年度计划在一个农业生产阶段的具体化，主要作用是修整、补充和落实年度计划。其包含机组在阶段内应完成项目工作量、班次工作量定额等，并分别落实到各机组，以便对每个作业机组起指导与监督作用，并保证年度计划的顺利完成。年度计划应在春季作业前一个月制订出来，阶段计划应在阶段作业前 10 天制订出来，给机组任务应在 3 天前下达。阶段计划一般对应不同的农时，如春播阶段、夏收夏种阶段、秋收秋种阶段等，也可以说其是年度计划在某一生产阶段的具体化。事实上，全年农业生产繁忙时段一般都集中在 2～3个阶段内，阶段计划制订好了，年度计划就落实了。

制订机械作业计划的传统方法有经验法、负荷图表法等。传统方法在机型与作业项目较多的情况下，难以做到对任务的最优分配和对现有机具完成作业能力的准确估计。但是它比较直观、简单，因而仍有一定的实用价值。比较科学的机械作业计划的制订方法是线性规划法，它可以根据计划目标，计算出生产率最高，或油耗最低，或作业成本最低的计划方案。当然，如果用手工计算，该方法计算量比较大。但利用线性规划程序，在计算机上计算，就快速而简便。

1. 作业负荷图表法

作业负荷图表法是以机械作业负荷图表的形式来编制作业计划的一种方法。其主要的内容是根据现有机器的型号和数量，针对机械作业的负荷高峰阶段进行作业任务的分配；若现有机器的拥有量不够，在农业技术要求允许范围内可以适当调低机械作业的负荷峰值，达到既不增加现有机器的数量，又能适时地完成机械作业任务的目的。

1）编制作业负荷图表法的主要步骤

（1）根据农业生产任务、农业技术要求，按农业生产过程列出全年农业生产过程作业日历表；根据全年作业日历表，绘制全年农业生产过程作业负荷图。

（2）根据农业生产任务和作业性质，进行人、机、畜之间的任务分配，并列出全年机械作业日历表。根据全年机械作业日历表，编制全年机械作业总负荷图。

（3）根据农业技术要求和机械设备的特点，选定承担不同作业项目的机组，并计算出每项作业所需的机组数量和列出某机型的机械作业日历表，根据某机型的作业日历表，编制机组作业负荷图。

（4）为了提高机组的利用率，结合生产实际，调整机组作业负荷图的高峰和低谷，并着手编制机组作业负荷图表。

2）编制机械作业计划的注意事项

（1）要求各机组全年任务大致平衡；充分发挥各机组的特点和机组人员的技术水平；各任务间应留有间歇时间，确保技术保养维修计划的实施。

（2）分配任务要留有余地，考虑自然气候、机具故障等原因的影响，确保任务完成；便于机械设备的配套及机具的管理等。

2. 制订年度机械作业计划

1）制订机械作业计划的准备工作

了解生产任务指标，如谷类作物播种面积；单产、总产和农业技术措施；了解人、机、畜配备及机具的技术状态；了解农机工作指标及机组作业定额；了解作物栽培技术、耕作要求和工艺措施；了解农机运用的先进经验；了解当地农业气象和自然条件的资源；认真分析历年农机统计资料。根据上述内容确定计划图表格式。

2）制订全年作业日历表

根据生产任务指标和农业技术措施，按生产过程列出全年工作任务作业日历表。表内应包括机械与非机械完成的田间与非田间的所有农业生产任务，并按顺序列出各项作业名称、工作量、作业时间和质量要求，见表 2－2－1。

表 2－2－1　新疆生产建设兵团某生产连队的全年作业日历表

序号	作业项目	工作量	作业日期	质量要求

图 2－2－1 为新疆生产建设兵团某生产连队全年机械作业的工作量图，横坐标为作业项目序号，纵坐标为以标准亩表示的作业量，各作业项目序号对应的作业内容见表 2－2－2。

结合图 2－2－1 和表 2－2－2 可看出，该连队负荷高峰期集中在从 6 月中旬开始的夏收夏种和 9 月中旬开始的秋收秋种两个作业阶段内，完成好这两个阶段的计划，全年计划就基本完成。

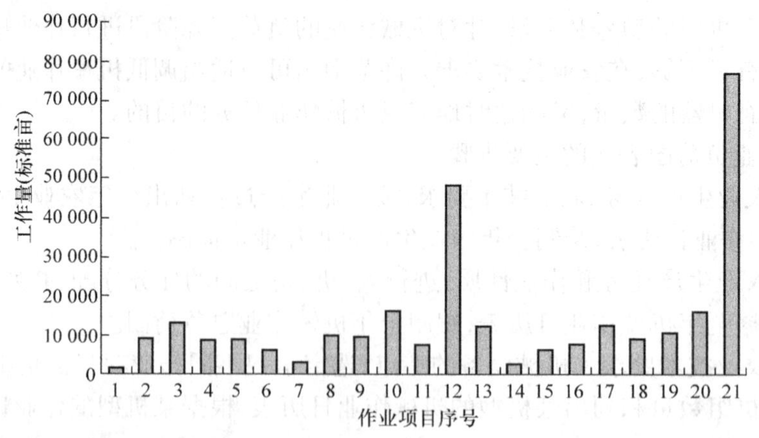

图 2-2-1　新疆生产建设兵团某生产连队全年田间机械作业的工作量图

3)制订机械作业日历

按生产任务和作业性质进行人、机、畜之间的任务分配,列出机械作业日历,见表 2-2-2,机械应承担劳动强度大,适于发挥机械优越性的作业,人、畜应承担不宜使用机械完成的作业。在保证质量和经济的基础上,应尽可能使用机器,充分发挥机械效能,提高机械化水平。

表 2-2-2　新疆生产建设兵团某生产连队全年田间机械作业的工作量表

项目序号	作业内容	作业适期		作业面积(亩)	换算系数	工作量(标准亩)	备注
		起止日期(日/月)	实际作业天数(天)				
1	春耙	14/2—20/2	6	4 000	0.30	1 200	
2	春耕	21/2—26/2	4	8 000	1.00	8 000	
3	翻肥	6/3—15/3	10	26 000	0.50	13 000	
4	翻前整地	1/4—6/4	5	21 000	0.40	8 400	
5	播种棉花	6/4—11/4	6	21 000	0.40	8 400	
6	第一次棉花治虫	14/5—19/5	6	12 000	0.20	6 000	
7	第一次行间中耕	20/5—29/5	10	10 000	0.30	30 000	
8	收割小麦	6/6—11/6	6	24 000	0.40	9 600	
9	灭茬	8/6—14/6	6	23 000	0.40	9 200	
10	回茬耕整	12/6—18/6	6	20 000	0.80	16 000	
11	播种玉米	18/6—22/6	5	20 000	0.35	7 000	
12	夏耕	24/6—10/7	15	48 000	1.00	48 000	
13	耙地	1/8—6/8	5	40 000	0.30	12 000	
14	第二次棉花治虫	10/8—16/8	6	12 000	0.20	2 400	
15	第二次行间中耕	20/8—26/8	6	25 000	0.30	7 500	
16	全面中耕	20/8—26/8	6	25 000	0.30	7 500	
17	耙地	10/9—16/9	6	4 000	0.30	12 000	
18	播前整地	20/9—24/9	4	30 000	0.30	9 000	
19	播种小麦	28/9—2/10	4	30 000	0.35	10 500	
20	回茬耕整	5/10—10/10	6	20 000	0.80	16 000	
21	秋耕	16/11—6/12	20	64 000	1.20	76 800	

4)绘制全年田间作业工作量图表

根据机械作业日历绘制全年田间作业工作量图表。在全年田间机械化作业的工作量图表中，横坐标为作业项目序号，纵坐标为机械作业量（标准亩）。其中柱状条的高度反映该项作业应完成的作业标准亩数，如同一时期进行几项作业，则作业量叠加。

根据机械作业的总工作量和机器的作业定额，逐日计算出每项作业所需的机器台数。如现有机器数量能满足要求，则可把任务分配到机组，分配工作主要靠经验进行。如从图上了解到高峰期现有机器不够用，就要进行平衡，方法如下。

（1）适当改变机械作业项目和工作量，即重新调整机械、畜和人的任务，使人、畜、机能互相协调、有效结合。

（2）适当搭配种植制度（如间作、套作、单作、夏种与粮肥轮作）和作物品种（如早熟、中熟、晚熟作物），使作业适期适当错开而不致高度集中。

（3）在农业技术要求允许的条件下，适当改变作业工艺，如采用少耕法，进行复式作业或变动一下作业顺序。

（4）如高峰处的作业用自走机器有利，则可采用一部分自走机器，以缓解拖拉机的需要量。

（5）适当分配给拖拉机一部分固定作业或运输作业。

平衡后，根据需要机械完成的某项作业面积（工作量）、实际作业天数，选定机组进行该作业的班次工作量定额和机组每天可工作的平均班次，即可求出完成这项作业所需该型拖拉机的台数。其计算公式为

$$n = \frac{u_a}{D_p \cdot W_a \cdot E} \tag{2-2-1}$$

式中 n——某型拖拉机台数（台）；

a——某项作业代号；

u_a——某项作业面积（亩）；

D_p——实际可作业天数（日）；

W_a——选定机组进行该项作业的班次工作量定额（亩/（班·台）），此数值根据实际统计结果确定或根据机组生产率公式估算；

E——在该项作业适期内，机组平均每天可以工作的班次数（班/天）。

根据高峰期所需要进行的作业项目，分项算出所需各型拖拉机的台数，然后按农业适时期对机组进行分配。

5）绘制机组利用图

为了更清楚地看出机组利用的情况，一般绘制机组利用图，如图2-2-2所示。

机组利用图是按照不同型号拖拉机分别绘制的，纵坐标表示机组数，横坐标表示作业日时段。

由于农业生产的季节性，机组全年的利用并不平衡，忙时需要的机组较多，闲时则一部分机组没有工作。为了提高机组利用率，必须结合生产单位的实际情况（如现有设备、自然气候特点、企业管理水平和农业技术要求等），对机组利用图上的高峰、低谷进行调整。

6）向机组分配任务

某机型的工作任务确定之后，还要向每个机组分配任务，见表2-2-3。

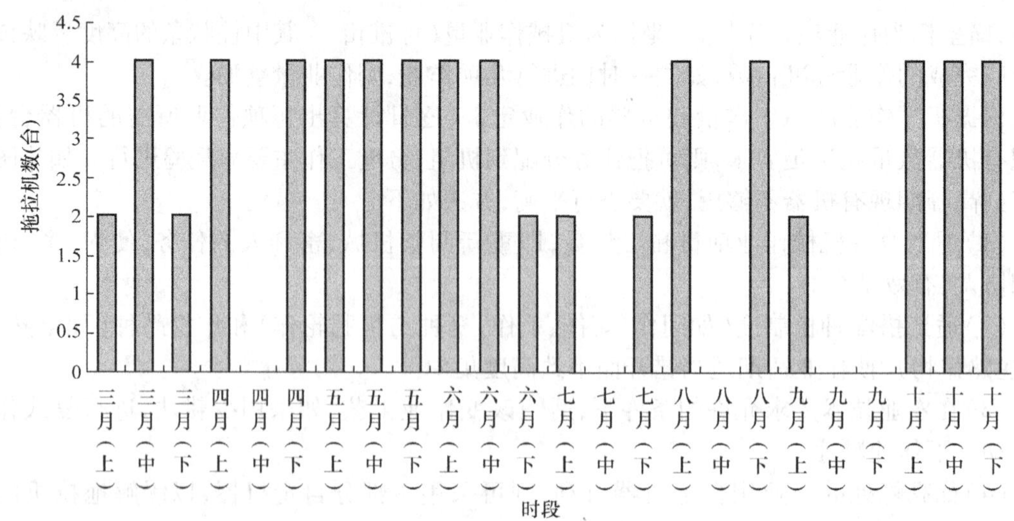

图 2-2-2　新疆生产建设兵团某生产连队东方红-75 型拖拉机机组的利用图

表 2-2-3　机组任务分配表

作业序号	拖拉机及编号										拖拉机及编号										
	工作量			编组		作业期间班次数	生产率		燃油消耗		作业序号	工作量			编组		作业期间班次数	生产率		燃油消耗	
	作业亩	折合系数	标准亩	农具	台数		定额(亩/班)	单项累计(亩)	定额(千克/亩)	单项累计(千克)		作业亩	折合系数	标准亩	农具	台数		定额(亩/班)	单项累计(亩)	定额(千克/亩)	单项累计(千克)

由于不同作业的相互关系和农业适时期的要求是互相衔接或重叠进行的。因此,同类型机组不一定都担负相同的工作任务,这样就需要根据机械应完成的总任务,向每个机组分配任务。

向机组分配任务的原则如下:

(1)各机组全年任务大体平衡,能完成上级规定的运用指标;

(2)充分发挥各种机型的特点和机组人员的技术水平;

(3)为了保证技术保养与修理工作的正常进行,应设置各项任务间的间歇时间;

(4)分配任务要留有余地,以免因自然影响、机具故障或其他原因,导致不能按计划完成任务;

(5)要考虑现有设备配套及机具的专责制,一般分为整地机组、播种机组等。

根据机组担负的任务,绘制出每台拖拉机的负荷图,其中横坐标表示作业日数,纵坐标表示作业亩数。通过负荷图可以看出每台拖拉机的全年任务分布情况,并为制订技术保养和修理计划及增加其他作业项目计划提供依据。

7)阶段或小段机械作业计划

分析年度机械作业计划可对全年作业有一个全局的了解,为初步落实机组任务和运用指标提供依据。但是，由于影响农业生产的因素很多，随着生产的进行，情况也在变化，就需要根据“长计划、短安排”的精神制订阶段和小段计划，以落实、修正和补充年度计划。

阶段机械作业计划按农业生产作业阶段划分，其制订方法与年度计划相同，阶段任务的下达采用任务单的形式，见表 2－2－4。

表 2－2－4　新疆生产建设兵团____连队______阶段作业任务单

机组编号	作业项目	地号	农业技术要求	工作量			编组农具		定额	燃油消耗	总班次	总耗油	备注
				作业亩	折合系数	标准亩	名称	数量	亩/班	千克/亩			

小段机械作业计划(5～10 天)多采用任务单的形式，见表 2－2－5。并附机组 5 天运行路线图及机组到达地号的日期，如图 2－2－3 所示。

表 2－2－5　新疆生产建设兵团____连队五天作业任务单

序号	作业项目	地号	农业技术要求	工作量			编组农具		定额	燃油消耗	每日进度					备注
				作业亩	折合系数	标准亩	名称	数量	亩/班	千克/亩	月－日	月－日	月－日	月－日	月－日	

应根据农业技术要求，按作业先后次序和衔接关系，尽可能减少空行转移的路程，提高机组的时间利用率。机组运行路线图直观地反映了生产的进行情况，有利于组织和指挥生产及后勤供应工作，便于车组之间的评比。图 2－2－3 中，箭头表示机组作业走向，图中还包括了地号转移顺序及时间。

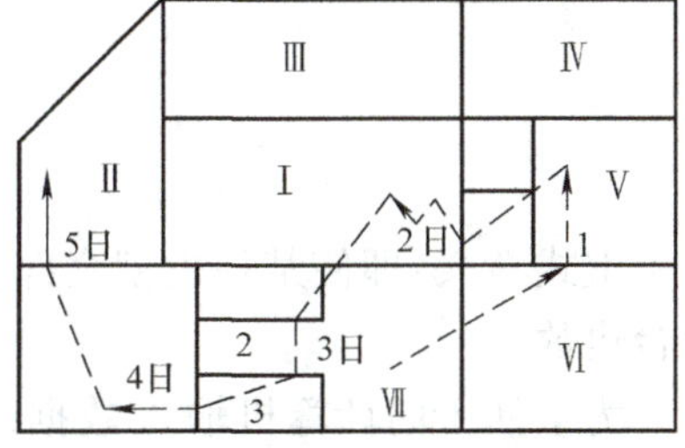

图 2－2－3　机组五天运行路线图

2.2.2　农机作业计划制订实例

例如，新疆生产建设兵团某连队有 8 台拖拉机，其中包括 5 台东方红－75、2 台铁牛－55、2 台约翰迪尔 7810，各自配有耕、耙、播农具。收集当地各类机组的作业生产率和在作业期限内最大可能的作业台班数，见表 2－2－6。要求按照线性法制订阶段机械作业计划，保证在适时期内完成 7 200 亩小麦地的耕、耙、播任务(均作业 1 遍)；若有可能，作业面积愈大愈好，但耕、耙、播作业面积最好均匀增加；此外，若有可能，播种作业只安排在白班，以提高播种质量。

表 2－2－6　各类机组作业资料表

项目	东方红－75	铁牛－55	约翰迪尔 7810	最少完成作业量(亩)
耕地	$90x_1$	$70x_2$	$35x_3$	7 200
耙地	$180x_4$	$150x_5$	$120x_6$	7 200
播种	$210x_7$	$196x_8$	$100x_9$	7 200
机械保有量(台)	5	2	2	
适时作业台班次	100	40	40	

注：x_1—东方红－75 耕地台班数；x_2—铁牛－55 耕地台班数；x_3—约翰迪尔 7810 耕地台班数；x_4—东方红－75 耙地台班数；其余略。

1. 建立约束方程

作业面积约束方程为

$$\begin{cases}90x_1+70x_2+35x_3\geqslant 7\ 200\\180x_4+150x_5+120x_6\geqslant 7\ 200\\210x_7+196x_8+100x_9\geqslant 7\ 200\end{cases}$$

农机台班数约束方程为

$$\begin{cases}x_1+x_4+x_7\leqslant 100\\x_2+x_5+x_8\leqslant 40\\x_3+x_6+x_9\leqslant 40\end{cases}$$

目标函数为最大完成作业面积：

$$S_{\max}=90x_1+70x_2+35x_3+180x_4+150x_5+120x_6+210x_7+196x_8+100x_9$$

以上 9 个变量、6 个约束方程就是制订播种阶段作业计划的线性规划数学模型，为甲方案。考虑耕、耙、播 3 项的作业面积需要均匀增加，应补充 2 个附加约束方程，为乙方案，即

$$\begin{cases}90x_1+70x_2+35x_3-180x_4-150x_5-120x_6=0.1\\180x_4+150x_5+120x_6-210x_7-196x_8-100x_9=0.1\end{cases}$$

注意：耕、耙、播作业面积均匀增加时，上式右端应该为零。但因计算机程序中要求约束方程右端常数不能为零，所以取相对很小的正小数来代替。对于动辄几千亩的作业面积，相差的 0.1 亩可视为误差，可以认为结果完全符合要求。

若计划只安排白天播种，则需要再增加 3 个约束方程，为丙方案，即

$$\begin{cases}x_7\leqslant 50\\x_8\leqslant 20\\x_9\leqslant 20\end{cases}$$

上式意义：即使某种机型全部安排播种，其播种台班数也不能大于该机型白天的可能作业台班数。

为了便于向计算机输入数据，将变量数约束条件和目标函数列成矩阵表，见表 2－2－7。

表 2－2－7　系数矩阵表

方程序号＼变量	x_1	x_2	x_3	x_4	x_5	x_6	x_7	x_8	x_9	约束符号	右端常数
1	90	70	35	0	0	0	0	0	0	－1	7 200
2	0	0	0	180	150	120	0	0	0	－1	7 200
3	0	0	0	0	0	0	210	196	100	－1	7 200
4	1	0	0	1	0	0	1	0	0	1	100
5	0	1	0	0	1	0	0	1	0	1	40
6	0	0	1	0	0	1	0	0	1	1	40
7	90	70	35	－180	－150	－120	0	0	0	0	0.1
8	0	0	0	180	150	120	－210	－196	－100	0	0.1

续表

方程序号 \ 变量	x_1	x_2	x_3	x_4	x_5	x_6	x_7	x_8	x_9	约束符号	右端常数
9	0	0	0	0	0	0	1	0	0	1	50
10	0	0	0	0	0	0	0	1	0	1	20
11	0	0	0	0	0	0	0	0	1	1	20
目标函数	90	70	35	180	150	120	210	196	100		

2. 计算结果分析

(1)从甲、乙、丙 3 个方案看,约翰迪尔 7810 型拖拉机都分配耙地任务;铁牛 -55 的主要工作是播种;东方红 -75 是耕地的主力机组。这一结果反映出该计划是按线性规划制订的作业计划。首先,以机组完成某项作业的相对效率的高低来安排;其次,在按任务要求做进一步平衡调整时,也是同样遵循效率相对最优的原则,从而能保证在完成任务的前提下,有较高的生产率。

(2)从 3 个方案各自完成的作业面积看,甲方案作业面积最多,比乙方案多 694 亩,比丙方案多 973 亩。作业面积的差距有两方面原因:一是计量单位的影响,二是生产率的影响。作业面积采用自然亩计量,耕一亩比耙一亩或播一亩耗功多,折合标准亩也多。例如,方案甲比方案乙作业面积完成多,主要是播种面积多,而耕地面积、耙地面积反不如方案乙,若折合成标准亩就不一定有这样的差距。机组生产率的影响是实质性的。例如,丙方案比乙方案少作业 279 亩,就是因为限制只能白班播种,播种生产率高的铁牛 -55 仅能作业 202 个班次,必须调播种生产率低的东方红 -75 来完成,而铁牛 -55 则去完成生产率不那么高的耕地作业。当然,为保证播种只在白天进行,也不得不如此。由此可见,照顾质量通常是要牺牲生产率的,制订计划要全面权衡得失。

计算机计算的结果,见表 2-2-8。

表 2-2-8 计算机的计算结果 单位:亩

数据 \ 方程	甲方案	乙方案	丙方案
x_1	80	85	82.7
x_2	0	0	1.6
x_3	0	0	0
x_4	13.3	15	0
x_5	0	9.7	18.4
x_6	40	40	40
x_7	6.7	0	13.7
x_8	40	39	20
x_9	0	0	0
耕地	7 200	7 650	7 556
耙地	7 200	7 650	7 556
播种	9 240	7 644	7 556
合计	23 640	22 944	22 668

在制订机械作业计划时,像上例那样每种机型都参与各种作业的情况是不多的。由于农业技术要求的限制、农具配备的限制等,多数机型实际都只进行部分作业。此外,不同作

业项目的起止日期也不一定相同。

【知识拓展】

深松土地

深松土地也叫土地深松，指通过拖拉机牵引深松机具，疏松土壤，打破犁底层，改善耕层结构，增强土壤蓄水保墒和抗旱排涝能力的一项耕作技术。开展深松土地作业有利于农作物生长，是提高农作物产量的重要手段之一，值得大力推广。

深松作业对拖拉机动力性和附着性要求较高。5 行深松机一般应配备 66.2 kW 以上拖拉机，四轮驱动牵引效果更好。实施农机深松整地作业的目的是打破坚硬的犁底层，加深耕层，降低土壤容重，提高土壤通透性，从而增强土壤蓄水保墒和抗旱防涝能力，有利于促进作物生长发育和提高作物产量。

1. 深松作业的作用

(1)深松可以加深耕层，打破犁底层，增加耕层厚度，改善土壤结构，使土壤疏松通气，提高耕地质量。

(2)增强雨水入渗速度和数量，提高土壤的蓄水能力，促进农作物根系下扎，提高作物抗旱、抗倒伏能力。经试验对比，深耕深松一次可使每亩耕地的蓄水能力达到 10 m^3 以上，是浅耕的 2 倍，可使不同类型土壤的透水率提高 5 ~ 7 倍，可促进作物增产 40 ~ 70 kg。

(3)深松不翻转土层，使大部分残茬、秸秆、杂草覆盖于地表，既有利于保墒，减少风蚀，又可以吸纳更多雨水，还可以延缓径流的产生。削弱径流强度有利于缓解地表径流对土壤的冲刷，减少水土流失，有效地保护土壤。

(4)土地深松后，可增加肥料的溶解能力，减少化肥的挥发和流失，从而提高肥料的利用率。

(5)深松后可减少旋耕次数(一般旋耕 1 次即可)，有效降低耕作成本。

2. 深松作业实施实例

青岛市对深松整地核心试验示范区进行监测的数据表明，实施深松作业后：耕地的地力提升，作物增产 10% 左右；每季作物可减少浇水 1 ~ 2 次，每亩可节支 40 元左右；土壤有机质含量增加，每亩可减少化肥使用 5 kg，节约费用 15 元左右。深松地块与旋耕地块相比，减少了水土流失和扬沙浮尘，有利于生态环境保护。据专家测算，土地深松后蓄水容量每亩可增加 15 m^3 左右，按 2 亿亩测算可增加土地蓄水 3×10^9 m^3，相当于 1 个北京密云水库的日常蓄水量。

在水、肥资源紧缺的背景下，通过深松来改善土壤条件，成为当前提高农业综合生产能力的重要举措。

3. 国家政策

2016 年 3 月 5 日，国务院总理李克强在第十三届全国人民代表大会上做《政府工作报告》，其中提到：“要加强高标准农田建设，增加深松土地 1.5 亿亩。”

2015 年的《政府工作报告》明确要求“增加深松土地 1 333 万公顷”，并纳入国务院量化指标任务内容之一。据农业农村部官方网站显示，截至 2015 年底，全国共完成农机深松整地 2.05 亿亩，超额完成全年任务。农业农村部将农机深松整地作为稳粮增粮的重要措施，并在“十三五”期间重点推广应用。2016 年 2 月上旬，农业农村部已经印发《全国农机深松整地作业实施规划(2016—2020 年)》(以下简称《规划》)，明确了全国推进农机深松整地的目标任务、指导思想、基本原则、机型选择、适宜区域、技术路线、实施进度等内容，指导各地更加精准、更加科学地推进农机深松整地作业。《规划》要求各地要紧紧围绕保障国家粮食安全和改善农田生态环境、增加农民收入、促进农业可持续发展的目标，积极开展农机深松整地。因此，各地要争取各级财政支持，落实农机深松整地作业补助，充分调动广大农民、农机手和农机服务组织的积极性，认真完成《规划》确定的目标和任务。

【任务小结】

(1)了解机组作业计划的内容和制定方法；

(2)重点掌握机械作业计划的内容；

(3)能够验证机组作业计划的合理性并进行修订；

(4)掌握用图表法和线性法制订机械作业计划。

【课后练习】

简答题

(1)制订机械作业计划的原则是什么？

(2)简述机械作业计划编制。

任务三：农机统计核算

【任务目标】

(1)了解农业机械化统计核算的意义及指标。

(2)掌握农业机械作业成本的构成。

(3)正确分析与核算农业机械作业成本。

(4)了解影响农业机械作业成本的因素。

(5)了解降低农业机械作业成本的途径。

【导师导学】

2.3.1 农机统计核算方法

农业机械化统计核算(简称农机统计核算)是农机管理的一项基础性工作，是农机标准化活动的一项重要内容，也是农机科学管理的重要手段。它通过数据、表格等形式来表达农业机械在农业生产过程中的作用及运用情况，并及时进行成本分析、成本核算，准确地提供农业机械化生产的基本情况，以便制定政策、编制计划、指导生产、提高农机经营管理水平。因此，抓好农机统计核算工作十分重要。

农业机械化统计是实现农业机械化科学管理的重要工具，不论是计划管理还是劳动、财务管理都离不开统计。实行经济核算，评价经济效果，进行经济活动分析，更离不开统计。

统计资料是分析社会经济现象,制定农业机械化发展方针、政策的重要依据。搞好农业机械化统计,对于实现高效、优质、低耗、安全的生产目标有重要作用。

2.3.1.1 统计工作的原始记录

农业机械化统计(农机统计)的原始记录是按照一定的表格形式,对基层单位的各项生产和管理情况进行数字或文字记载,它是未经加工和整理的原始材料。建立和健全科学的农机统计原始记录,可以使各项农机统计数字和经济核算建立在可靠的基础上,是检查生产、总结经验、改进工作和搞好农机管理的重要手段。

农机统计原始记录的范围广泛,一般包括以下五种农机统计记录。

1)农业机械档案

农业机械化企业(国营农牧团场)的每一台动力机械必须具有档案。农用动力机械指拖拉机、农用汽车、汽油机、柴油机等。为这些农用动力机械建立档案起着多方面的作用,人们可以根据档案中所登记的有关动力机械的性能、作业记录及保养、修理等技术状态的历史记录和现状,从实际出发,做到合理使用,以利于充分发挥它们的能效,为农业生产服务。

农机档案的内容:交接记录、试车记录、使用人员、作业记录、保养大修记录、重大事故记录、年工作量记录、耗油量记录和随车设备信息等。

2)农业机械登记簿

农业机械登记簿是用于财务管理和物资管理的一种原始记录。农业机械中,除了要对动力机械建立档案外,对其他农机具和副件、畜牧机械等,都要进行编号,记入农业机械登记簿。登记簿的作用是记录农业机械化企业(国营农牧团场)在各个时期拥有农业机械的种类、数量和技术状态,同时为机具合理利用、及时维修与编制零配件计划提供依据。

3)工作日记

对拖拉机、低速载货汽车、内燃机和自带动力的作业机械等大件动力机械进行管理时必须设置工作日记,农机管理的许多经济指标都是根据工作日记计算出来的。

工作日记的主要内容:包括作业项目、作业量、油料消耗和时间利用等项目。统计时,可把各个项目再具体化。工作日记的填写务求全面、正确、及时。对于农机手本身来说,每天通过填写和核算工作量,检查班次定额的完成情况,分析存在的问题和原因,从中找出差距,汲取经验教训,对于提高工作质量和效率,降低作业成本都很有好处。

工作日记簿每页可连续记载一周、一旬或半月的资料,可以在日记上直接核算和汇总每台机车的各项指标,并检查有无谬误。经过汇总检查后,可另立表格进行整理,最后将全部机车的指标进行汇总。从每台机车的汇总资料中,可分析每台机车在一定时期内的出勤率、班次工作量、班次耗油量、机车技术状况、班次效率等;通过各台机车的对比分析,可以总结出先进机车组的经验,以先进带动后进,不断提高管理水平。

4)作业验收单

当拖拉机每个班次作业完毕后,机车组及其服务的单位(个体)组成作业验收小组,对作业的数量和质量进行检查验收,如果发现作业验收单同工作日记的记载有出入,则应以验收单为准并及时更正错误。验收合格后,机组所在的财会部门凭作业验收单和作业收费单向其服务单位收取作业费。

目前,有些地方和单位为了保证拖拉机的作业质量,编制了农业机械作业的质量要求。

如作业质量出现不符合要求的情况，可以填入验收单的“验收意见”栏，供改进参考；如发现作业的质量严重不符合要求，服务对象可以拒绝验收。

5）农机作业进度统计表

农机作业进度统计表为农时农事的中心工作服务，所搜集的统计资料时效性强，需要及时抓好基层原始记录的记载和调查研究，保证作业进度统计的质量和时间效果。为了显示作业进度，在指标的设置上务求简明，指标项目不宜过多，主要项目要突出；为了显示作业进度，可以采用统计表，也可以采用统计图，使作业进度情况形象化。

2.3.1.2 统计报表

统计报表是根据一定的原始记录，按照上级统一规定的表式、内容、时间和程序，自上而下的一种统计调查的基本形式。通常把这一整套的组织形式叫作统计报表制度，而把这种以表格形式提出的各种书面报告，叫作统计报表，简称报表。农业机械化统计的报表制度是国民经济计划报表制度的一个组成部分，是农机化企业和各级农机管理部门经常地或定期地向上级报告农业机械化发展情况的一种严格的报告制度，它在实践中发挥着越来越重要的作用。

1. 定期报表的种类

定期报表根据所统计的内容、时间、报送方式和填报单位等划分不同的种类，主要对以下四种报表进行说明。

（1）按统计报表的作用和实施范围划分为基本统计报表和专业（业务）统计报表。基本统计报表是由国家统计局根据国家总的需要而制定的，其中有关农业机械化部分包括现有农机拥有量与农业现代化（农机部分）2 个表；专业统计报表则是由农机主管部门根据农机化的特点和本部门管理工作上的需要而制定的，是基本统计报表的补充，由农机主管部门颁发，通过省、自治区、市农机管理部门逐级下达，由农机化企业和其他拥有农机的农业生产单位填报，经县、地、省（自治区、直辖市）农机管理部门逐级汇总上报。基本统计报表和专业统计报表两者相辅相成，各有侧重，只有把两者紧密地结合起来，才能全面地反映农业机械化的发展情况。

（2）按统计报表的报告期长短划分为日报、旬报、月报、季报、半年报和年报。日报、旬报称为快速报表，一般用电话（网络）上报，内容较简单。月报、季报、半年报和年报的内容较为详细，其中年报的内容最为全面，除上面基本统计报表中涉及的两种报表外，还有拖拉机分型号年末拥有量表，拖拉机、低速载货汽车等年末经营情况表，农机机构、人员情况年报表，拖拉机作业情况和成本表，拖拉机、低速载货汽车等技术状态年报表，农机安全事故年报表等。这些报表都是各级农机管理部门用以检查农业机械化计划执行情况，总结全年工作的重要依据。

（3）按报表的报送方式划分为邮寄报表和电讯报表（包括电话、电报、传真以及网络报表等）。采用何种报送方式，应根据对报送的时效要求和报表内容的繁简以及报表手段来确定。

（4）按报表的填报单位划分为基层统计报表和综合统计报表。这两种报表在内容上基本是一致的。基层统计报表由农机化企业等基层单位填报；综合统计报表由各级农机主管部门根据基层统计报表汇总填报。

2. 报表填报原则

统计报表是开展农机管理工作的依据，因此填报时一定要遵循：①统计数字准确，如实反映实际情况;②填报及时,按上级要求和规定,按时完成报表填报任务;③统计资料全面,凡要求填报的资料要填全。

3. 报表填报要求

为使统计资料准确、及时、全面,要提高对农机统计工作的认识,各单位都应配专职或兼职农机统计人员,并保持相对稳定。统计人员要深入田间、基层,调查研究,使报表上所反映的数字和客观情况一致;要建立健全原始记录,运用统计资料做好经济活动分析。

2.3.1.3 常用统计指标和表格

1. 常用统计指标

(1)农业机械总动力。它指用于农、林、副、渔、牧业生产的各种动力机械的动力总和。动力机械包括用于耕作、排灌、种植、植物保护、收获、农产品加工、运输、畜牧、渔业、农田水利等的各种机械;不包括专门用于乡办工业、基本建设、非农业运输、科学试验和教学等非农业生产方面的动力机械与作业机械。

(2)农业机械化程度。它是大类作物机械化完成工作量占大类作物作业总工作量的百分比。反映农业机械化程度的主要指标:耕地机械化程度、播种作业机械化程度、收割作业机械化程度、脱粒机械化程度和主要作业综合机械化程度。

农业机械化程度 =(大类作物机械化完成工作量/大类作物作业总工作量)×100%

(3)拖拉机技术完好率。它指技术状态完好,随时可以投入作业的拖拉机台数占全部拖拉机台数的百分比。技术完好率高,表明技术管理水平高,对农业生产起的保障作用大。

拖拉机技术完好率 =(拖拉机完好台数/全部拖拉机台数)× 100%

(4)拖拉机出勤率。拖拉机在一定时期内(如月、季度)的出勤率,指报告期的拖拉机实际出勤总台班数占应出勤总台班数的百分比,它反映了拖拉机实际参加生产的情况。

拖拉机出勤率 =(拖拉机实际出勤总台班数/拖拉机应出勤总台班数)×100%

(5)拖拉机班次效率。它指报告期内拖拉机平均每个班次完成的工作量。

拖拉机班次效率 = 报告期内拖拉机完成总工作量/报告期内拖拉机作业台班数

(6)拖拉机平均标准亩耗油量。它反映在报告期内所有参加作业的拖拉机耗油量的平均值,它是农业机械在作业过程中衡量作业成本的重要指标。

拖拉机平均标准亩耗油量 =[报告期内拖拉机总耗油量(kg)/报告期拖拉机总作业量(标准亩)]×100%

2. 常用统计表格

农机统计的常用统计表格见表 2-3-1 和表 2-3-2。

表 2-3-1 拖拉机工作情况统计表 年 月 日

单位或机组	出勤班次	工作时长	(小时)	完成工作量(标准亩)					消耗柴油(千克)				消耗机油	
				合计	其中		平均在册千瓦	平均每千瓦完成	合计	其中		平均标准亩耗油	数量	机油占柴油百分比
					农业	非农业				农业	非农业			

表 2-3-2　联合收割机工作情况统计表　　　年　月　日

<table>
<tr><th rowspan="3">单位或机组</th><th rowspan="3">工作天数</th><th colspan="6">收获各种作物面积</th><th colspan="2">耗柴油量（千克）</th></tr>
<tr><th rowspan="2">合计（标准亩）</th><th colspan="2">小麦</th><th rowspan="2">玉米（亩）</th><th rowspan="2">油料作物（亩）</th><th rowspan="2">脱粒（吨）</th><th rowspan="2">合计</th><th rowspan="2">每标准亩耗油</th></tr>
<tr><th>面积（亩）</th><th>收获量（吨）</th></tr>
<tr><td></td><td></td><td></td><td></td><td></td><td></td><td></td><td></td><td></td><td></td></tr>
<tr><td></td><td></td><td></td><td></td><td></td><td></td><td></td><td></td><td></td><td></td></tr>
<tr><td></td><td></td><td></td><td></td><td></td><td></td><td></td><td></td><td></td><td></td></tr>
</table>

2.3.2　农业机械作业成本

农机作业成本是农机管理的一项主要技术经济指标，它比较全面地反映出机组或机群的各项工作的经济效果与经营管理水平。

2.3.2.1　农业机械作业成本计算

1. 计算农业机械作业成本的作用

（1）进行成本估算，为经营管理决策提供依据。

（2）进行成本分析，找出生产与管理中的问题，以便及时解决。

（3）进行成本制定核算，确定盈亏，评价经济效果。

（4）用以确定作业收费标准。

2. 农业机械作业成本的构成及分类

农机作业成本指用农业机械完成单位作业量所支付的费用总和，即支付机械作业过程中的活劳动费用和物化劳动费用。按有关部门规定，作业成本的基本项目包括6项：油料费、工资及附加费、日常维修费、大修提存费、折旧费和管理费。目前，农机购置费除国家财政补贴资金外，一般由企业或个人自筹资金（银行贷款），占用固定资金所对应的利息也应计入成本项目。对于日常维修费和大修提存费，有些经营实体往往将它们合为一项，即维修费。

由于农业现代化不断推进，对农机管理标准化和技术进步的需要不断强化，作业成本需增加一些项目，如标准化建设费、技术改进费等；另外，有的大件费用很高，一次更换其产生的费用对当年的成本影响很大，为使成本稳定，将其分散计入成本。

常用作业成本的计量单位有：元/小时、元/亩、元/标准亩。

农机作业成本有以机组为单位计算的，称为机组作业成本；有以机群为单位计算的，其反映机群各机组的平均水平，称为机群平均作业成本；还有以某项作业为单位计算的，称为单项作业成本。对于由集体或个人经营的农机，根据条件及需要，有时只核算油料费、维修费或工资等不完全成本。

为便于作业成本的计算与分析，前述7项成本，可根据它们随作业量的变动情况分为两大类。

（1）与机械作业量成正比的油料费、工资、日常维修费和大修费等。该类费用在正常情况下一般随作业量成比例变动，称为变动成本（变动费用）。

（2）折旧费、资金利息和管理费等。这类费用在一定的范围内基本稳定，其年度费用一般不随作业量的多少而变化，因此称为固定成本（固定费用）。

所谓一定的范围，主要是指年作业量范围，当年作业量大幅度增加或减少，以致引起企业为维持机器作业而设置的辅助设施（供应、维修设施等）变化，以及需要增加或减少管理人员时，每台机器的年度管理费用也会改变。当年度作业量多到严重影响机器寿命时，年折旧费也将上升。但一般来说，年作业量多数是在一定的范围内变动的，这样的变动不会引起年固定成本的明显变化。

有部分成本项目实质上是介于这两类之间，如工资和大修费。当工人工资按计时工资计时，作业工资属于变动成本；但要按照固定月薪计时，则又可属固定成本。本书从技术角度将这部分成本归为变动成本。

3. 农机作业的变动成本

1）油料费

油料费指机器作业过程中消耗的燃油和润滑油的费用。

（1）拖拉机作业的燃油消耗量计算。拖拉机燃油消耗量 G 的表达式为

$$G = \frac{G_p t_p + G_x t_x + G_0 t_0}{T}(\mathrm{kg/h}) \qquad (2-3-1)$$

式中 G_p、G_x、G_0——拖拉机班内平均小时纯作业耗油量、空行耗油量和空转耗油量；

t_p、t_x、t_0——机组在班工作时间内的纯作业时间、空行时间和空转时间（h）；

T——班工作时间（h）。

每作业亩的拖拉机燃油消耗量 Q 的表达式为

$$\begin{aligned} Q &= \frac{G}{W} = \frac{G_p t_p + G_x t_x + G_0 t_0}{\frac{5\,400}{k} N_e \eta_T \cdot T} \\ &= \frac{k}{5\,400} \cdot \frac{g_e}{\eta_T}\left(1 + \frac{G_x t_x + G_0 t_0}{G_p t_p}\right) \\ &= A_T g_T (1 + \delta_F)(\mathrm{kg/a}) \end{aligned} \qquad (2-3-2)$$

式中 N_e——发动机功率(kW)；

A_T——每作业亩面积上农具消耗的机械能(kW·h/a)；

g_e——发动机有效千瓦小时耗油率(kg/(kW·h))；

g_T——拖拉机牵引千瓦小时耗油率(kg/(kW·h))；

δ_F——空行和空转耗油量与纯作业耗油量之比,一般为 0.05 ~0.12。

上述两个计算公式可用于分析和估算拖拉机作业耗油量,同时可以看出影响亩耗油量的因素较多。为了降低亩耗油量,应力求提高拖拉机牵引效率 η_T,降低农机具比阻 k、发动机有效千瓦小时耗油率 g_e 及空行、空转耗油量。

（2）副油料消耗量计算。农机消耗的副油料,主要指机油、齿轮油和润滑脂。拖拉机的机油消耗量一般为主燃油的 3% ~5% ,齿轮油和润滑脂消耗量为主燃油的 0.5% 。

（3）单位作业的油料费计算。其计算公式为

$$C_p = Y_{PT} + Y_{PM} \qquad (2-3-3)$$

式中 Y_{PT}——拖拉机小时油料费(元/小时)；

Y_{PM}——农具小时油料费(元/小时)。

$$Y_{PT} = G \cdot S_P + G_1 S_1 + G_2 S_2 + G_3 S_3 \quad (2-3-4)$$

式中 S_P——拖拉机燃油价格(元/千克);

G_1、G_2、G_3——拖拉机机油、齿轮油、润滑脂消耗量(kg/h);

S_1、S_2、S_3——拖拉机机油、齿轮油、润滑脂的价格(元/千克)。

考虑到拖拉机的润滑油消耗量与其燃油消耗量有一定比例关系,拖拉机亩作业油料费的表达式为

$$\frac{Y_{PM}}{W} = \frac{G_M S_P + G_{M1} S_1 + G_{M3} S_3}{W} \quad (2-3-5)$$

式中 G_M、G_{M1}、G_{M3}——农具(指装发动机的农具)的燃油、机油和润滑脂消耗量(kg/h)。

2)劳动报酬费

农机作业劳动报酬指在作业中支付给拖拉机手、农具手的基本工资与附加费之和。拖拉机手的小时工资为

$$Y_{LT} = n \cdot S_{LT} \text{ (元/小时)} \quad (2-3-6)$$

农具手小时工资为

$$Y_{LM} = m \cdot S_{LM} \text{ (元/小时)} \quad (2-3-7)$$

单位作业量工资费为

$$C_L = \frac{Y_{LT} + Y_{LM}}{W} = \frac{n \cdot S_{LT} + m \cdot S_{LM}}{W} \quad \text{(元/亩)} \quad (2-3-8)$$

式中 S_{LT}——拖拉机手工时费(元/小时);

S_{LM}——农具手工时费(元/小时);

n——班作业拖拉机手人数;

m——班作业农具手人数。

由上可见,减少机组单位作业劳动报酬费用,主要是通过减少机组工作人数和提高机组生产率来实现。例如,采用大功率拖拉机、悬挂式或自走式机组,采用自动化设备和新工艺等,均可提高生产率,减少劳动消耗,降低亩劳动报酬费用。

3)日常维修费

农机日常维修费指拖拉机和农具的保养及排除故障所需费用,包括零材料消耗、低值易耗品消耗、维修工时费和随车工具消耗等。

4)大修提存费

机组作业大修提存费是一种预先提取的大修基金,用来支付机器的大修费用。对于大修提存费,一般均以标准亩为单位提取。对于不大修的机具,则不提存大修费。

4. 农机作业的固定成本

1)年折旧费

机械在使用过程中,由于存在有形和无形的磨损,其价值逐步降低,这反映了作业的一项物质消耗。折旧费就是支付这一消耗费用的。

农机设备折旧的实质是固定资产价值的转移。固定资产价值的转移必须得到及时、充足的补偿,否则就无法维持生产。从理论上讲,折旧费应等于机械降低的价值,而在机械使用寿命结束时,历年折旧费与机械残值之和恰好等于买一台同样型号的机械价格。合理地

计算农业机械的折旧，不仅对正确计量农机作业成本有重要意义，而且对保证农业机械设备的更新、维持和扩大再生产也具有重要意义。

我国现在普遍采用的折旧方法有直线折旧法、快速折旧法（年数总计法和双倍余额递减法）、还债基金法等。不同的折旧方法对固定资金的回收量和年度农机作业成本将产生不同程度的影响。

Ⅰ. 直线折旧法

农业机械化企业（或国营农牧团场）多年来一直采用的方法是直线折旧法，该法最直接、最简单，就是把应折旧的固定资产总额按使用年限分摊，即在农机设备整个使用年限内，各年折旧额是不变的常数。其年折旧费的计算公式为

$$Y_d = \frac{S-R}{t}（元/年） \tag{2-3-9}$$

式中 Y_d——年折旧费（元/年）；

S——机器的购买价格（元）；

R——机器残值，即机器淘汰后的售价（年）；

t——机器使用寿命或更新期（折旧年限）（年）。

Ⅱ. 快速折旧法

由于机械的实际维修费用和油料费用随机械的使用年限的增加而增长，机械效能随使用年限延长而降低，因此当采用直线折旧法时，实际农机作业总成本逐年变大。使用者在同等经营水平下，新机械的实际作业成本低，经济效益好；旧机械的实际作业成本则高，经济效益差。为克服这一缺点，使在相近的经营水平下作业技术成本相近，应采用非直线折旧法，称为快速折旧法。

（1）年数总计法计算的折旧费为

$$Y_{d(j+1)} = \frac{t-j}{D}(S-R)（元/年） \tag{2-3-10}$$

式中 j——机械已使用的年数；

D——年数总计的和 $(1+2+3+\cdots+j)$；

S、R、t 含义如前文。

（2）余额递减法计算的折旧费为

$$\begin{cases} Y_{d(j+1)} = V_j - V_{j+1}（元/年） \\ V_{j+1} = S\left(1-\dfrac{2}{t}\right)^{j+1} \\ V_j = S\left(1-\dfrac{2}{t}\right)^{j} \end{cases} \tag{2-3-11}$$

式中 V_j——机械第 j 年末的价值余额；

其他参数含义如前文。

Ⅲ. 还债基金法

还债基金法是机械设备折旧年限内，每年按直线提取折旧，同时按一定的资金利润率计算利息，每年提取的折旧额加上累计折旧额的利息与年度折旧额相等，机械设备报废时的累计折旧额及利息之和与折旧额相等，即正好等于机械设备的原值。其计算公式为

$$Y_d = \frac{i}{(1+i)^t}(S-R)(元/年) \quad (2-3-12)$$

式中　i——资金利润率(利润额/资金占用额)。

其他参数含义如前文。

2)固定资金利息

购买机器的资金是通过折旧费逐年收回的,没有收回的部分就是占用的资金。占用的资金应计算利息。

3)管理费

管理费指企业的管理费用,包括管理人员的劳动报酬、生活补贴和按规定提取的医药费、福利费、企业奖励基金,以及办公费、差旅费、非生产用的固定资产折旧费、修缮费、低值易耗品摊销费、劳保费、材料盘亏和利息开支等。机群管理费的分摊有多种形式:按作业量、按生产人员数、按动力机械的功率数等。

根据管理费的内容,为了计算简便,将管理费按机器的功率分摊到拖拉机或其他动力机械是比较合适的。

5. 影响农机作业成本的因素

依据农机作业成本的构成及分类,分析影响农机作业成本高低的因素,归结起来有外部因素和内部因素两个方面。

1)外部因素

(1)国家的农业机械制造工业发展水平,包括整机和零件制造水平、材料消耗水平、工艺水平、修理质量、供应能力和及时性等。

(2)农业机械作业环境,包括农业生产体制、农艺要求、社会化和专业化程度、机械化水平及作物的布局、地块、道路、土壤质地等。

(3)各种油料的供应与农机服务体系建设情况。

(4)拖拉机、零配件及油料价格。例如,在新疆生产建设兵团大力推广棉花机械采收时,采棉机的整机制造和零配件等成本成为影响农机作业成本的典型因素之一。此外,全球油价也是影响农机作业成本的典型因素之一。

2)内部因素

农机作业成本的高低,主要由完成的作业量和生产费用(固定费用与可变费用)两个因素决定。机械完成的作业量越多,生产率越高,不仅使单位成本分摊下的劳动报酬、固定资产折旧、大修提存和管理费减少,而且油料消耗和修理费也相应降低。因此,作业量越多则成本越低;反之,作业量越少成本就越高。另外,单位作业成本与耗用的生产费用成正比。耗用的生产费用越多,成本越高;耗用的生产费用越少,成本则越低。综上所述,如要不断降低作业成本,必须增加机器的作业量和降低作业中的生产费用。

2.3.2.2　农业机械作业成本核算

随着农业生产机械化和自动化的发展,特别是农业机械化企业(或国营农牧团场)的农机化出现了集体和个人等多种经营形式,代耕或代收的活动逐步取代以前的耕作活动模式,因此合理地计算作业收费标准就显得日益重要。

根据价格学原理,农机作业收费标准应等于机械作业成本和盈利这两项之和。而机械作业成本是制定收费标准的主要部分,必须合理确定。

1. 机械作业成本的确定

在农业机械作业成本核算时,必须对机械作业成本的构成进行说明,其是确定机械作业成本的主要依据。一个地区(县、乡、村或师、团、连)或者更大的行政区域,在自然条件与生产水平相差不大的情况下,应该尽量制定各种项目的统一收费标准。因此,要增加收益,只能从改善经营上找出路,而不能靠提高收费标准来实现。

在制定统一的收费标准时,首先要确定统一的机械作业成本定额。比较合理的办法是在该地区内通过实际测定,确定主要作业类型的拖拉机和农具的小时费用及作业机组的小时生产率,根据这些基本参数求出各种作业的统一成本定额。

2. 盈利的确定

保证农机拥有者在进行农机作业时有利可图,才能不断推进农业机械化及自动化。

盈利的确定方法目前有三种:①按社会平均工资盈利率来确定盈利额;②按社会平均成本盈利率来确定盈利额;③按社会平均资金盈利率来确定盈利额。对农机作业,特别是田间机械作业来说,以社会平均成本盈利率来确定盈利额为好。按成本盈利率来确定盈利额时兼顾了各种情况,且此种计算方法合理、简单、易行。

对计算得到的平均成本盈利率,可以进行必要的分析与比较,如分析取得这样的盈利率是困难还是容易;应不应降低或提高;与其他行业相比,是否应进行调整。

2.3.2.3 典型案例

1. 机采棉综合成本分析

在新疆生产建设兵团大面积推广机械采棉过程中,最大阻碍因素就是机械采收作业成本是否能低于手工采摘成本。下面就对机械采收作业成本与手工采摘成本进行简单比较分析。

主要采用直接对比法对机械采收作业成本与手工采摘成本进行分析。机械采收作业的生产全过程与手工采摘基本一致,只有在农艺方面增加了脱叶剂费用及其喷施机力费,在收获方面以采棉机采收替代人工采收,在加工方面增加了籽棉清理和皮棉清理工序及相应的运行费用。因此,机采棉成本只计算替代和增加部分的成本。下面对采棉机的采收作业进行综合成本分析。以新疆生产建设兵团农八师的数据为例。

1)机采棉与手采棉历年成本构成

历年机采棉成本与手采棉成本的构成,见表2-3-3至表2-3-8。

表2-3-3 2004年机采棉与手采棉综合成本构成

机采棉成本		手采棉成本	
采摘费	105元/亩	采摘费	0.90元/千克
脱叶费(药费、机力费、辅助人工费)	35元/亩	接劳力费	0.08元/千克
复收(清地)费	30元/亩	其他费	0.05元/千克
附加综合费(增加加工费、纤维损失费、皮棉售价损失费)	折合75.4元/亩①	—	—
合计	245.4元/亩	合计	314.2元/亩
折合籽棉	0.81元/千克	折合籽棉	1.03元/千克

① 2004年机采11.1万亩,亩产305千克、衣分38%、皮棉附加综合费650元/吨。

表 2-3-4　2005 年机采棉与手采棉综合成本构成

机采棉成本		手采棉成本	
采摘费	115 元/亩	采摘费	0.95 元/千克
脱叶费（药费、机力费、辅助人工费）	35 元/亩	接劳力费	0.08 元/千克
复收（清地）费	30 元/亩	其他费	0.05 元/千克
附加综合费（增加加工费、纤维损失费、皮棉售价损失费）	折合 77.1 元/亩①	—	—
合计	257.1 元/亩	合计	337 元/亩
折合籽棉	0.83 元/千克	折合籽棉	1.08 元/千克

① 2005 年机采 40.77 万亩，亩产 312 千克、衣分 38%、皮棉附加综合费 650 元/吨。

表 2-3-5　2006 年机采棉与手采棉综合成本构成

机采棉成本		手采棉成本	
采摘费	125 元/亩	采摘费	1.05 元/千克
脱叶费（药费、机力费、辅助人工费）	35 元/亩	接劳力费	0.08 元/千克
复收（清地）费	35 元/亩	其他费	0.05 元/千克
附加综合费（增加加工费、纤维损失费、皮棉售价损失费）	折合 79.8 元/亩①	—	—
合计	274.8 元/亩	合计	388.1 元/亩
折合籽棉	0.85 元/千克	折合籽棉	1.18 元/千克

① 2006 年机采 30.1 万亩，亩产 323 千克、衣分 38%、皮棉附加综合费 650 元/吨。

表 2-3-6　2007 年机采棉与手采棉综合成本构成

机采棉成本		手采棉成本	
采摘费	125 元/亩	采摘费	1.05 元/千克
脱叶费（药费、机力费、辅助人工费）	30 元/亩	接劳力费	0.08 元/千克
复收（清地）费	40 元/亩	其他费	0.07 元/千克
附加综合费（增加加工费、纤维损失费、皮棉售价损失费）	折合 83.3 元/亩①	—	—
合计	278.3 元/亩	合计	404.4 元/亩
折合籽棉	0.83 元/千克	折合籽棉	1.20 元/千克

① 2007 年机采 32 万亩，亩产 337 千克、衣分 38%、皮棉附加综合费 650 元/吨。

表 2-3-7　2008 年机采棉与手采棉综合成本构成

机采棉成本		手采棉成本	
采摘费	125 元/亩	采摘费	1.20 元/千克
脱叶费（药费、机力费、辅助人工费）	25 元/亩	接劳力费	0.08 元/千克
复收（清地）费	45 元/亩	其他费	0.07 元/千克
附加综合费（增加加工费、纤维损失费、皮棉售价损失费）	折合 90.9 元/亩①	—	—
合计	285.9 元/亩	合计	496.8 元/亩
折合籽棉	0.78 元/千克	折合籽棉	1.35 元/千克

① 2008 年机采 57.1 万亩，亩产 368 千克、衣分 38%、皮棉附加综合费 650 元/吨。

表 2-3-8 2009 年机采棉与手采棉综合成本构成

机采棉成本		手采棉成本	
采摘费	125 元/亩	采摘费	1.20 元/千克
脱叶费(药费、机力费、辅助人工费)	25 元/亩	接劳力费	0.08 元/千克
复收(清地)费	50 元/亩	其他费	0.07 元/千克
附加综合费(增加加工费、纤维损失费、皮棉售价损失费)	折合 92.7 元/亩①	—	—
合计	292.7 元/亩	合计	506.3 元/亩
折合籽棉	0.78 元/千克	折合籽棉	1.35 元/千克

① 2009 年机采 88.5 万亩,亩产 375 千克、衣分 38%、皮棉附加综合费 650 元/吨。

2)机采棉的附加综合费说明

机采棉(皮棉)的附加综合费为 650 元/吨,其中包括增加的加工费用、皮棉纤维长度减少损失费和皮棉售价降低损失费。

(1)增加的加工费用为 250 元/吨。采棉机的价格为 200 万元,折旧年限为 10 年,每台采棉机采收棉花 3 万亩。其他参数:亩产 300 千克、衣分 38%。

① 增加设备的折旧费:200 万元 ÷10 年 ÷(3 万亩 ×0.35 吨/亩 ×38%)=50 元/吨。

注:GB/T 22335—2008 规定一套设备的手采棉皮棉加工能力大于 5 000 吨。

3 万亩 ×0.35 吨/亩 ×38% =3 990 吨,机采棉皮棉加工能力 = 手采棉皮棉加工能力 ×70%。

② 增加的设备维修、人员工资、电费、包装材料、副油、烘干、籽棉的卸车费共计 200 元/吨。

(2)皮棉纤维长度减少损失费用为 150 元/吨。机采皮棉与手采皮棉相比,纤维长度减少近 1.5 mm,折含损失 150 元/吨。

(3)皮棉销售价降低费用为 250 元/吨。机采棉短纤维含量高、含渣多,因此同等级的机采皮棉比手采皮棉销售价格约低 250 元/吨。

3)手采棉平均成本构成

(1)平均手采费,指支付的拾花费。

(2)接劳力费包括两项:一是为拾花工提供的单程车票;二是连队或团场人员赴内地接拾花工的费用。

(3)其他费指每个拾花工在拾花期间(2 月)所发生的水、电、暖费及住房建设、折旧、维修和管理等费用。

4)采棉机采收作业产生的直接经济效益

2006 年经新疆生产建设兵团机采棉办公室测算,机采棉直接成本为 99.4 元/亩,并规定机采棉收费标准为 125 元/亩。

(1)机采棉直接成本计算;

① 采棉机折旧费为 32 元/亩;

② 维修费为 30 元/亩;

③ 燃油费为 12.8 元/亩;

④ 副油费为 4.4 元/亩;

⑤ 贷款利息为 7.6 元/亩;

⑥ 工资及附加费为 4.7 元/亩;

⑦ 其他费(审验、服务、棚库、保险)为7.90元/亩。

机采棉直接成本合计:99.4元/亩。

(2)作业利润计算;

收费标准(125元/亩)-机采棉直接成本(99.4元/亩)=25.6元/亩

2. 农产品成本核算

农产品生产周期较长,收获期比较集中,各项费用和用工需求的发生不均匀,农产品成本通常应按产品生产周期计算。发生各项生产费用和劳务成本时,要归集和分配生产费用。能够分清属于某种产品负担的,就直接归集计入该种产品的成本;不能区分的,可采用一定方法分配,如按照产品的种植面积、作业面积、产量等分配,最后将耗用的直接材料、直接人工、其他直接费用和间接费用直接或分配计入产品生产成本,借记"生产(劳务)成本"账户,贷记"库存物资""应付工资""内部往来""应付款""现金"等账户。农产品收获入库时,将按成本核算对象归集的生产费用和劳务成本转入农产品成本,借记"库存物资"账户,贷记"生产(劳务)成本"账户。下面举例进行说明。

某村集体经济组织统一经营耕种4亩玉米和6亩大豆。生产过程中投入种子的费用分别为440元和600元;施用化肥的费用分别为480元和300元;支付临时生产人员工资分别为760元和560元;向外村农机作业队支付农机作业费520元,其中玉米280元、大豆240元;两种作物的管理人员工资500元。当年收获玉米2 400千克、大豆1 250千克。

(1)投入种子时,村集体经济组织生产成本增加,库存种子减少,借记"生产(劳务)成本"账户,贷记"库存物资"账户。会计分录为

[借]生产(劳务)成本:玉米440元;大豆600元。

[贷]库存物资:玉米440元;大豆600元。

(2)使用化肥时,村集体经济组织生产成本增加,库存化肥减少,借记"生产(劳务)成本"账户,贷记"库存物资"账户。会计分录为

[借]生产(劳务)成本:玉米480元;大豆300元。

[贷]库存物资:化肥780元。

(3)支付临时生产人员工资时,村集体经济组织生产成本增加,库存现金减少,借记"生产(劳务)成本"账户,贷记"现金"账户。会计分录为

[借]生产(劳务)成本:玉米760元;大豆560元。

[贷]现金:1 320元。

(4)支付外村农机作业费时,村集体经济组织生产成本增加,库存现金减少,借记"生产(劳务)成本"账户,贷记"现金"账户。会计分录为

[借]生产(劳务)成本:玉米280元;大豆240元。

[贷]现金:520元。

(5)计提管理人员工资时,村集体经济组织生产成本和应付工资同时增加,借记"生产(劳务)成本"账户,贷记"应付工资"账户。

管理人员的工资按产品种植面积分配,标准为$500\div10=50$元/亩,则

玉米应计提管理人员工资$=4\times50=200$元;

大豆应计提管理人员工资$=6\times50=300$元。

会计分录为

［借］生产（劳务）成本：玉米 200 元；大豆 300 元。

［贷］应付工资：500 元。

（6）农产品入库时，结转该农产品成本，增加库存物资，借记“库存物资”账户，贷记“生产（劳务）成本”账户。会计分录为

［借］库存物资：玉米 2 160 元；大豆 2 000 元。

［贷］生产（劳务）成本：玉米 2 160 元；大豆 2 000 元。

【知识拓展】

农业精准化生产管理技术

农业精准化又被称为农业精确化、农业精细化、农业数字化或农业信息化，是依靠现代信息化技术而发展起来的新型农业生产管理模式。农业精准化需要依靠全球卫星定位系统（GPS）、遥感、地理信息系统等技术，获取每平方米土地上的农作物生长情况，以便及时发现病虫害等不利于农作物生长的情况，从而及时对农业相关情况进行管理。同时，农业精准化还可以实现相关农业资源的高效利用和节约，从而减少农业污染，保证农产品质量，保护生态环境不受污染，进而最大程度地实现农业的生态功能。

1. 国内外农业精准化发展状况

美国在 20 世纪 80 年代便提出了农业精准化的相关概念及构想，随后便召开了农业精准化学术研讨会，并将相关理论成果运用于实际农业生产活动中，但是相关体系并未得到完善。以美国为代表的发达国家在规模化经营、机械化操作的情况下，农业精准化逐渐发展起来，并成功获得了良好的经济收益。随后，日本、荷兰等国家也根据本国的农业生产特点，开始了对农业精准化的相关研究与应用。如今，发达国家的农业精准化相关技术和设备逐渐成熟，相关控制设备、电子装备已经被运用于农业机械上，如变量播种机、变量施药机、联合收割机等一系列智能农业机械已逐渐占据国际市场。由此，发达国家农业精准化技术的成熟并被实际应用于现代农业生产，促进了农业生产效率的提高，加快了现代农业技术的发展。如今，在发达国家，农业精准化已成为高科技与农业生产结合的产业，逐渐被认为是实现农业可持续发展的有效方法。我国在 20 世纪 90 年代也有专家提出了开展农业精准化研究的想法，随后研究者对农业精准化在国外的实际运用状况进行了分析研究，并探讨了农业精准化在国内的发展前景。根据研究结果，我国开始了农业精准化的相关研究。经过一系列研究，我国建立了北京小汤山精细农业示范园。

2. 农业精准化的相关技术基础

农业精准化主要依靠 GPS、地理信息系统、遥感系统、监测及信息采集处理技术、专家决策系统、智能化农业机械装备技术等。

1）GPS

在农业精准化生产管理中，广泛运用了 GPS 以获取相关农业信息及精确定位。通常情况下，GPS 技术最主要的特点是定位精确度极高，并且能够基于不同使用目的选择不同精度的系统。

2）地理信息系统

地理信息系统是农业精准化不可缺少的技术之一，它能够帮助用户准确有效地提供农作物生长的相关信息与数据，且通过该系统传递、处理田间实际信息是实现农业精准化的基础。

3)遥感技术

对农业精准化来说,遥感技术是获得农作物相关生长信息的关键技术,可准确提供农作物生长环境、生长状况和空间相关变异信息。

3. 农业精准化在设施农业生产中的实际应用

1)精确灌溉技术在我国设施农业生产中的实际应用

20 世纪 80 年代,我国设施农业开始发展,并在 20 世纪 90 年代发展迅速,进入 21 世纪后,更是势如破竹。在我国设施农业发展之初,相关灌溉设备比较落后,存在着一系列的问题。例如,灌溉水浪费、现代化管理水平比较低、源头取水管理水平落后、节水设施研发水平不够等。粗放型的灌溉模式与落后的灌溉技术达不到农业精准化的相关农业生产要求。进入 21 世纪,为了实现对灌溉系统的灵活管理,使灌溉过程更加精确、迅速,并为实现灌溉用水的自动化管理,精准灌溉技术在我国农业生产中得到了广泛的运用,研究者逐渐研发出了滴灌、微喷灌等高效的灌溉设施。同时,GPS、地理信息系统、遥感技术、信息采集与处理技术等被应用于我国农业生产灌溉过程中,提高了灌溉用水的利用效率。

2)精确施肥技术在我国设施农业生产中的实际运用

我国的设施农业绝大部分分布在需肥量比较大的蔬菜生产领域中,然而我国的蔬菜种植过程中常常出现各种养分配合比例失调、肥料使用方法不当、肥料使用过量等一系列问题,使我国蔬菜种植质量下降。精确施肥技术能够利用空间与时间的变化量来进行作物管理,改变传统的肥料使用方法,不仅避免了肥料使用过量造成生产成本增加和农业环境污染,而且确保了作物的生长潜力得到最大限度地发挥。使用精确施肥技术后,相关农产品的品质得到了保证,从而能够取得很好的经济效益。

3)精确施药技术在我国设施农业生产中的实际运用

在设施农业中,农药使用的品种比传统农业多,使用次数也比传统农业多。同时,农业设施常常使农作物处于封闭状态,空气流动较慢,风力较小,这些因素使农药溶解较慢,可能使产出的农作物农药残余量超标。而使用精确施药技术则可以有效避免出现这些问题,从而降低农药残余量超标的可能性。

我国设施农业自 20 世纪 80 年代以来,发展速度快、后劲足,不断开发的精确农业相关技术,促进了农业精准化生产,能够不断推进我国农业生产向自动化、现代化方向发展,从而促进农业资源的高效利用,促进农产品作物质量的提高,确保农业环境不受到较大的污染。因而,我国应该在农业精准化生产的道路上继续前进。

【任务小结】

(1)掌握农业机械作业成本的构成;

(2)正确对农业机械作业成本进行分析与核算。

【课后练习】

简答题

(1)农业机械化统计常用的统计指标有哪些?

(2)影响农机作业成本的因素有哪些?

(3)简述精准农业的成本核算方法。

项目三　农机作业的技术管理

【项目目标】

(1)掌握试运转的规则及规范操作。
(2)熟悉典型的农业机械的试运转过程。
(3)了解机器诊断的基本概念及其发展史。
(4)掌握机器技术状态检测的基本原理和基本方法。
(5)掌握拖拉机技术状态的诊断与检测的方法。
(6)掌握农机的保养规程、操作要点、保养制度和内容。

【技能目标】

(1)能独立制订工作计划,并顺利操作、安全实施。
(2)掌握拖拉机试运转的过程。
(3)能根据实际情况对拖拉机进行技术状态的诊断与检测。
(4)能根据诊断与检测的结果提出合理的解决方案。
(5)能对常用农机进行技术保养。
(6)掌握液压悬挂系统的技术维护方法。

【项目描述】

本项目通过3个工作任务(农机的试运转、农机的技术诊断与检测和农机的技术维护保养)整体介绍农机作业的技术管理。在不同的时期对作业机械进行试运转、技术检测、维护保养工作,可确保作业机械始终处于技术完好状态。

【项目分解】

项目三 农机作业的技术管理	任务一:农机的试运转	3.1.1　农机的试运转
		3.1.2　典型机型试运转全过程
	任务二:农机的技术诊断与检测	3.2.1　农机的技术诊断与检测
		3.2.2　故障诊断实例
	任务三:农机的技术维护与保养	3.3.1　农机技术保养及规程
		3.3.2　技术保养的操作要点
		3.3.3　常用农机的技术保养
		3.3.4　液压悬挂系统的维护保养

任务一:农机的试运转

【任务目标】

(1)了解农机试运转的作用。

(2)了解试运转前的准备工作内容。

(3)掌握试运转的规则及规范操作。

(4)了解试运转后的工作内容。

(5)熟悉典型的农业机械的试运转过程。

(6)能独立制订工作计划,并顺利操作、安全实施。

(7)掌握拖拉机试运转的流程与方法。

【导师导学】

3.1.1 农机的试运转

3.1.1.1 试运转的作用

农业机器在正式投入使用之前、大修后或更换主要配件后,必须先空负荷和轻负荷工作一定时间,使机器得到初步的磨合,同时进行检查、调整、保养,使农业机器达到最佳技术状态。这一系列工作称为试运转。其作用体现在以下 4 个方面。

(1)经过加工的零件表面会留有不同程度的加工刀痕,表面有微观不平度。试运转能使微观凹凸不平逐渐被磨掉,从而获得承受全部负荷的光滑平整的工作面和最好的初始配合间隙。例如,曲轴轴颈间隙为 0.2 ~ 0.4 μm,轴瓦间隙为 0.8 ~ 1.0 μm ,汽缸间隙为 0.2 ~ 0.3 μm,活塞间隙为 0.6 ~ 0.8 μm。此外,新零件表面会存在一些宏观(几何形状)上的缺陷,这些零件相互配合运动时,仅仅凸起部分接触,实际承载面积远小于设计面积(仅为设计面积的 0.1% ~1%)。如果此时立即承受较大的负荷,必然造成局部过载和高温,使零件表面产生拉伤、划痕和抓黏等损坏现象。所以,试运转的首要目的是在合理的转速、良好的润滑和冷却条件下,用逐渐增加负荷的方法,将零件凸起部分逐渐磨平,形成能够传递全部载荷的光滑工作面,为零件长期工作打下良好基础。

(2)某些零件,如螺丝、弹簧、汽缸垫等在装配时虽已紧固,但一经负荷和振动,可能产生塑性变形、连接松动、弹力变化等现象。因此,必须通过试运转,对这些零部件重新加以紧固和调整。

(3)通过试运转,还能早发现、早解决问题。在机器制造、修理和安装过程中,可能出现某些缺陷;在运输过程中,也可能遭受损伤。试运转一般分为工厂试运转和用户试运转,这两种试运转均不能忽视。例如,厂家在拖拉机出厂前已经进行过试运转;而拖拉机的用户试运转是用户购机后、正式投入使用前,按说明书要求进行必要的磨合试运行,目的是通过试运转,改善各部件表面质量,获得最好的初始配合间隙,提高耐磨性,延长拖拉机的使用寿命。

(4)对某些未曾用过的机器要通过试运转来了解机器的结构特点和使用性能。

实践证明，是否进行试运转和试运转的质量好坏，对机器的动力性、经济性、工作寿命有重要影响。例如，未经试运转的汽车发动机，行驶 1 000 km 的磨损量相当于经试运转的发动机行驶 10 000 km 后的磨损量；又如某农场新进一台东方红 –75 拖拉机，未经试运转即投入推土作业，只工作了 2 000 h，功率就下降 50%，达到要大修的程度。试运转质量对零件使用寿命的影响可用图3 –1 –1来表示。

由图可见，当装配间隙 H_0 和最大间隙 H_{max} 不变时，试运转不良时初始间隙 H_1 大于试运转良好时的初始间隙 H_2，同时磨损强度 $\tan\alpha_1$ 又大于 $\tan\alpha_2$。图中各项的关系为

$$\tan\alpha_1 = \frac{H_{max} - H_1}{T_1}$$

$$\tan\alpha_2 = \frac{H_{max} - H_2}{T_2}$$

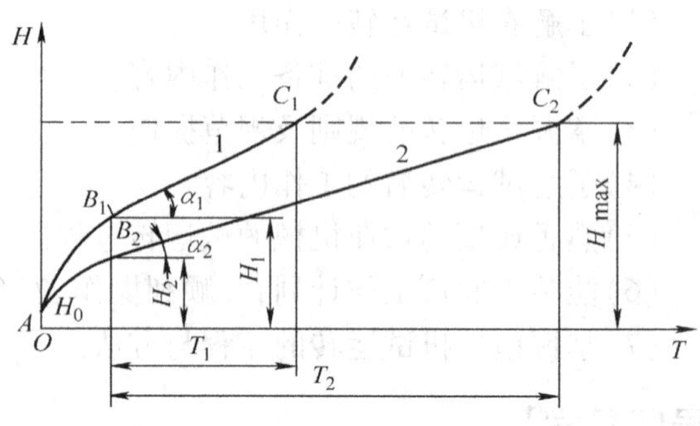

1—试运转不良；2—试运转良好。

图 3 –1 –1　试运转质量对零件使用寿命的影响

由此可见，通过试运转可以降低内部摩擦损失，提高机器的动力性和经济性。第一台和第二台机器虽然都经过了同样时间的试运转，但是前者的运动配合件的磨损条件较差，初始配合间隙较大。因此，正式投入使用之后，第一台机器主要零部件的磨损强度（表现为曲线倾角 α_1）较大，可利用的技术寿命（表现为剩余间隙 $H_{max} - H_1$）比第二台机器要短许多。

研究表明，对拖拉机进行优质试运转后，可使发动机有效功率比工厂标识值提高 1% ~ 3%，燃油和机油消耗率也能相应降低，因此整机的故障率也进一步降低。

所以，新的或修理后的机器，必须指派技术熟练、责任心强的机务人员负责，由其严格按照规定完成试运转。

3.1.1.2　试运转规程的制定原则

机器的试运转必须遵循一定的技术规程，包括试运转的项目、规范和进行程序。

试运转的首要作用是磨合。磨合实质上是运动配合件工作表面的自磨削过程。磨合的质量和效率与作用在摩擦表面上的磨削力、摩擦速度和时间、润滑、冷却等因素密切相关。磨削力取决于对机器施加的负荷，磨合速度取决于运动速度。制定试运转规程的目的主要是对试运转时的负荷、转速、时间等进行最优化组合，以尽量减少机器在试运转期间的磨损量，以及确定用于试运转本身的能量、时间和费用。制定试运转规程必须遵循以下基本原则。

（1）负荷应当合理分级，由小到大，依次递增。在试运转初期，加给机器的负荷应当小些，随着配合表面的逐渐磨平，接触面积加大，可以相应增加机器的负荷，以保证摩擦表面较快地磨合。

（2）在一定的负荷情况下，机器的转速必须适当，而且要由低到高，依次递增。在负荷一定时，若摩擦速度过低，则磨削作用不足。此外，表面润滑不良，也会导致磨合质量差。若摩擦速度过高，则摩擦功率增大，易引起表面烧损，甚至产生熔接、撕裂等情况。

（3）在每级负荷和转速都一定时，机器运转时间的长短表征摩擦能量消耗的多少。要在保证磨合质量的前提下，选定适宜的试运转持续时间。

在试运转过程中要强调对机器加强润滑，采用专用的润滑油并保证润滑油量，以保证充分的液体润滑。同时，还要强调对机器状况的监视和维护，及时排除暴露出来的各种缺陷。

目前，我国拖拉机和联合收获机的试运转规程一般是由制造厂根据上述原则先行拟订，在生产实践中经过试行和修改后，再行确定。试运转时间一般都需数十小时。如果全部试运转都在生产厂进行，则需占用相当数量的场地、人员、物资和时间，加长机器的生产周期，增加机器的生产成本，对工厂和用户都不利。因此，通常将试运转分为工厂试运转和用户试运转两个阶段，并使用两种规程。工厂试运转是“调试性”的，目的在于检查装配质量和测定性能指标，虽然也进行必要的磨合，但时间仅几个小时，达不到试运转的全部要求；用户试运转是“锻炼性”的，时间较长，是机器试运转的主要阶段，目的在于使机器完成全部磨合，消除缺陷，提高性能指标和可靠性。

机器的试运转主要由用户进行，有以下好处。

(1)试运转直接在使用条件下进行，能真实反映机器对使用条件的适应性，提高对正常负荷工作的适应程度。

(2)可使负荷试运转结合生产作业进行，使试运转成为实际生产的一个环节，可提高机器的利用率和节约能耗。

(3)由用户亲自进行试运转，有利于提高试运转质量，并且在正常负荷作业之前，就能对所购机器的技术状况有全面深入的了解。

但是，由于试运转的要求较高，如果用户的技术水平不高或条件较差，就难以保证试运转的质量。另外，由于在一定时间内机器不能全负荷作业，对用户也造成一定损失。

试运转规程与机器的制造、装配水平密切相关，如机器制造加工精细、装配质量精良，试运转时间可以相应缩短，内容可以相应减少。

3.1.1.3 试运转规范

试运转规范的制定，取决于多方面的因素，如零件的材料、制造质量、负荷大小、相对运动速度、在该负荷和运动速度下应有的持续时间、所用的润滑材料质量等，但主要取决于磨合件所受单位压力、磨合件的相对运动速度和在该负荷条件下运转的持续时间 3 个因素。

1. 柴油机的试运转

柴油机的试运转包括 3 个阶段：空运转、轻负荷磨合和全负荷磨合。

1)第一阶段(空运转)

首先使柴油机低速运转 30 min，停机检查有无异常情况；然后中速运转 1 ~ 2 h；最后在额定转速下运转 20 ~ 30 h。

2)第二阶段(轻负荷磨合)

首先用 1/3 负荷运转 10 h，然后用 1/2 负荷运转 15 ~ 20 h，最后用 2/3 负荷运转 10 h。

3)第三阶段(全负荷运转)

在全负荷条件下，让柴油机运转 10 h。

整个磨合时间约 50 h。磨合开始之前，首先应检查柴油机各零部件的连接情况，即油底壳、柴油箱、水箱是否按要求加足机油、柴油、冷却水，并观察有无漏油、漏水、漏气现象；然后用摇把摇转曲轴，检查燃油供给系统的工作情况，听机器内部各部件是否有碰撞异声；之后在磨合过程中，要注意倾听机器声音，观察油压、水温是否正常。磨合完毕后，要趁热放出油底壳中的机油，清洗油底壳、曲轴箱和机油滤清器，并更换机油；检查主轴承、连杆轴承、连杆平衡铁、缸盖、飞轮等处螺栓的紧固情况；检查气门间隙，必要时加以调整。

2. 拖拉机的试运转

拖拉机试运转分两个阶段。第一阶段也称工厂试运转，如图 3－1－2 所示，在制造厂或修理厂进行，试运转时间短，主要针对发动机，分别对发动机进行冷磨合（无压缩）、空转热磨合、负荷热磨合。工厂试运转过程中可以测定发动机的有效功率和耗油量，检查制造质量，消除已发现的故障。这一阶段的试运转对零件以后的使用寿命有很大影响。因此，应予以重视和保证质量。

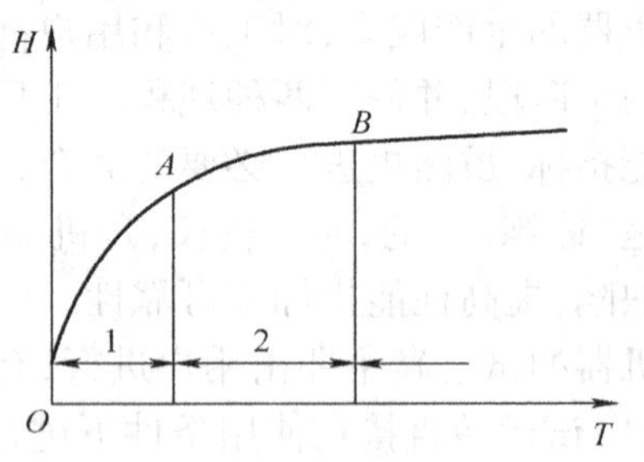

1—工厂试运转阶段；2—使用单位试运转阶段。

图 3－1－2　不同试运转阶段运动件的磨损曲线

第二阶段也称使用单位试运转，如图 3－1－2所示。在此阶段除了使运动零件表面的微观不平度继续磨平外，还要修正宏观缺陷。在这一阶段，运动件的磨损强度随着磨合时间的增长而逐渐减小，最后趋于稳定。这时就可正式带负荷作业，但在最开始的几个班次最好仍以 90% 负荷作业，使运动件进一步磨合。

第二阶段的试运转分以下 3 个步骤。

（1）发动机空转运行 10～15 min，前 5 min 低速运行，后 5～10 min 逐渐提高到高速运行。

（2）拖拉机空行，应由低挡到高挡，先前进挡后倒退挡，在每个挡位下应分别进行左、右缓慢转弯。每个前进挡空行约 1 h，倒挡约 30 min。

（3）拖拉机逐渐增大负荷的试运转。拖拉机拖带不同的农具结合作业，由负荷从小到大逐个磨合，拖拉机负荷磨合与发动机负荷磨合可同时结合进行。在磨合过程中，要注意听机器工作的声音中有无不正常的杂音，观察发动机排气的烟色，注意各指示仪表的读数，以及各连接管有无漏水、漏油、漏气。磨合后，应更换发动机油底壳、变速箱及后桥壳体和传动壳体内的润滑油，旧油要趁热放出，壳体用热柴油进行清洗后装好并重新加入新润滑油；紧固气缸盖螺母，检查调整气门间隙，检查和紧固其他连接部件的螺丝；按规定对各润滑点分别加注润滑油。磨合是一项非常重要的工作，磨合的质量好坏直接影响机器的技术状态和使用寿命。

表 3－1－1 至表 3－1－4 列出了几种拖拉机的试运转规程。

表 3－1－1　发动机空转试运转规程

拖拉机型号	空转试运转转速和时间			总计（min）
	低转速（1/3 正常转速）（r/min）	高转速（1/2 正常转速）（r/min）	最高转速（3/4 至正常转速）（r/min）	
东方红－75	—	500～600（5 min）	800～1 620（5 min）	10
东方红－60	—	500～800（5 min）	800～1 430（5 min）	10
铁牛－55	600～800（5 min）	1 100～1 200（5 min）	1 500（5 min）	15
东方红－40	—	1 100～1 200（5 min）	1 500（5 min）	10
丰收－35	600～800（5 min）	—	1 500（5 min）	10
上海－50	600～700（5 min）	1 100～1 200（5 min）	1 500（5 min）	15

表3-1-2　拖拉机空驶试运转规程

型号	各档试运转时间(h)								
	Ⅰ挡	Ⅱ挡	Ⅲ挡	Ⅳ挡	Ⅴ挡	Ⅵ挡	倒挡Ⅰ	倒挡Ⅱ	总计(h)
红旗-100	1	1	1	1	—	—	—	—	4
东方红-75	1	1	1	1	1	—	0.5	—	5.5
东方红-60	1	1	1	1	1	—	0.5	—	5.5
铁牛-55	1	1	0.5	1	1	—	0.5	—	5
上海-50	0.5	0.5	1	1	1	—	0.25	0.25	4.5
东方红-40	—	1	1	1	2	2	0.5	—	7.5
丰收-35	0.5	0.5	1	1	1	1	0.25	0.25	5.5

注:铁牛-55拖拉机Ⅰ、Ⅱ、Ⅲ挡为快速挡,Ⅳ、Ⅴ挡及倒挡为慢速挡。以下表中凡铁牛-55型号均如此。

表3-1-3　拖拉机负荷试运转规程

型号	牵引力(kN)	各挡试运转时间(h)							总计(h)
		Ⅰ挡	Ⅱ挡	Ⅲ挡	Ⅳ挡	Ⅴ挡	Ⅵ挡	小计	
东方红-75	8~10	3	3	2	2	2	—	12	54
	16~18	5	5	5	3		—	18	
	22~29	8	8	8	—	—	—	24	
东方红-60	5	3	3	2	2	2	—	12	54
	10	5	5	5	3	—	—	18	
	15	8	8	8	—	—	—	24	
铁牛-55	4.5	3	2	2	4	4	—	15	53
	6	3	2	2	6	5	—	18	
	9	4	3		6	7	—	20	
上海-50	4.5	2	2	3	3	4	—	14	48
	6	2	2	6	7	—	—	17	
	9	2	2	8	5	—	—	17	
东方红-40	2~3	3	3	3	3	2	2	16	51
	5~6	5	5	5	5	—	—	20	
	8~10	5	5	5	—	—	—	15	
丰收-35	3	0.5	0.5	1	1	2	—	5	25
	6	1	1	6	5	—	—	13	
	9	1	1	5	—	—	—	7	

表3-1-4　拖拉机全部试运转时间

拖拉机型号	红旗-100	东方红-75	东方红-60	铁牛-55	尤特兹-45	东方红-40	丰收-35	东方红-28
全部试运转时间(h)	60	60	60	58	61	51	30	61

拖拉机在更换运动配合零件后也应进行磨合,如在更换活塞、轴瓦、活塞环后,可按下列

规程磨合。

(1)发动机空转0.5 h,小、中、大油门下各10 min。

(2)拖拉机空驶,由低挡到高挡,每挡0.5 h。

(3)在拖拉机最低工作挡位的50%负荷下磨合10 h。

磨合后应清洗润滑油滤芯、滤网和油底壳,放出的润滑油经加温过滤后可重新加入。更换中央传动装置或最终传动装置齿轮后,除不进行发动机空转磨合外,其余磨合规程与更换活塞等零件后的磨合规程相同。更换变速箱齿轮后,只需对相应挡位齿轮进行空驶和轻负荷磨合,时间可适当缩短。

3. 农机具的试运转

牵引式和悬挂式农机具的结构一般都比较简单,只需在正式作业前按说明书要求进行短时间的磨合,适当调整和消除发现的故障即可。而自走式农业机械,如联合收获机和一些结构复杂的农业机械,其具有发动机、传动装置和行走装置,结构复杂、速度高、负荷重,必须经过长时间的试运转,且试运转规程类似于拖拉机,具体操作按各自说明书中的要求进行。

3.1.1.4 试运转工作的组织和注意事项

试运转是一项复杂细致且技术性很强的工作,是熟悉和运用机器的准备阶段,是保持机器良好技术状态的一项基础措施。各级农机管理部门和农机技术负责人都应亲自抓紧这项工作,并把它组织好。

1. 试运转前的准备工作

(1)组织参加试运转的人员学习机务规章、机器说明书、试运转规程,使他们了解机器的结构特点、使用性能和操作保养方法,最后确定负荷试运转的编组方案。

(2)准备试运转所需的油料、物料、保养工具、测试仪表(转速表、拉力表、比重计等)。

(3)检查机器的技术状态,按规定进行技术保养(清洁外部,添加油、水,紧固螺丝,检查调整操纵机构、前轮定位、轮胎气压和履带紧度,按润滑表注油等)。确认一切正常后,即可开始试运转。

2. 试运转规程

1)发动机试运转

依次进行发动机空转、农机(包括拖拉机和自走式联合收割机)空驶和负荷试运转。试运转过程中,保证水温适当(40 ℃以上起步,60 ℃以上负荷作业,75~95 ℃范围内正常工作),加强保养;检查各部位的发热情况;听诊响声变化;对转向、制动机构进行周期的磨合性操作。当发现运转或操作有异常现象时,应及时停车检查,彻底排除故障后,方可继续试运转。

2)液压悬挂系统试运转

液压悬挂系统的试运转在发动机空运转和农机空驶试运转中进行,具体顺序如下。

(1)拧紧全部油管接头和紧固螺丝,注意连到油缸的软管不得过度弯曲。

(2)检查液压油箱的油面高度,应达到规定高度。

(3)检查油泵结合机构的工作情况,将手柄扳到“结合”或“分离”位置2~3次。在这两个位置,手柄都应有可靠的定位。

(4)检查分配器操纵手柄在各个位置的可靠性。在发动机启动前,将手柄顺次移到提升、中立、下降、浮动位置。手柄在各位置应能可靠固定。检查后,将手柄放在“中立”位置。

(5)启动发动机,在低转速下运转 3 ~ 5 min,然后高速运转 3 ~ 5 min。此时,分配器及管路不应发出鸣音。

(6)油温升高至 30 ~ 50 ℃后,将分配器手柄置于“提升”位置,悬挂机构应平稳上升。提升终了,安全阀开启,操纵手柄应扳回“中立”位置或自动回到“中立”位置。

(7)将油缸顶杆上的定位卡箍调整到顶杆中部。

(8)将分配器操纵手柄移至“下降”位置,悬挂机构应随之下降。直到定位卡箍触及定位阀尾部时,悬挂机构应停止。因此,定位卡箍端面与定位阀尾部应保持 7 ~ 10 mm 的间隙。

(9)将发动机转速升到额定转速,重复升降数次。

(10)将分配器手柄移至“浮动”位置,悬挂机构在自重作用下缓慢下降。此时,可用手将拉杆抬起或降落。

(11)上述检查均正常后,可将配套农具悬挂到悬挂机构上,在发动机额定转速下升降若干次。

(12)当液压悬挂机构各部分工作正常后,就可配带农具进行负荷试运转。经 50 ~ 55 h 工作后,应更换机油,清洗油箱、滤清器,清除放油螺塞及磁铁上的金属屑。

3. 试运转后的工作

(1)按说明书规定,更换各部润滑油,并进行清洗。方法是在试运转后,趁热放出油底壳内的机油,并清洗机油泵吸盘、机油粗细过滤器,然后加入新机油,趁热放出变速箱、后桥和最终传动装置内的齿轮油,并加入适量的煤油或柴油,用Ⅰ挡和倒挡各行驶 1 ~ 2 min 进行清洗,然后放出清洗油,换装新的齿轮油。

(2)放出冷却水,用清洁的软水清洗冷却系统。

(3)检查调整各操纵机构的行程、气门间隙、喷油嘴压力、轴承间隙和履带张紧度。

(4)检查和紧固外部螺丝,特别是发动机支座、变速箱支点等部位,按规定扭矩值拧紧发动机缸盖螺丝。

(5)按润滑标准润滑各部位。

(6)试运转执行人将试运转情况报上级业务部门(必要时要通过书面报告),并将试运转情况记入技术档案。经空运转和带负荷运转后,应做如下记录:

① 设备几何精度、加工精度的检查记录,其他机械性能的测试记录;

② 设备试运转的情况,包括发生的异常情况、故障情况及故障排除情况;

③ 无法调整和消除的问题,并归纳分析可能产生的原因;

④ 对参与试运转的人员和所用的工具、仪器、日期及评价意见进行记录。

4. 注意事项

1)注意润滑油的种类和质量

所用润滑油一方面应能很好地清洗磨屑并冷却摩擦表面;另一方面应具有较高的油性、适当的黏度和充分的流动性能。

2)注意负荷情况

试运转时,机器在开始作业的几个班次,要以 80% 的负荷工作,绝对不允许超负荷。此阶段结束后才能满负荷工作。

3）其他注意事项

拖拉机在试运转期间特别要注意以下问题。

（1）经常检查机车各部位的紧固状况，检查油压、水温、燃油供给各系统是否正常，是否有渗漏现象。如有问题，应及早排除。

（2）机车挂挡磨合时，要分别向左、右缓慢转弯行驶，各前进挡、倒退挡都要试好。

（3）磨合期要特别注意倾听发动机、后桥和各传动部位有无杂音和异常声响，同时要注意操纵装置是否灵活。

（4）磨合结束后，要认真检查气门间隙、离合器、制动器、操纵机构的自由行程是否在正常范围内，如不正常，要及时调整。

（5）磨合结束后，要趁热放掉油底壳内的机油和各部位的曲线（齿轮）油和冷却水，然后逐步清洗，再重新加油、加水。此外，还要换掉空气滤清器的滤芯。

（6）最好在完成磨合任务后，进行一次一级保养。这样，拖拉机就可以正常使用了。

3.1.1.5 试运转规范的改进

现行的拖拉机试运转规范在执行中存在着对各型拖拉机负荷分级过细的问题，且各项规范没有规律，不便记忆。有的负荷级差过小，有的负荷级差太大，超过了合理的负荷程度。因此，北京农机化研究所对试运转规范进行了改进。

1. 采用统一的负荷分级法

最低挡的正常牵引力：大于 800 kg 的负荷分三级，小于 800 kg 的负荷分两级。每级负荷都以最低挡的正常牵引力为基础按一定百分比表示。在确定百分比时，参考了现有拖拉机的分级情况，调整后的方案如下。

（1）负荷分三级。第一级负荷的牵引阻力为最低工作挡正常牵引力的 15% ~20%，但不超过磨合挡自身正常牵引力的 70%，超过时，该挡就不进行磨合；第二级负荷的牵引阻力为最低工作挡正常牵引力的 35% ~40%，但不超过该挡自身正常牵引力的 80%；第三级负荷的牵引阻力为最低工作挡正常牵引力的 55% ~60%，但不超过该挡自身正常牵引力的 90%。

（2）负荷分两级。第一级负荷的牵引阻力为最低工作挡正常牵引力的 25% ~30%，但不超过该挡正常牵引力的 70%；第二级负荷的牵引阻力为最低工作挡正常牵引力的 55% ~60%，但不超过该挡正常牵引力的 85%。

2. 各型拖拉机的总磨合时间

各型拖拉机的总磨合时间不同，但大多为 50 ~60 h，且同一拖拉机各挡位磨合时间也不同，执行不便，调整后的方案如下。

（1）负荷分三级时，总磨合时间为 55 h、15 min，其中发动机空转 15 min，拖拉机空驶 5 h，负荷磨合 50 h。负荷分两级时，总磨合时间为 60 h、15 min，其中发动机空转 15 min，拖拉机空驶5 h，负荷磨合 55 h。

（2）各挡位磨合时间分两种。常用低速挡，每挡 2 h，个别机型为 1 h；常用工作挡磨合时间相同，一些特殊作业需要的挡位不磨合。常用工作挡位磨合时间可用下式计算：

$$t = \frac{T - 2Z'}{Z - Z'} \quad (h) \tag{3-1}$$

式中　T——总磨合时间(h)；

Z'——非常用低速挡磨合次数；

Z——总负荷磨合次数。

东方红－75 拖拉机各挡位磨合时间见表 3－1－5。

表 3－1－5　东方红－75 拖拉机各挡位磨合时间

牵引阻力(kN)	各挡位磨合时间(h)				
	Ⅰ	Ⅱ	Ⅲ	Ⅳ	Ⅴ
5.4～7.5	2	4.9	4.9	4.9	4.9
12.6～14.4	2	4.9	4.9	4.9	—
20.0～21.6	2	4.9	4.9	—	—

由上表可知总负荷磨合次数为 12，Ⅰ挡为非常用低速挡，每次磨合时间为 2 h，负荷磨合次数为 3(即各挡负荷分 3 级，磨合 3 次)，所以

$$t = \frac{50 - 2 \times 3}{12 - 3} = 4.9 \text{ h} \tag{3-2}$$

经此种方法计算后的几种机型的负荷磨合规范见表 3－1－6。

表 3－1－6　几种拖拉机负荷磨合规范

型号	负荷等级	牵引阻力(kN)	各速挡磨合时间(h)				
			Ⅰ	Ⅱ	Ⅲ	Ⅳ	Ⅴ
			慢/快	慢/快	慢/快	慢/快	慢/快
东方红－75	1	5.4～7.5	2	4.9	4.9	4.9	4.9
	2	12.6～14.4	2	4.9	4.9	4.9	—
	3	20.0～21.6	2	4.9	4.9	—	—
东方红－54	1	4.6～5.7	2	4.9	4.9	4.9	4.9
	2	10.0～11.4	2	4.9	4.9	4.9	—
	3	14.8～17.0	2	4.9	4.9	—	—
铁牛－55	1	2.1～2.8	—/3.7	—	—/3.7	2/3.7	3.7/—
	2	4.9～5.6	—/3.7	—	—/3.7	2/—	3.7/—
	3	7.6～8.4	—/3.7	—	—/3.7	2/—	3.7/—
东方红－40	1	1.5～2.0	2/3.7	3.7/3.7	3.7/3.7	—	—
	2	3.5～4.0	2/3.7	3.7/3.7	3.7/—	—	—
	3	5.5～6.0	2/3.7	3.7/—	3.7/—	—	—

3. 拖拉机负荷磨合的特点

拖拉机负荷磨合常结合运输及田间作业进行。磨合时，拖拉机应拖带的拖车装货质量及农具数量可用计算方法求得。对于无拉力计的使用单位，在机器进行负荷试运转时可参

考表3－1－7。

表3－1－7　与挂钩负荷相应的农机具

挂钩负荷(kN)	农机具名称及台数	备　注
2.5	2吨拖车1辆	
3	3吨拖车1辆	
5	24片圆盘耙1台	耙深12 cm
7	41片圆盘耙1台	耙深12 cm
7	悬挂二铧犁1台	中等土壤,耕深17~19 cm
9~10	三铧犁1台	中等土壤,耕深18~20 cm
12~13	四铧犁1台	中等土壤,耕深18~20 cm
14~15	四铧犁1台	中等土壤,耕深20~22 cm
14~15	缺口耙1台	中等土壤,耕深20~22 cm
17~18	五铧犁1台	中等土壤,耕深20~22 cm

对试运转期间使用的润滑油,研究表明,工厂试运转时,采用锭子油效果较好。使用单位试运转时,在保证主油道压力的前提下,发动机可使用比规定牌号低一号的润滑油,以加强对磨合表面的冲洗和散热作用。

3.1.2　典型机型试运转全过程

3.1.2.1　联合收割机的试运转全过程

无论是新购的收割机,还是检修后的收割机,都要经过试运转后,才能投入正常的收割作业,有两方面的原因。一方面,通过试运转,可以使收割机各摩擦表面更好地配合,各部件得到很好的润滑。对于新收割机来说,通过磨合可对摩擦面上的在加工时余留的金属屑进行清洗。所以,新机磨合后,要对其使用的润滑油和液压油进行更换。另一方面,通过试运转,可以发现收割机存在的问题和隐患,及时进行排除后,可为收割机的收割作业打下良好的基础。

收割机的试运转(磨合)分发动机无负荷试运转、联机试运转、行走试运转和带负荷试运转4个阶段进行,磨合前按要求加注相应牌号的燃油、润滑油、液压油、齿轮油、润滑脂和水,然后启动发动机进行试运转。

1. 发动机无负荷试运转

发动机无负荷试运转时间为15~20 min。柴油发动机启动后,先以600~800 r/min的转速运行5 min,然后逐渐增加到额定转速。

柴油发动机运转时,一要看各仪表的指示是否正常,包括机油压力表、水温表、油温表、电流表;二要听有无异常的噪声、敲击声;三要观察有无漏油、漏气、漏水及排烟情况。如发现异常现象,应立即停车,查明原因,及时排除。

2. 联机试运转

1)机组联机试运转前的准备工作

(1)应仔细检查各传动V带和链条是否按规定张紧,包括倾斜输送器和升运器输送链条。

(2)将脱粒凹板的间隙调至最大。

(3)打开籽粒升运器壳盖和复脱器月牙盖。

(4)仔细检查收获机所有转动工作部件,检查是否有异物,并且对异物进行仔细清理。

(5)按说明书的规定对各润滑点进行润滑。

(6)检查所有螺纹紧固件是否可靠拧紧。

2)原地联机试运转

(1)从中油门过渡到大油门,仔细观察是否有异响、异振、异味以及“三漏”现象,大油门运转 30 min 后,检查各轴承处有无过热现象。

(2)缓慢升降割台、拨禾轮和伸缩无级变速油缸,仔细检查液压系统有无过热和漏油现象。

(3)运转中,仔细观察仪表是否指示正常,各信号装置是否可靠工作。

(4)检查电器系统线路、照明灯、指示灯是否可靠工作。

(5)联合收割机各部件运转正常后,应将各盖关闭,并将栅格凹板间隙调整到工作间隙之后。

(6)停机检查各轴承是否过热和松动,各 V 带和链条张紧度是否可靠。

(7)检查主离合器、卸粮离合器结合和分离是否可靠。

(8)联机试运转的时间应根据说明书的要求确定,一般不少于 20 h。

3. 行走试运转

行走试运转应从低挡到高挡,从前进挡到后退挡逐步进行。试运转过程中,采用中油门工作,应留心观察,注意以下事项。

(1)起步挂挡时应将离合器踏板踩到底,使齿轮彻底分离以免打齿。挂上挡后应松开离合器踏板,不允许将脚长时间放在离合器踏板上。

(2)只能用Ⅰ挡或Ⅱ挡起步,不允许Ⅲ挡起步,不允许突然加油门或突然抬起离合器。

(3)检查变速箱和离合器有无过热、异音,以及变速箱有无漏油现象,并检查润滑油油面位置。

(4)检查前后轮轴承部位是否过热。

(5)检查转向和制动系统的可靠性及刹车夹毂是否过热。

(6)检查行走带是否符合张紧规定,主离合器和卸粮离合器是否脱开。

(7)检查轮胎气压,并紧固各部位螺栓,特别是前后轮轮毂螺栓、两半轴轴承螺栓和锥套锁紧螺母、无级变速轮各紧固螺栓、前轮轴固定螺钉、后轮转向机构固定螺栓、发动机机座螺栓和带轮紧固螺栓等。

(8)检查动力输出轴的壳体和带轮是否过热。

(9)行走试运转的时间应根据联合收割机说明书的要求确定,一般不少于 15 h。

4. 带负荷试运转

带负荷试运转也就是试割过程,均在联合收割机作业的第一天进行。一般在地势较平坦、杂草少、成熟度较一致、基本无倒伏、具有代表性的地块上进行。当机油压力和水温达到规定值后开始以小喂入量低速行驶,逐渐加大负荷至额定喂入量。应该强调,无论喂入量多少,发动机均应在额定转速下工作,在试割过程中要及时合理地调整各工作部件,使之达到良好的作业状态。

行走试运转的时间应根据联合收割机说明书的要求确定，一般不少于 15 h。试运转全部完成后，应按柴油机使用说明书保养发动机，更换变速箱齿轮油和液压油。按联合收割机使用说明书的规定，进行一次全面的维修保养，参照相关要求对各工作部件进行调整，使整机的技术状态满足使用要求。

5. 试运转后的工作

(1)按说明书规定，更换各部件的润滑油，并进行清洗。在试运转后，趁热放出油底壳机油，并清洗机油泵吸盘、机油粗过滤器，然后加入新机油。趁热放出变速箱、后桥和最终传动装置内的齿轮油，加入适量的煤油和柴油，用Ⅱ挡和倒挡行驶 1 ~2 min 进行清洗，然后放出清洗油，换装新的齿轮油。

(2)放出冷却水，用清洁的软水清洗冷却系统。

(3)检查调整各操纵机构的行程、气门间隙、喷油嘴压力、轴承温度和 V 带张紧度等。

(4)检查和紧固外部螺栓。

(5)按润滑表的要求润滑各部位。

(6)试运转执行人将试运转情况记入技术档案。

(7)试运转时要特别注意润滑油的品种和质量，所用润滑油一方面应能很好地清洗磨屑并冷却摩擦表面，另一方面应具有较高油性和充分的流动性。试运转后，机器在开始作业的几个班次，要以 80% 的负荷工作，此后才能满负荷作业。

3.1.2.2 玉米收获机试运转与作业注意事项

1. 试运转前的检查

(1)检查各部位轴承及在轴上的高速转动件（如茎秆切碎装置、中间轴）的安装情况是否正常。

(2)检查 V 带和链条的张紧度。

(3)检查是否有工具或无关物品留在收获机工作部件上，以及所有防护罩状态是否正常。

(4)检查燃油、机油及润滑油是否足够。

2. 试运转

1)空载试运转

(1)分离发动机离合器，将变速杆放在空挡位置。

(2)启动发动机，在低速时接合离合器。待所有工作部件和各机构运转正常时，逐渐升高发动机转速，一直到额定转速为止，然后使收获机在额定转速下运转。

(3)运转中检查。按顺序开动液压系统液压缸，检查液压系统工作情况和液压管路及液压件的密封情况。检查收获机（行驶中）的制动情况。每经 20 min 运转后，分离一次发动机离合器，检查轴承是否过热及 V 带、链条的传动情况以及各连接部位的紧固情况。依次接合所有挡位，使收获机进入试运转，同时注意各部位运转情况。玉米收获机原地空运转时间不少于 3 h，行驶空运转时间不少于 1 h。

2)作业试运转

在最初工作 30 h 内，建议收获机的速度比正常速度低 20% ~25%，正常作业速度可按说明书推荐的工作速度进行。试运转结束后,要彻底检查各部件的装配紧固程度、总成调整正确性和电气设备的工作状态等。更换所有减速器、闭合齿轮箱的润滑油。

3. 作业注意事项

(1)玉米收获机作业前,应平稳接合工作部件离合器,油门由小到大,达到稳定额定转速时方可开始收获作业。

(2)田间作业时,要定期检查玉米收获机的切割粉碎质量和留茬高度,根据情况随时调整割台高度。

(3)根据抛落到地上的籽粒数量检查摘穗装置的工作状况,籽粒的损失量不应超过玉米籽粒总量的 0.5%,当损失大时应检查摘穗板之间的工作间隙是否正确。

(4)应适当中断玉米收获机工作 1 ~2 min,让工作部件空运转,以便从工作部件中排出所有玉米穗、籽粒等,以防工作部件堵塞。当工作部件堵塞时,应及时停机并清除堵塞物,否则将会导致玉米收获机摩擦加大,零部件损坏。

(5)当玉米收获机转弯或者沿玉米行作业遇水洼时,应把割台升高到运输位置,在有水沟的田间作业时,玉米收获机只能沿着水沟方向作业。

【知识拓展】

农机选购的方法和步骤

购买农机,正如消费者购买其他日用消费品一样,一分价钱一分货。聪明的购买者是不只看农机的价格,而会综合评估后再决策。在购买农机时,有正确选购的方法和不可或缺的选购步骤。

1. 正确选购的方法

1)看机型是否合适

根据自己所处农村作业田块的大小及是否集中连片等农田地理环境条件、作物品种、年作业量大小、土壤性质结构、经济承受能力等情况,选择能满足农业生产需要的合适机型。例如,联合收割机按动力供给方式分为自走式和背负式,按喂入方式分为全喂入式和半喂入式,按行走装置结构形式又分为轮式和橡胶履带式。

2)看配套是否合理

要考虑机组的配套、动力等是否合理,即动力主机与作业配套机具的适应性。一方面是功率要配套,既要防止“小马拉大车”,保证发动机有足够的储备动力,又要注意避免“大马拉小车”,以免造成功率消耗的浪费。另一方面是收割机与主机挂接方式的匹配问题,要保证收割机的悬挂架与拖拉机结构形式、动力输出形式相适应,以便于安装时快速挂接或拆卸。

3)看备件是否齐全

当已确定购买某种农业机具时,首先要注意整机的出厂编号,其应与合格证、三包凭证上的编号相同,产品的规格型号也应与上述各票证相同;然后再检查该产品的随机备件,其应与厂家随机配件装箱单上所列的相符,不得短缺;最后检查清点随机工具包,应与随机工具清单所列的相一致。

4)看服务是否及时

农业机械在大忙作业季中,遇到故障需排除时,服务是否及时到位至关重要。选买农机时,一定要了解生产企业的售后服务能否保证及时,零配件供应是否足额到位等,要买已在当地建立三包服务网络的企业的产品,一定要择优选用信誉度与口碑较好,维修服务网点分布广的机器。

5)看机型是否成熟

(1)选择由当地农机推广部门引进的,并经过当地试用、示范、证明质量性能可靠并适合在当地推广使用的机型。

(2)选择产销批量大且已被市场肯定的产品,不购买刚投产或小批量试制生产的产品,也不要购买产销量已趋滑坡甚至将面临淘汰或将被更新换型的产品。

(3)选择具有"三证"的产品。有了省级以上农机推广许可证、生产许可证、质量检验合格证这"三证",农机具产品的质量就有了稳定的保证。

(4)挑选被部、省级农机管理部门确定的农机优质产品。优选购买已被列入国家、省级农机购置补贴目录的机型,在中央与各省招标中已中标的品牌,已列入国家支持推广的农业机械产品目录的机械品种。

(5)选购农机具时,如同一类机器的质量、价格和其他技术条件相似,可就近选择企业购置适宜的产品,主要是考虑机器长途运输易损伤、维修技术服务与易损零配件供应的便捷、信息反馈快速等方面。

6)看质量是否可靠

用户对准备购进的农业机械,应进行静态与动态检查,查看所选的农机质量是否可靠。

(1)静态检查。看外表有无刮、碰、擦痕,油漆有无严重脱落,各部位的零部件是否齐全完好,焊接件有无脱焊,传动件是否灵活可靠,有无漏油、漏水、漏气、漏电等现象。

(2)动态检查。首先启动发动机让其低速运转 3 ~ 5 s,听发动机的声响是否正常,看排气烟色是否正常。然后接合农机的割、送、脱离合器,让发动机低速、中速、高速各运转 2 ~ 3 s,检查切割、输送、脱粒、清选等部件在各种转速下运作是否正常。最后进行空驶试运转,看离合、变速、转向、制动、割台升降、切割器等是否正常。

2. 不可或缺的步骤

1)检查农机

农业机械运转时可能对人体造成危害,必须有相应的防护措施。为此,选购机具时,一定要选择那些有可靠防护措施、设有解除隐患并有警告标识的产品。这样不但使用起来放心,而且可避免人体伤害事故的发生。国家强制性标准规定,安全合格的农机产品都要有安全保护装置:启动爪、风扇、皮带轮、动力输出轴、排气管、链条传动和刀轴组件部分等都要有防护罩;脚踏板应是防滑板;在容易伤人的地方,要粘贴黄色或红色安全警示标志;油门、挡把等地方,要有明显的操作符号。

(1)检查外观。认真观察农机产品表面有没有缺漆、严重划痕、鼓泡等现象。

(2)检查装配。详细检查机器的装配情况。检查农机各处零部件是否完整无损、无误,是否安装规范,所有非调整螺钉、螺栓、螺母都应拧紧。

2)农机试运转

试运转是购买农机时绝对不可缺少的一个环节,在购买拖拉机、联合收割机、农用运输车等时一定要试车。

(1)进行启动性能检查。要先连续启动几次,检查启动性能。

(2)空运转检查。在正常工作转速下连续空运转 15 min 以上,检查机器是否运行平稳,有无异常声音,是否容易熄火,是否冒黑烟等。

(3)检查操作性能。实际操作机器,检查操作是否方便,挂挡、方向、刹车、油门是否正常,有无走偏现象等。如果无法试机,可手动检查机器运转情况,检查转动件是否灵活,有无卡滞现象。挑选高速运转的农用机械(脱粒机、粉碎机等)时要特别注意机器滚筒的平衡情况;选择带有压力容器的机器(机动喷雾机等)时应通过试验,了解它的液泵压力能否达到规定值,安全阀作用是否正确,管道与接头是否有泄漏等。

在购买农机具时,必须经过精挑细选,并充分利用好目前国家对农业机械的购机补贴政策。这样就可以购得满足农业生产实际需要的农机具,快速增收致富。

【任务小结】

通过本任务的学习,需学习并掌握的内容如下。

(1)农机试运转的作用。

(2)试运转前的准备工作。

(3)试运转的规则及规范操作。

(4)试运转后的工作。

(5)联合收割机的试运转过程。

【课后练习】

1. 名词解释

试运转。

2. 填空题

(1)试运转规范的制定,取决于多方面的因素,如________、________、________、________、________、________。

(2)如果立即承受较大的负荷,可能造成________、________、________等损坏。

(3)某些零件,如螺丝、弹簧、气缸垫等在装配时虽已紧固,但一经负荷和震动,可能产生________、________、________等现象。

(4)实践证明,是否进行试运转和试运转的质量好坏,对机器的________、________、________有重要的影响。

3. 判断题

(1)农业机器在正式投入使用之前、大修后或更换主要配件后,必须先空负荷和轻负荷工作一定时间,使机器得到初步的磨合,同时进行检查、调整、保养,使机器达到最佳技术状态。 (　　)

(2)试运转后,必须对有些零部件重新加以紧固和调整。 (　　)

(3)用户拖拉机试运转是用户购机后且正式投入使用前,按说明书要求进行必要的磨合试运行。 (　　)

(4)机器的试运转不需要遵循任何技术规程。 (　　)

(5)试运转的首要作用是磨合。 ( )

(6)负荷应合理分级,由大到小,依次递减。 ( )

(7)试运转直接在使用条件下进行,能真实反映机器对使用条件的适应性,提高对正常负荷工作的适应程度。 ( )

(8)柴油机的试运转包括3个阶段:空运转、轻负荷磨合、全负荷磨合。 ( )

(9)在磨合过程中,要注意听机器工作的声音,有无不正常的杂音;观察发动机排气的烟色,各指示仪表的读数,以及各连接管有无漏水、漏油、漏气。 ( )

(10)拖拉机磨合结束后,要认真检查气门间隙、离合器、制动器、操纵机构的自由行程是否在正常范围内,如不正常,要及时调整。 ( )

4. 简答题

(1)简述试运转的作用。

(2)简述拖拉机在试运转期间特别要注意的问题。

【总结评价】

(1)谈一谈你学习完本任务的体会及收获。

(2)谈一谈在任务学习的过程中,你和你所在小组的收获、不足和有待改进提高的地方。

(3)结合学习的实际情况,完成表表3-1-8和表3-1-9。

表3-1-8 农机的试运转评分表

序号	考核内容		配分	评分内容	考核记录	得分
1	知识	试运转的作用	10	了解试运转的作用		
		试运转规程的制定原则	10	掌握试运转规程的制定原则		
		试运转规范	20	熟悉试运转规范		
		试运转的注意事项	10	掌握试运转的注意事项		
2	技能	试运转前的准备工作	10	了解机务规章、机器说明书、试运转规范;有无试运转的编组方案;所需的油料、物料、保养工具、测试仪表是否齐全;检查机器技术状态情况		
		试运转的规范操作	10	严格按照操作规范和流程操作		
		试运转后的工作	10	严格完成试运转的各项检查,按照要求完成技术档案的填写		
3	态度	安全生产意识	10	能在导师的指导下安全文明生产		
		合作、吃苦精神	10	能与小组同学合作完成本次任务,操作过程中能做到吃苦耐劳		
4	分数合计		100			

表3-1-9　项目三任务一工单

<table>
<tr><td rowspan="2">任务名称</td><td rowspan="2">农机的试运转(约翰迪尔6810)</td><td>姓名</td><td></td><td>班级</td><td></td></tr>
<tr><td>日期</td><td colspan="3"></td></tr>
</table>

1. 试运转的技术规程

1)试运转的项目

2)试运转的规范

3)试运转的程序

2. 试运转的注意事项

3. 试运转规范的改进

任务二:农机的技术诊断与检测

【任务目标】

(1)了解机器诊断的基本概念及其发展史。

(2)了解机器技术状态检测的基本原理和基本方法。

(3)掌握拖拉机技术状态的诊断与检测方法。

(4)根据实际情况对拖拉机进行技术状态的诊断与检测。

(5)根据诊断与检测的结果提出合理的解决方案。

【导师导学】

3.2.1　农机的技术诊断与检测

3.2.1.1　机器的技术诊断

1. 技术状态诊断发展简介

1)国外发展情况

机器的技术诊断已成为一门新兴学科——机器诊断学。在汽车、拖拉机、联合收割机的技术诊断中，广泛应用先进的测试手段，如光谱分析、闪光测速、智能综合测试等。最早开展故障诊断技术研究的是美国，日本、英国、瑞典、挪威、丹麦等国紧随其后。1976 年，美国成立了机械故障预防组，并成功地将故障诊断运用于航天、航空、军事等行业的机械设备中。英国在 20 世纪 60 年代末 70 年代初成立了机械健康监测中心与机械状态检测协会，其在摩擦、磨损、汽车、飞机发动机监测与诊断方面具有领先地位。日本的故障诊断技术于 20 世纪 70 年代起步，主要用于钢铁、化工、铁路等民用工业部门。法国在 20 世纪 90 年代提出了建立监测与振动支援站的设想。此外，瑞士 ABB 公司、德国西门子公司、丹麦 B&K 公司等都开发了有关诊断系统及相关的信号检测装置。

2）国内发展情况

20 世纪 50 年代以前，我国机器技术状态诊断所用仪器多属机械的或液压的单件仪器，结构比较简单，仅用于单参量的静态测量。

20 世纪 50 年代后，结构比较复杂的各种电子仪器系统得到发展，可用于非电量的检测和多参量的同步动态综合测量。这些系统具有信息和数据分析处理的功能，且测试精确度高、速度快、功效高。

20 世纪 70 年代以来，我国一些石化企业购置了国外先进的频谱分析仪等状态监测仪器，并开始了初步的实践。1983 年，原国家经委下达了《国营工业交通设备管理实行条例》，明确提出“逐步采用现代故障诊断和状态监测技术，发展以状态监测为基础的预知性维修体制”，从而把诊断纳入企业管理法规，对我国故障诊断技术的发展具有极为重要的意义。自 1984 年起，石化企业逐步开展了状态监测与故障诊断工作。

20 世纪 90 年代，火力发电行业开始开展大型汽轮发电机组的在线状态监测与故障诊断工作。进入 21 世纪以来，在钢铁、炼铝、水力发电、风力发电、空气分离等行业中，故障诊断技术也开始得到重视与应用，并呈现出快速发展的态势。

2. 机器技术诊断的作用

机器的技术诊断就是利用一些诊断工具、仪器和设备，通过必要的诊断程序，查明机器内部的技术状态和使用过程中的变化规律，从而得出机器的状态。其通过有代表性的间接参数的测定，来判断机器的技术状态和性能，作用体现在以下 3 个方面。

（1）通过对主要参数的测定，摸清机器的技术状态。例如，使用气缸压力表和气体流量计来测定发动机气缸压力和窜入曲轴箱的气体流量，判断出发动机的气缸 – 活塞摩擦副的磨损情况。

（2）诊断机器的故障，在使用中减少不必要的拆卸，延长机器的使用寿命。

（3）促进技术维护制度的改革，提高农机科学管理水平。如果能按机器的技术状态进行预防性维护，既可避免提早保养和修理所造成的劳力和物力浪费，又可预防作业期间机器发生故障和损坏。

3. 农业机器的技术诊断和检测

农业机器的技术诊断和检测，包括拖拉机、汽车诊断技术和拖拉机、汽车检测技术，统称为拖拉机、汽车诊断技术。诊断技术主要是针对拖拉机和汽车的故障而言，检测技术主要是针对拖拉机和汽车的使用性能而言。通过对拖拉机和汽车的诊断与检测，可以在不进行零部件解体情况下判明拖拉机或汽车的技术状况，为拖拉机和汽车的继续使用或进厂维修提供可靠的依据。

3.2.1.2 机器技术状态检测原理

1. 概念

机器技术状态参数
- 结构参数
  - 寿命参数
  - 功能参数
- 诊断参数

拖拉机和大型复杂的农业机械(如谷物联合收割机)在使用过程中,其技术状态是逐渐恶化的。零件和配合件的磨损、零件和配合表面形状的改变,会使间隙增加、紧度降低,导致零件之间的定心距被破坏,产生歪斜,改变零件和机构的定向和固结,造成摩擦副的接触面积变移和减少,从而加重表面上的单位负荷,最终导致摩擦表面磨损速度的增加。

零件的磨损也会降低其耐磨性。因为其工作表面接受过薄层强化处理(淬火、渗碳、冷作硬化等),随着薄层强化材料的磨损,零件的耐磨性和其他工作性能将变差。

机器在使用过程中,原来所确定的质量指标和参数经常发生变化。机器技术状态的参数可分为结构参数和诊断参数。

1)结构参数

直接表征诊断对象工作能力的参数称为结构参数,如磨损量、零件尺寸、配合间隙和紧度、材料的理化性能等。其与设计制造、使用条件和维护水平均有关。

从可靠性的观点还可以把表示机器技术状态的结构参数划分为寿命参数和功能参数。

Ⅰ. 寿命参数

寿命参数指用修理和换件的方法可能恢复的参数,如缸筒 - 活塞、轴承 - 轴颈的配合间隙,气门 - 气门座、针塞 - 喷油嘴体的磨损间隙,齿轮轴上花键磨损的间隙等。

Ⅱ. 功能参数

功能参数指进行技术维护时可能恢复或局部恢复的参数,它是机器及其组成部分的技术和工作的特性,完整地反映出一定结构参数的综合,如发动机的有效功率、曲轴转速、供油和配气相位、气门机构的热间隙、机油泵的生产率、溢油阀和安全阀的开启压力、轮胎压力、导向轮的安装角度、蓄电池单元的电压等。

2)诊断参数

间接表征诊断对象工作能力的参数称为诊断参数,如温度、声响、振动、密封性、压力、消耗等。诊断参数的特点如下。

(1)诊断参数间接地表示一个或几个结构参数的变化。

(2)用成组的诊断参数表征机器的技术状态时,可靠性更高。

2. 机器技术状态的诊断方法

1)询问诊断法

询问诊断法又称询问调查法,是调查人员采用访谈询问的方式向机器的使用人员和管理人员了解机器情况的一种方法。它是机器技术状态诊断方法中最常用的、最基本的调查方法,调查内容包括功率、牵引力、转速、耗油量、农业机械工作部件的状态、排气烟色、班次机油消耗量、机油压力的变化、油温、水温、机器各主要部位的声响及操纵机构、灯光信号等的状态。这些内容可为发现问题和解决问题提供依据。

2）分析诊断法

分析诊断法又称技术档案分析法，是调查人员采用翻阅使用机器的技术档案的方式了解机器情况的一种方法。它是机器技术状态诊断方法中比较常用的方法。其中，调查人员看使用、保养、修理过程中有关资料的记载，看历次检修后的工作量、工作小时数、累计耗油量和单位工作量的油料消耗（燃油和润滑油），看故障次数及原因，看保养、修理次数及零件更换情况等。通过对有关数据做比较分析，便可了解机器的动力性能、经济性能等各主要指标的变化情况，从而判断出机器是否处于完好的技术状态。

3）不拆卸诊断法

所谓不拆卸诊断法，就是在不对拖拉机进行拆卸的情况下，根据它在工作过程中表现出来的各种特征（或信息）来判断它的技术状态，寻找故障原因，准确地做出哪些零件或部件应当调整或应当更换的结论，然后再进行必要的操作。不拆卸诊断法是实际应用中最常用的诊断方法，下文将对不拆卸诊断法进行详细的阐述。

3. 机器不拆卸诊断的基本原理

目前，大都选取功能参数作为诊断参数，这是因为功能参数不仅可检测性好，易于直接检测，而且可以提供较多的诊断信息。随着诊断技术的发展，一些寿命参数也可通过直接检测得出。

在拖拉机技术诊断中，较常采用的诊断参数如下。

1）压力

压强（工程中常作压力）是采用最多的一个诊断参数。压力不仅是某些部件的工作指标（如安全阀的开启压力），而且可用来诊断其他零件的技术状态，如滤清器的脏堵程度，密封腔室或密封阀门的严密性。另外，通过测量通流截面前后的压差，还可以间接测量流量等参数，且所用仪器比较简单，对测试规范也没有苛刻的要求。

2）流量

流量是液压泵、燃油泵的工作指标。根据系统中流体的泄漏流量（如曲轴箱废气流量、液压泵内漏量等），可以诊断有关部位的密封性能。流量的测量比较烦琐，而且对测试规范（压力、温度、转速等）有较为严格的要求。因此，在要求不高的场合下一般不直接测量流量，而用压力参数间接表征。

3）温度

温度能用于诊断发动机的燃烧情况、冷却系统的散热性能和各种摩擦副的运动情况等。温度的检测手段并不复杂，但是不容易根据它做出精确的定量诊断。

4）声响

声响载运的诊断信息非常丰富，通过它可以诊断发动机的燃烧状态、运动副的配合间隙及运转情况、阀门的开闭动作、压力气体的泄漏等。对声响进行检测并不困难，但是要将其载运的诊断信息进行分离，却很不容易做到。目前，一般只能根据声响做出定性诊断。

5）位移

线位移可用于诊断轴向游动量、配合间隙、皮带张紧度等；角位移可用于诊断转向机构的磨损情况、燃油的供油时刻等。但通过位移检测来定量判断机器内部零件的技术状况的技术，至今尚未取得明显成效。

对于经过检测采集到的诊断信息，必须进行正确的鉴别，才能恰当地评定受检机器的技术状态。有关鉴别的技术标准,应根据不同使用要求进行制定。特别是使用极限标准,它不仅是机器送修或报废的依据,而且也是对机器技术寿命进行预测的依据。

3.2.1.3 农业机器的技术诊断和检测

1. 术语解释

(1)拖拉机和汽车技术状况。定量测得的表征某一时刻拖拉机、汽车外观和性能的参数值的总合。

(2)拖拉机和汽车故障。拖拉机和汽车部分或完全丧失工作能力的现象。

(3)故障征象。发生故障时的具体表现形态。

(4)拖拉机和汽车检测。为确定拖拉机和汽车技术状况或工作能力而进行的检查和测量。

(5)拖拉机和汽车诊断。在不解体的情况下,为确定拖拉机和汽车技术状况,并查明故障部位、原因所进行的检测、分析与判断。

(6)诊断参数。供诊断用的,能表征拖拉机和汽车总成及机械部件技术状况的参数。

(7)诊断周期。拖拉机和汽车诊断的间隔期。

(8)诊断标准。对拖拉机和汽车诊断的方法、技术要求和限值等的统一规定。

(9)汽车检测站。从事汽车检测的事业性或企业性机构。

(10)汽车诊断站。从事汽车诊断的事业性或企业性机构。

2. 拖拉机和汽车技术诊断的目的

1)安全环保检测

对拖拉机和汽车实行定期和不定期的环保检测,目的是在不解体情况下建立安全和公害监控体系,确保运行车辆具有符合要求的外观容貌、良好的安全性能和规定范围内的环境污染水平,以便保证拖拉机和汽车安全、高效运行。

2)综合性能检测

对拖拉机和汽车实行定期和不定期的综合性能检测,目的是在不解体情况下确定拖拉机和运行车辆的工作能力和技术状况,查明故障或隐患的部位和原因,对维修的车辆实行质量监督,建立质量监控体系,确保车辆在安全性、可靠性、动力性、噪声和废气排放等方面具有良好的技术状况,以创造更好的经济效益和社会效益。对拖拉机和汽车实行定期综合性能检测是实行“视情修理”这一修理制度的前提和保障。视情修理与计划修理相比,既不会因提前修理造成浪费,也不会因滞后修理造成车况恶化。视情修理是以检测诊断和技术鉴定为依据。

对使用中的拖拉机和汽车进行技术诊断,是采用诊断设备按照一定的检测程序,取得技术状态的信息,然后对这一信息进行分析和预测,以决定对拖拉机和汽车进行技术保养或修理的措施,可使其保持良好的技术状况,预防故障或事故的发生。

3. 技术诊断的方法和内容

拖拉机和汽车经过长期使用后,随着使用时间和行驶里程增加,技术状况逐渐恶化,出现动力性下降、经济性变差、可靠性降低和故障率增加等现象。拖拉机和汽车的这一变化过程是必然的,是符合变化规律的。但是,如能按一定周期诊断出拖拉机和汽车的技术状况,并采取相应的维护和修理措施,就可以延长拖拉机和汽车的使用寿命。

拖拉机和汽车技术状况的诊断是由检查、测试、分析、判断等一系列活动组成的,其基本方法主要分为两种:一是传统的人工经验诊断法,二是现代仪器设备诊断法。

人工经验诊断法是诊断人员凭丰富的实践经验和一定的理论知识,在拖拉机、汽车不解体或局部解体情况下,借助简单工具,用眼看、耳听、鼻嗅、手摸等办法来检测能反映技术状态的信息,如看烟色、听声音、嗅气味、触摸振动或温度等,边检查、边试验、边分析,进而对拖拉机和汽车技术状况做出判断的一种方法。这种诊断方法具有不需要专用仪器设备、可随时随地应用,以及投资少、见效快等优点。但是,其也有诊断速度慢、准确性差、不能进行定量分析和需要诊断人员有较高技术水平等缺点。人工经验诊断法多适用于中、小维修企业及农机站和汽车队等。

现代仪器设备诊断法是在人工经验诊断法的基础上发展起来的一种诊断法。该法可在拖拉机、汽车不解体情况下,用专用仪器设备检测某些可反映技术状态的信息。例如,对速度、温度、压力、流量、流速、振动、位移、电流、电压、电阻等物理量进行检测,对液体、气体的化学成分进行检测,可为分析、判断拖拉机和汽车的技术状况提供定量依据。采用微机控制的仪器设备甚至能自动分析、判断、存贮并打印拖拉机和汽车的技术状况。现代仪器设备诊断法的优点是检测速度快、准确性高、定量分析,缺点是投资大、占用厂房和操作人员需要培训等。该诊断法适用于汽车检测站和大型维修企业等,是拖拉机和汽车诊断与检测技术的发展方向。

3.2.1.4 拖拉机和汽车故障分析方法

拖拉机和汽车在使用过程中,随着运行时间的增加和受各种因素的影响,其技术状况逐渐变化,其性能指标也会逐渐超出原规定的范围。同时,各零件之间的配合关系、相对位置、形状尺寸、材料性质等的变化,都逐步使某些零部件丧失原有的工作能力。这时,拖拉机和汽车在工作中就会出现某种反常现象,表明拖拉机和汽车出现了故障。

1. 故障征象

拖拉机和汽车发生故障时的表现形态有以下几个方面。

(1)作用异常,如某些机构、系统或零部件不能按要求完成规定的动作。例如,发动机不能启动、离合器打滑、方向盘操纵沉重、液压系统不能正常工作、制动效果差等。

(2)温度异常,如发动机或某些传动部位过热,油温、水温过高等。

(3)声音异常,如曲柄连杆机构有不正常的敲击声,排气管有放炮声,出现各种异常的啸声等。

(4)外观异常,如排烟颜色异常,灯光不亮,零部件位置变形,有漏油、漏水、漏气或漏电现象等。

(5)气味异常,如有机油燃烧味,摩擦片烧损的焦味,电线、塑料烧焦味等。

(6)消耗异常,如燃油、润滑油和冷却水的过量消耗,油面、水面高度的反常变化等。

如果说故障是机器技术状况变化的结果,则故障征象便是反映这种变化规律和程度的信息。问题在于如何深入、客观地掌握两者之间的内在联系。

一定的故障征象是与一定的故障原因相联系的。同一个故障征象,可能产生于不同的原因;相同的故障原因,也可能会有不相同的故障征象。一个故障可能表现出多种征象,一种征象又可能反映出多种故障。多种因素的影响使故障征象和原因之间显得错综复杂。但现象毕竟是入门的向导,并没有无原因的现象。经过由表及里的检查,进行去伪存真的分析,就可以抓住原因和现象之间的内在联系。

2. 故障分析的原则和方法

1)故障分析的原则

故障分析的原则是结合构造,联系原理,搞清征象,具体分析,从简到繁,由表及里,按系分段,推理检查。

熟悉构造和工作原理,这是能够对故障进行具体分析的基础。搞清了故障征象,就是抓住了入门的向导,否则直接着手去排除故障是不可能的。排除故障和解决其他问题一样,开始就要抓住故障征象这个线索,只有把故障征象彻底搞清楚,才能够找到发生故障的原因。

所谓搞清征象,首先是要准确地掌握征象的各个方面的有关情况,充分利用检测手段以及人的感官能力进行口问、手摸、眼看、耳听、鼻嗅等,来辨别征象的性质和特征,并注意征象在程度或数量上的区别;其次要确定所发现征象的存在范围,其与哪些部位或系统有关,然后按系分段,使被检查的故障目标明确;最后采用先查两头,后查中间,逐一解决的办法,查明发生故障的真正原因。

2)分析与检查故障的方法

分析与检查故障时,常用的方法有以下几种。

(1)部分停止法。分析故障时,常采用断续地停止某部分或某系统的工作,比较其在停止工作前后故障征象的变化情况,以利于判断故障部位或找出故障部件。例如,发动机检修时常用断缸法来比较某缸参加工作前后的故障征象变化情况,以判明该缸或与该缸相关的零部件的技术状态是否正常。对离合器、变速箱及其他传动部分,常采用断续切断某部分动力或停止运转的方法,观察比较征象的变化,以确定故障部位。

(2)交叉对比法。分析故障时,若对某一零部件有怀疑,可用技术状况正常的备件去替换该零部件,比较前后故障征象变化情况,从而判明故障原因是否在于原来的部件。对于多缸发动机,有时会将同类零件交叉替换,观察故障征象是否转移,以判断原零件是否发生故障。对怀疑有故障的整机,也可以在相同的工作条件下与技术状况良好的整机进行对比,以助判断。

(3)试探法。分析故障时,如一时故障征象不明显,或经验不足,则可进行某些试探性的检查、调整、拆卸,来观察故障征象的变化程度。在怀疑某部分有问题而不能肯定时,可设法改变其工作条件或状况,消除或证实所怀疑的或假定的故障原因。当几种不同原因的故障征象同时出现时,试探法比较有效。采用试探法要有一定的针对性,不能在构造原理不通、故障征象不明的情况下,不做具体分析而依靠侥幸,盲目试探、乱拆乱卸。要遵守“少拆卸”的原则,并保证有把握恢复原状态,否则反而会带来更为严重的后果。

在实践中,要将上述几种分析故障的方法相辅相成地综合运用。如果能在实际工作中做到认真学习、善于思考、勤于实践,有成效地积累一些直接和间接的经验,抓住一些规律性的东西,则可使排除故障做到及时、准确。

3.2.2 故障诊断实例

拖拉机和汽车的动力性、经济性和可靠性等性能指标都直接与发动机相关,因而发动机是拖拉机和汽车最主要的总成之一。由于发动机结构复杂,工作条件极差,因而故障率最高，是诊断与检测的重点对象。

国家标准《机动车运行安全技术条件》(GB 7258—2017)对发动机提出了如下要求：发动机动力性能良好，运转平稳，不得有异响，怠速稳定，机油压力正常。一般来说，发动机功率不得低于原额定功率的75%；发动机应有良好的启动性能；化油器、消声器不得有“回火”“放炮”现象；柴油机停机装置必须灵活有效；发动机点火系统、供油系统、润滑系统、冷却系统的机件应齐全、性能良好。发动机技术状况的变化，主要表现在故障增多、性能降低和损耗增加。在进行发动机技术状况诊断时，除了故障诊断外，还应测出有关的诊断参数值，然后与标准值对照，即可确知发动机技术状况。在诸多诊断参数中，要特别选出那些与发动机功率、油耗和磨损有关的参数进行检测，以便根据动力性、燃料经济性的变化和磨损量的大小，确定发动机是继续运行还是返厂维修。

3.2.2.1 柴油机供给系统故障诊断

柴油机供给系统的常见故障有启动困难、功率不足、工作不稳、排气烟色不正常和飞车等。

1. 启动困难

1)现象

柴油机启动时无着火征兆，或虽有着火征兆但多次启动仍发动不起来；启动时排气管冒烟极少或不冒烟；启动时排气管冒白烟。

2)原因

油箱无油或油箱开关未打开；油箱盖通气孔堵塞；油管堵塞、破裂或管接头漏油；油路中有空气或水，或气缸中有水；柴油滤清器堵塞或不密封；低压油路限压溢流阀不密封；弹簧太弱、弹簧折断或失调(会造成油压过低)；输油泵工作不良或进油滤网堵塞；所用柴油牌号不对或柴油质量不佳；喷油泵柱塞因其回位弹簧折断而不回位或柱塞偶件磨损过甚；供油拉杆上的调节拨叉或柱塞套筒上的可调扇齿松动。

3)诊断方法

柴油机顺利启动的必要条件：足够的启动转速、较高的气缸压缩压力、充足的空气和燃料、燃烧室内良好预热，以及在冬季对冷却系统、润滑系统甚至燃料供给系统进行必要的预热和保温等。在环境温度高于5 ℃时，柴油机一般应能在5 s内顺利启动。有时需要反复几次才能启动，也属正常。若经过多次反复启动仍不能着火，应视为启动困难。此时，应先检查启动的必要条件是否都能满足，未满足的要使其满足，并注意观察启动时排气管的排烟情况，然后按以下方法诊断。

(1)若启动时排气管不冒烟，说明喷油泵不供油。诊断中，若从放气螺钉处先排出空气，随后油流正常，说明低压油路内有空气阻碍了燃油的流动。低压油路中有空气时应随即排除，排除空气时，首先应将油箱加满油，在油路密封良好的情况下，先操纵手油泵供油，再拧松柴油滤清器上的放气螺钉排除空气，直至从放气螺钉孔处流出的燃油不含气泡为止，然后在燃油溢流的情况下旋紧放气螺钉。按上述同样的方法，旋松喷油泵上部的2个放气螺钉，将喷油泵低压油腔内的空气排净后旋紧放气螺钉。

当天气过冷时，若柴油中有水则会结冰，或由于柴油牌号选择不当，致使黏度过大而不流动，均会造成喷油泵不供油。遇此种情况时，应设法加热整个燃油供给系统，然后拧下油箱和柴油滤清器的排污塞,将积水和污物放净,并像排除空气一样,将低压油路中的水排掉,直到从喷油泵放气螺钉中流出的燃油无水珠为止。

如所用柴油牌号不符合规定,则应进行更换。选用柴油时,应根据季节和当地气温条件进行选择,一般是应选用柴油的凝点低于当地季节的最低温度 5 ℃左右。如果选用柴油的凝点高于当地季节的最低温度,将不仅使柴油的流动性变差,影响正常供油,而且柴油的雾化性能不良,造成柴油机工作粗暴。

(2)若启动时排气管冒白烟或灰白烟,但仍不易着火,按下列方法诊断。检查柴油、低压油路中是否有水,排除水的方法同前所述。检查并排出高压油路中的水时,可旋松高压油管与喷油器之间的管接头,使供油拉杆处于最大供油位置,拆下喷油泵侧盖,在用手油泵供油的同时,用特制工具或大螺丝刀上下撬动喷油泵分泵柱塞。如果从旋松的管接头处流出水或流出的燃油中夹杂水珠,说明高压油路中确实有水,应继续撬动,直至流出的是纯净的燃油为止,并在燃油溢流的情况下旋紧管接头。依次将所有高压油管中的水排完,排除高压油路中的空气时亦可采用这一方法。

检查启动供油量。柴油机的启动供油量往往大于额定供油量。有的车型使用的Ⅱ号喷油泵,甚至要求启动供油量比额定供油量增加 50% 左右。检查时应将油门加到底,此时喷油泵的操纵臂靠在高速限制螺钉上,然后观察或测量供油拉杆是否能处在供油方向上的极端位置。但如启动供油量调整得过大,或因多次启动未能着火而在燃烧室内积油太多,也会造成柴油机启动困难。

检查喷油器的喷雾质量。依次拆下各缸的喷油器,并重新连接在对应的高压油管中。将供油拉杆置在最大供油位置,用特制工具或大螺丝刀撬动对应的喷油泵分泵柱塞(或摇转发动机曲轴),观察喷雾情况。对于良好的油雾束,其油雾必须十分均匀和细微,且没有明显的油滴和油流,没有浓淡不均的现象,并且断油干脆,油雾锥角和方向正常,喷前和喷后均无滴油现象,经多次喷油的喷孔附近干燥或稍有湿润。如喷油器喷雾质量达不到上述要求且相差甚远,或个别喷油器喷孔堵塞,则发动机难以启动。

2. 功率不足

1)现象

车辆行驶时动力不足,加速不灵,转速不能提高到相应的范围。

2)原因

气缸压缩压力不足或空气滤清器严重阻塞;冬季保温措施不足,致使发动机温度太低;配气正时不准确;供油拉杆或调速器运动件卡阻、调速弹簧折断,造成供油拉杆不能到达额定供油位置;调速器调整不当,造成高速时起作用太早,使发动机达不到额定转速;额定供油量调得太低或太高;个别缸不工作或工作不良;油底壳内机油太多或气缸窜机油。

3)诊断方法

当发动机工作不稳定时,可用单缸断油法找出不工作或工作不佳的气缸。此时,应使发动机在怠速下运转,用扳手分别旋松各缸高压油管接头,使柴油外泄。如单缸断油后发动机运转无明显变化,说明该缸不工作;如运转变化很小,说明该缸工作不佳。对不工作或工作不佳的气缸,应进行深入诊断,直至找出故障原因。

3. 排气烟色不正常

技术状况良好的柴油机,在正常工况下,排气管排出的废气是无色透明或接近无色透明的气体。只有柴油机在短时间内超负荷运转或启动时,废气才呈现灰色或深灰色。如果在正常工况下,废气呈现某种颜色,就是故障的表现。不正常的烟色一般分3种,即黑烟、白烟和蓝烟。

1)排黑烟

(1)原因分析:燃油的主要化学元素是碳和氢,如果其在缺氧的条件下燃烧,会造成燃烧不完全,使一部分未烧完的碳元素形成游离碳并悬浮在燃气中,随废气一起排出就成为黑烟。柴油机排黑烟的主要原因:空气滤清器严重堵塞,造成进气量不足;喷油泵供油量过多或各缸供油不均匀度过大;喷油器喷雾质量不佳或滴油;供油时间晚;气缸工作温度太低或压缩压力不足;柴油质量低劣;经常在超负荷下运行;机油进入燃烧室过多;校正加浓供油量过大。

(2)诊断方法:如果是怠速时排黑烟,说明怠速循环供油量过大;如果是额定转速时排黑烟,说明额定循环供油量过大;如果是超负荷运转时排黑烟,说明校正供油量过大。检测与调试循环供油量时,必须拆下喷油泵总成,并在喷油泵试验台上进行。柴油机短时间超负荷运转时,其排气烟色为灰色属于正常。气缸密封性差时,不仅使压缩终了的气缸温度、气缸压力和涡流强度降低,而且泄漏的空气量增多,会使燃烧时氧气量不足,燃烧不完全,排黑烟。质量低劣的柴油,雾化性能差,着火性能差,燃烧不完全,因而导致排黑烟。机油过多地进入燃烧室,其油雾不易燃烧完全,因而加剧了黑烟排放。

2)排白烟

(1)原因分析:柴油蒸气未着火燃烧或柴油中有水。当气缸内的柴油经过雾化、蒸发时,会形成乳白色烟雾;水蒸气亦为白色。当气缸内燃烧不良,燃油蒸气不能完全燃烧时,未燃烧的部分燃油蒸气随废气排出,此时发动机排烟为灰白色。柴油机排白烟的主要原因:柴油中有水;因气缸垫烧蚀、缸套缸盖破裂漏水等原因造成气缸进水;气缸工作温度过低或气缸压缩压力不足;喷油器喷雾质量不佳;供油时间太迟;柴油质量低劣或选用牌号不符合要求。

(2)诊断方法。冬季的早晨,柴油机冷启动时往往冒白烟,但当发动机热起后白烟能自行消失,这是正常现象,不属于故障。

3)排蓝烟

(1)原因分析:柴油机排蓝烟是机油进入燃烧室受热蒸发成油气的结果。具体原因:油底壳内机油油面过高;油浴式空气滤清器内机油油面过高;气缸间隙过大、活塞环磨损过甚;活塞环弹力太小、活塞环的开口间隙或边间隙过大、活塞环装反等原因造成气缸窜机油;气门与其导管松旷;机油黏度过低。

(2)诊断方法。油底壳和油浴式空气滤清器内的油面过高时,仅造成一度排蓝烟,机油油面降低后排蓝烟消失。气缸窜机油是排蓝烟的主要原因,可用来评价气缸活塞组的密封性。气门与其导管松旷后排蓝烟情况较为轻微。

4. 飞车

1)现象

柴油机在运转中,尤其在全负荷或超负荷运转中,突然卸荷后,转速自动升高并超过额定转速而失去控制,减小油门后对转速的控制不起作用。

2)原因

供油拉杆(或齿杆)在其承孔内因缺油、锈蚀、油污等原因造成卡阻,使其在额定供油位置上回不来;调速器因飞球组件卡阻、锈污、松旷或解体等原因失去效能或效能不佳;供油拉杆(或齿杆)与飞球组件脱开;调速器内机油过多或机油太黏稠,使飞球甩不开;油底壳或油浴式空气滤清器内机油太多或气缸窜机油严重,使气缸额外进入燃料。

3)诊断方法

柴油机飞车后,应立即采取紧急措施使发动机熄火。此时,若车辆在运行中,千万不要脱挡或踩下离合器,应紧急制动、断油、减压,直至发动机熄火。

5. 燃油系统技术状况检测

燃油系统技术状况的恶化主要表现为供油压力、供油质量(包括喷油压力、雾化程度及雾锥角、停供及时性及有否后滴等)、供油量、供油时间、输油泵供油能力、滤清器脏污程度等指标不能满足技术标准要求。对燃油系统的检测重点是三大精密偶件:柱塞和柱塞套、针阀和针阀体、出油阀和出油阀座。

1)供油压力的检查

供油压力的大小取决于柱塞副密封性的好坏,因而常以供油压力来衡量其密封性。检测时用高压油管连接三通压力表上的接头(图 3-2-1)和被测喷油泵接头,用罩帽封闭旁侧接头,松开其他各缸高压油管螺帽。

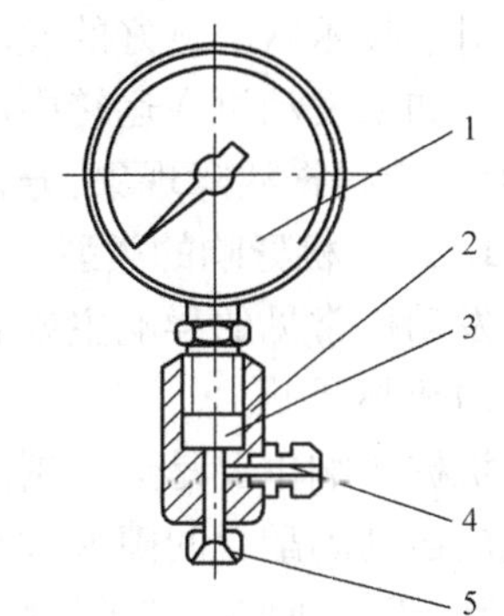

1—0 ~60 MPa 压力表;2—三通阀体;3—缓冲阀;4—旁侧接头;5—接头。

图 3-2-1 三通压力表

将油门手柄放在最大供油位置,摇转曲轴。当涡流式燃烧室柴油机的柱塞副供油压力达到 19.6 MPa 或当球形燃烧室柴油机的柱塞副供油压力达到 24.5 MPa 以上时,表明柱塞副密封性在许可范围内(此时应注意停止供油,防止因超压而损坏压力表)。柱塞副的标准供油压力应大于 49 MPa。

2)出油阀锥面与阀座的密封性检查

出油阀密封性的技术状况直接影响喷油质量。可以通过检测出油阀上方压力的下降速度来衡量出油阀锥面的密封性。检测时,压力表的接法与检测柱塞副密封性时相同。要求压力自 19.6 MPa 降到 17.6 MPa 时所需的时间大于 15 s。用溢油法也可对出油阀的密封性做一般检查。其方法是卸下高压油管,摇转曲轴,使柱塞下行并处于进油位置,此时泵动手油泵,观察高压油管出油口处是否有柴油外渗。如有柴油外渗,表明出油阀关闭不严。若用毛细管接在高压油泵出油口上,则更便于观察。

3)供油质量的检查

喷油器的技术状况检查应在柱塞副、出油阀技术状况良好的情况下进行。检测时,将被测喷油器接在三通压力表的旁侧接头上,并将油门操纵手柄放在最大供油位置,转动发动机曲轴(或用启动机带动),其转速应保证压油速度和单位时间的泵油次数与标准要求接近。

(1)检查密封性。在压力达到正常喷油压力前或压力低于规定喷油压力 1.9 MPa 时,喷油器不应有滴油、漏油现象。

(2)检查喷油压力。喷油压力应在规定范围内。多缸发动机的各缸喷油器喷油压力差应小于 2 MPa。

(3)检查喷射质量。喷射时注意观察柴油雾化的细度和均匀度,雾化的细度用燃油颗粒平均直径表示,雾化的均匀度以相同直径的颗粒数表示。雾化的细度和均匀度取决于喷射压力、气缸内压缩空气的反作用、喷油泵凸轮轴转速、燃油黏度和喷孔状况等。喷射的同时要检查雾锥角是否符合该种燃烧室的要求。为此,可在距喷孔口 100 mm 处,垂直于喷射方向放一张白纸,按油迹直径判断喷雾质量和计算锥角。

4)供油时间、喷油时间的检查

供油时间的检查一般利用毛细管法,其较为简便,原理是依靠柱塞上升的压油作用使油面波动,作为观察开始供油的信号,而油面波动的程度与柱塞上升速度有关。上升过慢,则不易察觉油面波动;上升过快,则不易确定供油开始瞬间点,特别是已磨损的柱塞副,检测时误差较大。

供油时间不等于喷油时间。试验表明,在有磨损的情况下,由柱塞开始供油到喷油器喷油的时间对应的曲轴转角可达12°。此时,需直接检查喷油器的喷油时间。

3.2.2.2 发动机异响的诊断

对于技术状况良好的发动机,运转中仅能听到均匀的排气声和轻微的噪声,这是正常的响声。如果发动机在运转中出现了异常响声,则表明有关部位出现了故障。对于有异响的发动机,应根据故障现象,分析异响的产生原因,找出异响部位,准确地将故障诊断出来。

1. 发动机异响的类型

发动机常见的异响主要有机械异响、燃烧异响、空气动力异响和电磁异响等。

1)机械异响

机械异响主要是运动副配合间隙过大或配合面有损伤造成的。因磨损、松动或调整不当造成运动副配合间隙太大时,运转中会引起冲击和振动,产生声波,并通过机体和空气传给人耳,于是我们听到了异响。例如,曲轴主轴承响、连杆轴承响、凸轮轴轴承响、活塞敲缸响、活塞销响、气门脚响、正时齿轮响等,都是由于配合间隙过大造成的。但有些异响也可能是由配合面(如正时齿轮齿面)有损伤或其他原因造成的。

2)燃烧异响

燃烧异响主要是发动机燃烧不正常造成的。例如,汽油发动机突爆和表面点火时以及柴油发动机工作粗暴时,气缸内均会产生极高的压力波,这些压力波撞击燃烧室壁及活塞连杆组,会发出强烈的类似敲击金属的异响。汽油发动机化油器发出的回火声、排气管发出的放炮声或“突突”声,也属于燃烧异响。

3)空气动力异响

空气动力异响主要出现在发动机进气口、排气口和运转中的风扇处,是由气流振动造成的。

4)电磁异响

电磁异响主要出现在发电机、电动机和某些电磁元件内,是由磁场的交替变化引起机械中某些部件或某一部分空间容积内的气体产生振动而造成的。

2. 异响的影响因素和诊断条件

异响与发动机的转速、温度、负荷和润滑条件等有关。

1)转速

一般情况下,转速愈高机械异响愈强烈。但高转速时,各种响声混杂在一起,听诊某些异响时,反而不易辨清。所以,诊断时,转速应以中、低速为好。例如,听诊气门响和活塞敲缸响时,在怠速下或低速下就能听得非常明显;当主轴承响、连杆轴承响和活塞销响较为严重时,在怠速和低速下也能听到。总之,诊断异响应在响声最明显的转速下进行,并尽量在低转速下进行，以减少不必要的噪声和损耗。

2）温度

有些异响与发动机温度有关，而有些异响与发动机温度无关或关系不大。在机械异响诊断中，对于热膨胀系数大的配合副要特别注意发动机的热状况，最典型的例子是铝活塞敲缸。在发动机冷启动时，该响声非常明显，然而随着发动机温度的上升，响声逐渐消失或减弱。所以，诊断该响声应在发动机低温下进行。热膨胀系数小的配合副所产生的异响，如曲轴主轴承响、连杆轴承响、气门响等，受发动机温度变化的影响不大，因而对诊断温度无特别要求。

发动机温度也是燃烧异响的影响因素之一。汽油发动机过热时，往往产生点火敲击声（突爆或表面点火）；柴油发动机过冷时，往往产生着火敲击声（工作粗暴）。

3）负荷

许多异响与发动机的负荷有关。例如，曲轴主轴承响、连杆轴承响、活塞敲缸响、气缸漏气响、汽油机点火敲击响等，均随负荷增大而增强，随负荷减小而减弱。另外，柴油机着火敲击声随负荷增大而减小。但是，也有个别异响与负荷无关，如气门响、凸轮轴轴承响和正时齿轮响。

4）润滑条件

不论什么机械异响，当润滑条件不佳时，异响一般都显得严重。异响的影响因素往往成为异响的诊断条件。

异响是物体发生振动，进而产生声波而生成的。在发动机上，不同的机件、不同的部位和不同的工况，声源的振动是不同的，因而发出的异响在音调、音高、音频、音强、出现位置和次数等方面均不相同。我们利用异响的这些特点和规律，在一定的诊断条件下，即可将发动机的异响原因诊断出来。

3. 发动机异响的诊断方法与部位

诊断发动机异响的主要方法有两种：经验诊断法和仪器诊断法。发动机的常见异响主要有曲轴主轴承响、连杆轴承响、活塞销响、活塞敲缸响、气门响、气缸漏气响、正时齿轮响、汽油机点火敲击响和柴油机着火敲击响等。

发动机异响振动的分布区域如图3－2－2所示。

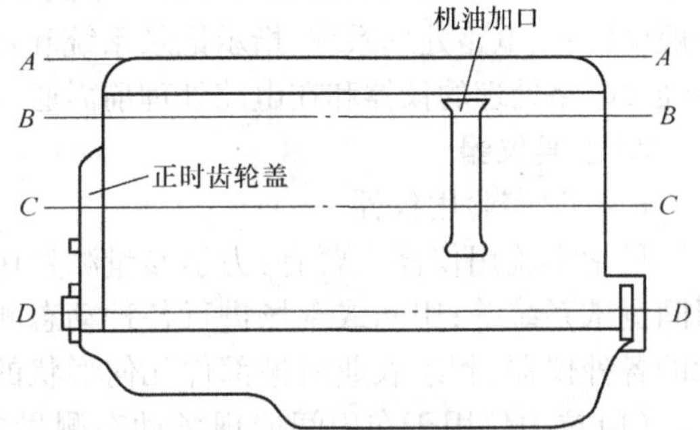

图3－2－2 发动机异响振动的分布区域

1）*A*—*A* 区域

在该区域，可用螺丝刀触试缸盖各缸燃烧室部位或触试与主轴承、气门等相对的部位。这样可以辅助诊断活塞顶碰缸盖、气缸凸肩（因磨损过甚所致）、气门座圈脱出、曲轴折断和主轴承松旷等故障。

2）*B*—*B* 区域

在该区域的气门室一侧，可听诊气门组件及挺杆等异响。如在气门室对面，则可用螺丝刀触试，以辅助诊断活塞敲缸一类故障。拆下机油加油口盖，用耳听诊，可辅助判断活塞销、连杆轴承、活塞环漏气等故障。

3）*C*—*C* 区域

在该区域，用螺丝刀触试凸轮轴的前、后衬套部位或触试正时齿轮盖部位，可辅助诊断凸轮轴正时齿轮破裂或其固定螺母松动、凸轮轴衬套松旷等故障。

4) *D—D* 区域

在该区域,用螺丝刀触试气缸体与油底壳分解面的附近(凸轮轴的对面),可以辅助诊断主轴承异响或曲轴断裂等故障。

5)机油加油口和正时齿轮盖部位

在该区域听诊发动机异响并分析振动源,也可辅助诊断正时机构的多种故障。

【知识拓展】

农业机械用仪器

在农业机械科学实验和作业流程制定时,会用到多种用于观测、测量、检测、计量、控制、显示、记录、分析与处理的仪器、仪表或仪器系统。农业机械用仪器必须具有良好的速度和灵敏度、准确度、精密度,并能提供科学实验及作业流程中所需的各种信息和数据。20 世纪 50 年代以前,农业机械用仪器多属机械的或液压的单件仪器,结构比较简单,仅用作单参量的静态测量。20 世纪 50 年代后,结构比较复杂的各种电子仪器系统得到发展,可用于非电量的测量和多参量的同步动态综合测量,其具有信息和数据分析处理的功能,且精确度高、测试速度快、功效高。20 世纪 70 年代以来,以微处理器为中心的仪器系统发展迅速,并日益受到重视。

1. 分类

农业机械用仪器分为科学实验用仪器和作业流程用仪器两类。按工作原理则有机械、液压、光学和电子仪器之分。有些场合可采用一般的通用仪器,有些则必须采用农业机械专用仪器,以适应农业作业对象的特殊要求和农业机械作业复杂多变的环境条件。根据所测参量的类型,农业机械用仪器可分为电量测试用仪器和非电量测试用仪器两类。电量测试仪一般由电源、电路处理系统、指示记录系统和数据分析处理 4 部分组成;非电量测试仪则包括不经过电路处理的仪器和在电路处理前需通过传感器使非电量转换为电量测试的仪器。

2. 主要仪器

1)科学实验用仪器

科学实验用仪器主要有:力学参量测量用的拉力仪、集流环、植保风机测试仪、耕作机械田间测试系统等;田间或现场进行各种动态测量用的测试车;测量作物、土壤等机械物理性状的各种仪器;测绘农业机械部件几何形状的仪器等。

(1)拉力仪用于在田间或现场动态测量农业机械的牵引阻力。常用的有机械式、液压式、电阻应变片式等。以电阻应变片式拉力仪为例,它根据应变片电阻丝的电阻相对变化量与对应的机械应变量的大小成正比的原理,将电阻应变片粘贴在拉力仪传感器的弹性元件上,在所测拉力作用下,传感器将非电量的拉力转换成以电阻值大小表示的电量,经过适当的电路处理后,即可用表针指示、数字显示或记录仪器记录下所测量的拉力。与机械式或液压式拉力仪相比,电阻应变片式拉力仪具有结构简单,测量精确、可靠,使用方便等优点,应用较普遍。

(2)集流环用于测量农业机械旋转构件的应变、轴扭矩、温度和频率等。在对应变测量时,为了解决应变片随构件一起旋转,而测量用电阻应变仪静止不动的问题,同时又要很好地传递应变信号,常在旋转构件与应变仪之间设置集流环。集流环有多种形式,常用的电刷式集流环利用电刷和金属滑环的滑动接触来传递应变信息。此外,还有非接触型的电感式集流环。

(3)值保风机测试仪是风送式植物保护机械风机性能试验台的配套用仪器。它直接测量被测风机旋转轴的转速、扭矩和试验台风室进口和出口处的空气压力，并通过使用电子计算机计算，得到风机轴功率、压差和空气流量等数值。该仪器由传感器、测量部分和显示输出部分组成。传感器将风压、扭矩和转速等非电量转换成电量。测量部分由应变放大器、辅助放大器、滤波器、减法器、开方器和电源等组成。显示输出部分由多路数字电压表和打印机组成。

(4)耕作机械田间测试系统是土壤耕作机械进行田间科学实验时，用于测量性能参量的仪器仪表系统，由传感器、放大器和二次仪表三部分组成。系统工作时，由传感器同步测取耕作机组在各种土壤上作业时的耕深、速度、角度、燃油油耗、拉力、打滑率等性能参量，这些参量通过放大器放大后，由模数转换器、计数器等数字式二次仪表显示或记录数据。

(5)测试车指装备各种仪器仪表的自走式车辆，用于在田间或现场测量农业机械科学实验中的各种动态参量。测试车内除配备可供测量、显示、记录和数据分析处理用的各种仪器外，还设有相应的传感器、电源、连接器件等成套的辅助仪器和装置，可分为普通型、遥测型和混合型3类。普通型测试车利用电缆与被测部件连接，并跟踪农机具进行测试；遥测型测试车配有由接收装置和相应仪器组成的无线遥测系统，发射装置安装在被测农机具或部件上，在测试车和农机具之间无须用电缆连接；混合型测试车兼有普通型和遥测型的功能。旱田用测试车，可用汽车底盘改装；水田用测试车则可用水田拖拉机、船式拖拉机、机动水稻插秧机等底盘改装。作物茎秆强度测量仪和谷物脱粒性能测试仪用于测量作物茎秆的拉伸和剪切等机械强度以及谷粒和小穗的连接力。对谷穗施加冲击力，则能测定谷粒从穗中脱落时冲击力的大小，以反映谷物的脱粒性能。

(6)土壤水分速测仪采用中子散射法、比色法或其他物理方法代替烘干称重法，其为土壤含水量的田间测定提供了速测手段。中子散射法是将装有快中子源和慢中子检测器的中子水分速测仪插入土中，由快中子源发射的快中子与土壤水分中的氢核相撞后，由于能量损失而成为慢中子，慢中子密度与土壤中氢的含量即水分的含量成正比。通过慢中子检测器进行慢中子计数即可得到土壤含水量。使用中子散射法测量水分不需要破土取样，灵敏度高、速度快。该方法也可用于测定仓内谷物、棉花等物料的含水量，缺点是仪器价格较高。比色法土壤速测仪是将土样放入试管比色器中，加比色剂进行离心、搅拌后，将试管比色器放入比色槽，推入光路，测出透光度，再根据透光度随含水量呈规律性变化的原理，在标准曲线上查得所测土样的含水量。这种方法价格较低，但需取土样。

(7)水田土壤承压仪有静载式和动载式两种类型。

① 静载式水田土壤承压仪用以测定水田土壤承受垂直静载荷的能力，由测头、加载部分和记录部分3部分组成。中国采用3种类型的标准测头：硬底层承压采用投影面积为3 cm^2 的圆锥式测头；表层和沤田承压分别采用投影面积为6 cm^2 和30 cm^2 的圆盘式测头。加载部分靠人力通过手柄压缩压力弹簧加载于测头。记录部分可自动记录测头穿入土壤时受到的阻力与穿入深度。使用圆锥式测头时，穿入深度可达50 cm。

② 动载式水田土壤承压仪采用落块冲击加载的方法测量水田土壤软、硬土层的变化情况，由支座、压杆、测头和落块4部分组成。测头有球形、圆柱形和圆锥形3种，其投影面积均为3.2 cm^2；落块重量有200 g和500 g 2种，落下高度有20、25和30 cm 3种。可根据不同土壤和测试要求选用相应的测头和落块，并将控制落块下落高度的限位环固定在所需的位置。

(8)水田土壤外附力和内聚力测定仪用于测定水田土壤对各种车轮和履带常用材料的

外附力和土壤本身的内聚力，由测头、加载部分和测力部分等组成。测外附力时，使用由钢、橡胶和塑料3种材料制成的外附力测盘；测内聚力时，较干土壤使用单截式内聚力测环，稀烂土壤使用双截式内聚力测环。测外附力时，靠人力下压压力弹簧加载，载荷大小由加压杆上的刻度读出。外附力或内聚力的大小由拉力弹簧的变形长度通过游标卡尺测量筒外壁的刻度直接得到，便于预测车轮或履带在行驶过程中可能引起的粘泥和积泥现象。

(9)水田土壤剪切仪用于测定水田土壤的抗剪强度和水平应力－应变关系。土壤的抗剪强度是直接影响行走装置能否充分发挥驱动力和能否顺利通过的主要参数之一。精确测定此参数对防止行走装置下陷、打滑，减少牵引阻力和避免破坏土层结构等具有重要意义。该仪器由扭转剪切部分、加载部分和记录部分等组成。扭转剪切部分是剪切面积为60 cm^2的环形剪切头；加载部分采用压缩弹簧对土壤施加正压力，并用手柄通过蜗杆－蜗轮等转动环形剪切头，对土壤进行剪切；记录部分可自动得出土壤剪切角位移和扭矩弹簧变形量的关系曲线，由此换算成水平应力－应变关系和土壤被切断时的剪切强度值。

(10)犁体曲面光学测绘仪采用光切断面法测绘犁体曲面，即将光源射出的窄缝平面光照射在犁体曲面上，光平面与投影屏中的感光平面平行。此时，犁体曲面上就呈现出一条由光线切出的光亮曲线。若使投影距离保持不变，而将犁体与光平面做相互垂直的等距平移，就能够得到一组反映犁体曲面特性的曲线，并通过感光面把这组曲线记录下来，从而得到犁体曲面。

2)作业流程用仪器

作业流程用仪器是在农业机械作业过程中对机械的各个部位或部件进行监测、诊断，或对作业过程进行自动控制的仪器。

(1)监测用仪器，用于对农业机械的工作性能、作业质量和安全性能等进行及时的监测。例如：谷物联合收割机上的监测仪表，可监视或测量发动机和滚筒等工作部件的转速和谷物损失率等；播种机监测仪可监测作业过程中输种管内的种子流动状态，以便及时发现并排除故障。监测用仪器常采用光电、磁电或压电式传感器，以及安装在驾驶座附近的表针指示或数字显示式二次仪表，还可用指示灯的亮或灭、喇叭声响的有或无作为逻辑限值指示或报警信号，引起操作人员的注意。谷物联合收割机上用的转速监测仪采用灵敏的干簧管和永磁铁作为传感器。当工作部件(如转轴)的转速异常时，可通过输入电路、积分电路、电压比较器和电子开关使指示灯发出信号，或由电子开关经音频振荡器和讯响器发出音响信号。

(2)自动控制用仪器，用于农业机械作业过程的自动控制，如谷物干燥机上测定转速、温度和控制水分的仪器、仪表系统，机械化畜禽场自动控制饲料配制、分配、饮水、挤奶、消毒、集蛋和清粪等作业的仪器、仪表系统等。

(3)技术状态诊断用仪器，用于在农业机械的使用或维修过程中检测技术状态、查探故障、确定维修质量等。能在不拆卸或少拆卸机器的情况下迅速诊断整机或部件技术状态的仪器目前正得到迅速发展，如拖拉机测功车可在现场直接测量拖拉机的动力输出轴的输出功率、转速和发动机的主燃油消耗量，综合判断其动力性能和经济性能。此外，还有用于诊断拖拉机、内燃机和谷物联合收割机等的主要部件和总成技术状态的仪器、仪表系统，如内燃机润滑系统检查仪、拖拉机液压系统检查仪等。电子测功仪是一种无外载测定拖拉机功率的便携式仪器，其采用光电式转速传感器可测出拖拉机发动机变速过程中的转速，经运算后可得到发动机的功率。

【任务小结】

通过本任务的学习,需掌握的内容如下。

(1)机器诊断的基本概念及其发展史。

(2)机器技术诊断的作用。

(3)机器技术状态检测的基本原理和基本方法。

(4)拖拉机技术状态的诊断与检测方法。

(5)根据实际情况对拖拉机进行技术状态的诊断与检测。

【课后练习】

1. 名词解释

(1)结构参数。

(2)诊断参数。

(3)拖拉机、汽车技术状况;。

(4)拖拉机、汽车故障。

(5)拖拉机、汽车检测。

2. 填空题

(1)如果立即承受较大的负荷,必然造成________、________、________等损坏现象。

(2)某些零件,如螺丝、弹簧、气缸垫等在装配时虽已紧固,但一经受负荷和振动,可能产生________、________、________等现象。

(3)柴油机供给系统的常见故障有________、________、________、________和________等。

(4)机器技术状态参数包括________和________、________,又可分为________和________。

3. 选择题

(1)在声学中常使用(　　　)来评价声音。

A. 声压级、声强级、声功率级和响度级　　B. 频率、声压、响度和波长

C. 频率、波长、振幅和持续时间　　D. 频率、波长、振幅和范围

(2)在测量汽油发动机气缸压缩压力时,以下说法正确的是(　　)。

A. 应拆除全部火花塞

B. 节气门应置于全闭位置

C. 发动机处于冷态时测量

D. 每个气缸测量不少于2次,测量结果取最大值

(3)配合间隙属于汽车检测诊断参数中的(　　)。

A. 工作过程参数　B. 伴随过程参数　C. 随机变量参数　D. 几何尺寸参数

(4)如果通过修理,能使零件大修符合技术标准,保证使用寿命,经济上合算,这种零件作为(　　)。

A. 可用件　B. 待修件　C. 报废件

(5)根据发动机负荷的要求,向发动机提供最佳成分的可燃混合气的装置是(　　)。

A. 输油泵　　B. 燃油泵　　C. 汽化器　　D. 调速器

(6)当离合器打滑,动力传递不正常,温度高且有烟冒出时,可以通过(　　)判断。

A. 触诊　　B. 嗅诊　　C. 望诊　　D. 听诊

(7)机械发生故障后,应向驾驶员询问机器工作时间、保养情况和机器发生故障前后的各种(　　)。

A. 情况　　B. 状况　　C. 现象　　D. 状态

(8)在气缸上部听到“当当”敲击声,可判断是活塞销与连杆小端间隙(　　)。

A. 过小　　B. 小　　C. 大　　D. 过大

(9)对机器技术状态进行诊断,可以查明机器内部的技术状态和使用过程中的变化(　　)。

A. 规律　　B. 情况　　C. 程度　　D. 趋势

(10)对柴油机进行气缸压力测试时,将压力测头装至(　　)安装孔处。

A. 火花塞　　B. 喷油器　　C. 预热器　　D. 进气管

4. 判断题

(1)发动机热磨合只进行负荷磨合。　　(　　)

(2)利用嗅诊法只能辨别排烟的气味。　　(　　)

(3)发动机修理后冷磨合分为无压缩冷磨合和压缩冷磨合两部分。无压缩冷磨合时,卸去喷油嘴,置于磨合架上,由外来的动力带动发动机运转。　　(　　)

(4)对机器技术状态进行诊断,只能对机器的技术状态有初步了解。　　(　　)

(5)观察发动机排气的颜色、机油颜色、有无泄漏、油和水缺不缺、仪表读数是否正常、火花塞和喷油嘴的颜色等,可以进一步判断发动机的工作状态。　　(　　)

5. 简答题

(1)简述不拆卸诊断法的优点。

(2)简述农机技术诊断前要做哪些准备工作。

【总结评价】

(1)谈一谈在完成任务学习的过程中,你和你所在小组的收获、不足和有待改进提高的地方。

(2)结合学习的实际情况,完成表 3-2-1 和表 3-2-2。

表 3-2-1　农机的技术诊断与检测评分表

序号	考核内容		配分	评分内容	考核记录	得分
1	知识	机器技术诊断的作用	10	了解机器技术诊断的作用		
		机器技术状态的诊断方法	10	掌握机器技术状态的诊断方法		
		机器不拆卸诊断的基本原理	10	掌握机器不拆卸诊断的基本原理和内容		
		拖拉机、汽车技术诊断的目的	10	了解拖拉机、汽车技术诊断的目的		
		拖拉机、汽车故障分析方法	10	了解故障现象以及分析故障的原则和方法		

续表

<table>
<tr><th>序号</th><th colspan="2">考核内容</th><th>配分</th><th>评分内容</th><th>考核记录</th><th>得分</th></tr>
<tr><td rowspan="2">2</td><td rowspan="2">技能</td><td>柴油机供给系统故障诊断</td><td>20</td><td>能找出柴油机启动困难、功率不足、工作不稳、排气烟色不正常和飞车等常见故障的现象和原因，并做出正确的诊断</td><td></td><td rowspan="2"></td></tr>
<tr><td>发动机异响的诊断</td><td>10</td><td>1. 分析原因；
2. 找出异响的部位；
3. 准确地诊断故障</td><td></td></tr>
<tr><td rowspan="2">3</td><td rowspan="2">态度</td><td>安全生产意识</td><td>10</td><td>能在导师的指导下安全文明生产</td><td></td><td rowspan="2"></td></tr>
<tr><td>合作、吃苦精神</td><td>10</td><td>能与小组同学合作完成本次任务，操作过程中能做到吃苦耐劳</td><td></td></tr>
<tr><td>4</td><td colspan="2">分数合计</td><td>100</td><td></td><td></td><td></td></tr>
</table>

表 3-2-2　项目三任务二工单

<table>
<tr><td rowspan="2">任务名称</td><td rowspan="2">农机的技术诊断与检测</td><td>姓名</td><td></td><td>班级</td><td></td></tr>
<tr><td>日期</td><td colspan="3"></td></tr>
</table>

1. 术语解释

1）拖拉机、汽车诊断

2）拖拉机、汽车检测

2. 拖拉机、汽车技术诊断的目的

3. 技术诊断的方法和内容

4. 拖拉机、汽车发生故障时的表现形态

任务三:农机的技术维护与保养

【任务目标】

(1)了解农机技术保养及规程。

(2)掌握技术保养的操作要点。

(3)掌握技术保养制度和内容。

(4)了解液压悬挂系统的技术维护。

(5)能对常用农机进行技术保养。

【导师导学】

3.3.1 农机技术保养及规程

1. 有关农机技术保养的知识

1)技术保养的基本概念

拖拉机和农业机械通过规定的试运转后,虽已具备了有利的使用条件,但投入生产以后,它们的技术状况仍将逐步发生变化,不过其变化速度较慢而已。为了延长正常使用期限,尽一切可能消除使农业机器技术状况恶化的因素,并适时地恢复各有关部件和总成的工作能力,还需采取进一步的维护措施。

(1)预防尘垢及杂质落到配合件的工作表面,经常保持空气、燃油、机油等滤清装置的工作性能,经常扫除机器外部的尘垢,减少或消除会造成堵塞和自然磨损的不利因素。

(2)加用清洁的、合格的燃油、润滑油及水,并高质量地按要求进行润滑。

(3)保持散热系统工作正常,不使机器的温度过高,也不让发动机在低温下带负荷工作。

(4)对各系统及时进行检查,调整各主要机构,拧紧各松弛部位,必要时更换合格的零件。

(5)对容易锈蚀的工作表面通过涂油或涂漆加以保护。

将上述这些工作概括起来,就是定期地对农业机器各部件进行系统的清洗、检查、调整、紧固、润滑和更换部分易损件,这些维护措施统称为机器的技术保养。

2. 技术保养规程的确定

技术保养规程的确定和执行都将直接影响拖拉机的使用寿命和运用指标,所以国内外相关制造、研究、使用部门对其都比较重视,进行了大量的研究工作,以求得到一个比较合理的规程。

为了加强对技术保养规程的认识,更好地使用农业机器,需在实际工作中不断探索经验,综合有关资料,以便对现行的技术保养规程加以修改、充实和提高。在制定拖拉机技术保养规程时,一般都要考虑以下一些主要因素。

(1)根据机器零件的磨损规律,确定极限允许值。根据对配合零件磨损规律的研究结果,当配合间隙达到允许的最大极限值 δ_{max} 时,就不允许再继续使用,而必须进行调整或更换,否则就会产生事故性磨损。当得出允许的最大极限值时,便可确定该配合零件的保养周期,即

$$X \leqslant \frac{\delta_{max} - \delta_{min}}{\tan \alpha}$$

式中 X——配合件的保养周期；

δ_{max}——允许的最大极限间隙；

δ_{min}——配合零件的最小装配间隙；

$\tan\alpha$——间隙增大的斜率。

(2)对机器上各部件和总成的磨损速度、技术状况的恶化程度进行分析和排序。根据对拖拉机长期生产实践和研究的结果，一台拖拉机各部分技术状况的恶化次序在一般情况下可排列如下。

① 易于被尘垢积累和堵塞部分，如空气滤清器，燃油和机油滤清器，各种通气孔、滤网，以及暴露于外部的润滑孔道和油嘴等。

② 易于因振动而松动的部件，如各部件的紧固连接件和螺丝调节件等。

③ 由于磨损而使技术状况恶化的部分，根据此类部件达到恶化极限的先后次序可排列为：配气系统中，气门、摇臂和挺杆等；压缩系统中，活塞环、缸套、活塞、轴颈和轴承等；供油系统中，喷油器、出油阀、柱塞副等；润滑系统中，机油泵；冷却系统中，水泵轴和轴承等；后桥传动、行走装置中，摩擦片、制动器、传动齿轮、轮胎、链轨板、销等。

④ 由于疲劳及腐蚀而使技术状况恶化的部分，如传动皮带、橡胶管、弹簧和轴承、齿轮、轴、散热水箱、水套等。

(3)对评价个别总成是否丧失工作能力的界限进行分析。当个别总成丧失工作能力后，机器随之出现故障，这些故障是由零部件磨损和变形、杂质沉淀、调整错乱等原因导致的使原有的技术状况变坏，达到一定程度时便会出现某种不正常现象，或使部分机件失去工作能力。有些部件还会因堵塞、失去弹性和漏气等原因，逐渐丧失原有的工作能力。因此，某些部件使用一定时期后，可根据丧失工作能力的界限来确定对它们进行恢复性维护的周期。例如，拖拉机经常在周围含尘量为0.002 g/m^3的田地上进行工作，发动机在进气过程中不可避免地要吸入含尘的空气，为此拖拉机上设有两级或三级复合式空气滤清器。一个新的或经过保养的滤清器，应能将进气中的98%以上的尘土阻留在滤清器中，使进气的含尘量小于0.001 g/m^3。

(4)根据发动机功率变化与生产时间的关系来确定发动机功率随使用时间增长而逐渐下降的规律。这是技术状况恶化的综合反映，可用$\Delta N/t = \tan\alpha$来表示，如图3-3-1所示。当拖拉机工作x小时后，功率由N_{emax}下降到N_e，需停车进行技术保养。而停车保养又要消耗z小时的时间，使生产率有所损失。应求得最适宜的x值，而使逐次通过保养恢复其功率的包络面积$\sum F$为最大，即通过计算拖拉机最适宜的工作期限，得出保养周期。

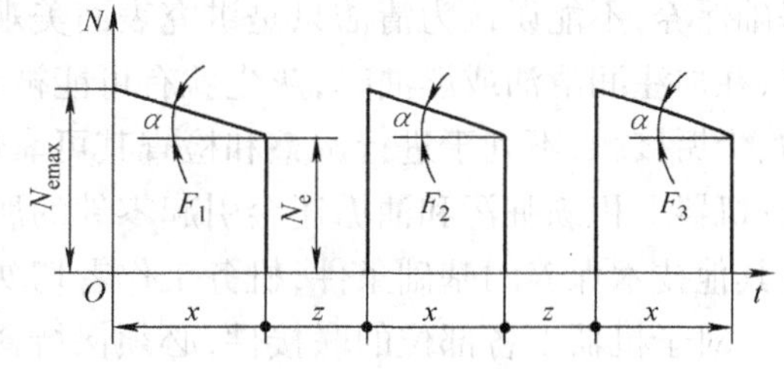

图3-3-1 拖拉机保养周期的确定

(5)根据某些经济指标来确定零部件的保养周期。在对总成的技术保养中，需要更换一些易损件、消耗性零件等，以恢复该总成的工作性能，如各种滤芯及润滑油的更换等。但究竟何时更换才算有利而经济，这也是确定保养周期时需要考虑的一个重要因素。由图3

-3-2 可以看出,单位标准工作量的技术保养成本为 C_0,其随着保养次数的增加或各次保养间隔的缩短而线性升高;单位工作量的检修成本 C_Y 的变化规律却是一条曲线,它随着保养次数的增加而下降。

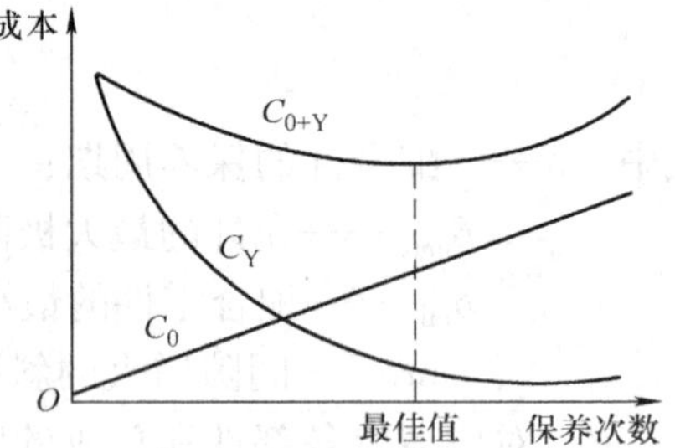

图 3-3-2 成本保养次数的关系

也就是说,不进行保养(保养次数为零,如一直不换机油),那么机器零件会加速磨损,需要修理的次数将达到最大值,因而修理成本也最高。随着保养次数的增加或保养周期的缩短(如不断更换滤芯),零件的磨损及事故将减少,单位工作量的修理成本随之降低。如果保养次数继续增加,达到某一时期后,C_{0+Y}曲线近似成为直线且与横坐标轴平行,这时效率较高。因此,保养的最佳次数应是使 C_{0+Y}曲线得到最小值,这是既有效又经济的结果。这需要同时考虑几方面的因素,通过分析和比较才能得出比较理想的结果。

保养规程明确规定,保养周期允许根据不同条件提前或推后 10% 的计量值。但是,修改保养规程是一项很重要的工作,必须持慎重态度,应根据实际工作条件的需要,有组织地进行。修订保养规程时一般可综合采用以下方法。

(1)组织人员进行专门的、长时间的观测,根据测定资料来修订原来的规程。由于这种观测是在实际工作中进行的,因此得到的结果比较符合实际情况。当然,观测者必须具有专业知识并受过训练。观测的对象应有足够的数量,而不能只凭一台、两台拖拉机就得出结论。同时,选点的各项条件应有代表性,避免以偏概全。

(2)根据使用和修理单位的机器档案、报表资料,找出各总成、部件或零件的修理工作量、修理成本、平时保养工作量、保养成本等数据,进行分析比较,据此修订保养规程。

(3)进行故障调查,对于经常发生故障的零件或部件,应加强保养。

3.3.2 技术保养的操作要点

1. 抓好基础保养

基础保养指对机器进行清洁、紧固和润滑。经常保持机器及零件的清洁是至关重要的基础保养,不能误认为清洁只是讲究表面美观而已。实际上,由于机器部件或零件表面不干净,在加注润滑油或燃油时,灰尘就有可能被带入摩擦表面或油箱内;外部连接件经常与杂物、尘垢接触,不利于进行调整和检查其可靠性;一些隐患不能被发现,则可能产生故障或事故;机器上积满脏污和油垢还会引起零件的腐蚀等。因此,对机器及时进行清洗、打扫是进行其他技术保养的基础条件,机务工作者切勿忽视。

对于机器上各部位的联接件,必须保持紧固,否则会引起零部件脱落,发生摩擦剪切或损坏。当联接件松弛时,作用在零件上的压紧力将发生变化,同时由于轴向力或径向力的作用,零件受到附加负载,使配合件发生冲击,直至损坏而丧失工作能力,甚至会导致重大故障或事故。润滑包括机油润滑和黄油润滑,都属技术保养的简单操作。但是,若不能保证加注质量,往往会事与愿违,可能导致严重的不良后果。以加注黄油为例,在实际工作中,黄油枪内可能残存有空气,虽然加注次数已够,但实际注入量不足,不能保证摩擦零件的润滑要求。由此可见,清洁、紧固和润滑是技术保养的基础,是保证机器技术状况良好的先决条件。

2. 加强滤清装置的保养

拖拉机上的空气滤清器、燃油滤清器和机油滤清器，通称“三滤”，是阻留杂质并减少机件产生磨料磨损的关键，必须严格按保养规程的要求进行清洗和更换滤芯。拖拉机在多灰尘地区工作时，还应提前保养或增加对空气滤清器的保养次数。燃油、机油的纸质滤芯应及时更换，确保有良好的过滤能力。

3. 机油的添加和更换

拖拉机发动机机油在使用中不应有滴漏损失，但按规定允许微量消耗一部分，且最多不得超过6.7 g/(kW · h)。因此，在机油的更换周期内，必须在每次启动前进行检查，必要时按油尺的刻度补足。有些驾驶人员误认为发动机油底壳内的机油愈多愈好，往往超量添加，结果既浪费了油料，又会引起烧机油而造成积炭增加等不良后果。

当机油使用到一定程度产生稀释、变质时，就需要更换。在更换机油的同时，必须清洗润滑油道。其程序如下。

(1)当拖拉机发动机熄火后，立即趁热从油底壳放出机油。

(2)向油底壳内加入清洗油(柴油或柴油与机油体积比为10:1 的混合油)，加入量不少于油底壳容量的1/2。启动发动机，怠速运转2 ~ 3 min，此时应严密注视机油压力表，其读数不得小于60 kPa，如果压力太低，应立即熄火。清洗后从油底壳、机油过滤器及机油散热器中放出清洗油。

(3)卸下机油过滤器滤芯，用柴油清洗或更换滤芯。将滤芯装回过滤器时，必须在滤清器内注满新机油，然后按规定刻度向发动机添加新机油。

(4)稍微松开油底壳放油塞，放出部分剩余的清洗油，再拧紧放油塞并检查机油油面高度。启动前应先摇转曲轴，直到机油压力表显示出压力后再启动发动机，以免发动机开始运转时发生干摩擦，烧坏机件。

4. 清洗冷却系统水垢

发动机冷却系统应使用软水，如自来水、河水、雨水、雪水等，勿用硬水，如井水、泉水等，以减少或延缓水垢的形成，保证散热效率。研究表明，在相同的使用条件下，缸套外表无水垢时，缸套内、外表面温度各为110 ℃和95 ℃；若缸套外表已形成水垢，则缸套内、外表面温度分别为137 ℃和120 ℃。可见及时清除冷却系统水垢是非常重要的。

清洗冷却系统的操作可以在拖拉机作业中不停车进行，将清洁水、烧碱、煤油按规定比例(10 kg 水加入750 g 烧碱和150 g 煤油，清洗铝制气缸盖时不加入烧碱)配成清洗液，注入冷却系统即可出车作业。班次工作结束后，放掉清洗液，加入清水使发动机运转5 ~ 10 min后再放出，重新加足清洁软水即可。

5. 堵漏

拖拉机上常常出现一些泄漏问题。油类的漏失一方面造成浪费，提高运用成本；另一方面还会使机器沾上脏污；有时甚至会因为漏失严重而造成事故。例如，水和机油漏失过多，会造成烧瓦和拉缸事故；气缸密封不严密漏气，会使发动机功率下降，耗油率升高。所以，在保养中要想尽办法堵住产生泄漏的地方。

3.3.3 常用农机的技术保养

1. 常用农机的技术保养实例

技术保养分为班次技术保养和定期技术保养两种。班次技术保养是在每班工作开始前或结束后进行保养;定期技术保养是在机器工作了规定的累计时间后进行保养,其又称为按级保养。我国对大、中型拖拉机多数采用三级或四级保养制,四级保养包括班次保养、一级保养、二级保养、三级保养、四级保养。

1)拖拉机的技术保养

我国生产的几种型号拖拉机的保养周期见表3-3-1。

表3-3-1　几种国产拖拉机的保养周期

型号	保养周期工作小时(h)/消耗主燃油(kg)				
	班次保养	一级保养	二级保养	三级保养	四级保养
东方红-75	10/100	60/600	240/2 400	480/4 800	1 440/14 400
上海-50	10/—	125/—	500/—	1 000/—	—
江苏-50	10/—	50/—	250/—	500/—	1 000/—
东风-12	10/20	100/200	500/1 000	—	—

各种型号拖拉机的各级技术保养内容与操作方法,都列在拖拉机使用说明书的《技术保养规程》中,驾驶操作人员应遵照执行。此外,还可以定期地、有计划地对拖拉机进行测功、测油耗,进行技术状况的不拆卸检查,使驾驶操作人员能够及时了解机械的技术状况,并采取措施,进行技术维护,恢复良好的技术状况。这样就使技术保养的目的更加明确,把保养项目降到最低限度,从而节约时间,提高效率,也降低成本。

现以上海-50型拖拉机的技术保养为例,其保养规程如下。

(1)班次保养(每班工作后)。

① 清除拖拉机上的尘土和泥泞。如用水冲洗,应防止水从通气口、油尺、进气管道进入拖拉机内部,以避免发生严重事故。

② 检查油底壳内机油是否在油尺刻线范围内,柱塞泵内机油是否在观察孔的中间,不足时,按规定添加。

③ 检查燃油箱沉淀杯里是否有积垢和水分,必要时拆卸清洗。

④ 清理空气滤清器的滤芯,若空气滤清器积尘盘、内腔通道等黏附灰尘,则应清洗干净。

⑤ 检查拖拉机有无漏油、漏水情况,严重时应予以排除。

⑥ 检查连接件的紧固情况,特别注意前、后轮壳螺栓,液压升降机盖固定螺栓的紧固情况,如发现松动,应立即拧紧。

⑦ 检查轮胎外表及内部气压,并排除所发现的故障。

⑧ 加足燃油和水(冬季若非防冻液,使用完毕后须放出水)。

⑨ 按润滑表规定的点位加注润滑脂。旱地作业可隔班加注一次,水田作业需每班加注。加注黄油时必须挤出全部泥和水,直到清洁黄油出现为止。

⑩ 检查仪表和灯光,如有故障应予以排除。

(2)一级保养(累计工作125 h后)。

① 完成班次保养规定的全部项目。

② 清洗柴油过滤器、输油泵滤网。

③ 清洗机油滤清器,更换机油滤芯和油底壳机油。

④ 检查风扇及传动胶带的松紧程度并加以调整。

⑤ 检查进、排气门间隙是否符合规定,以后每隔 250 h 检查一次。

⑥ 检查变速箱和后桥壳体内的油面高度,不足时添加。

⑦ 检查并调整离合器踏板的自由行程。

⑧ 检查并调整制动器踏板的自由行程(田间作业中如使用了单边制动,则必须在调整左右制动踏板的自由行程后方能进行运输作业)。

⑨ 检查蓄电池电解液高度和相对密度,不足时添加蒸馏水(夏季应经常检查),检查蓄电池盖通孔是否畅通,清除蓄电池电桩头与火线和搭铁线接触表面的锈污。

⑩ 换冷却水。旋开变速箱下部离合器室处的放油螺塞,放出渗漏的润滑油,并找出原因排除;检查并调整前轮前束。

(3)二级保养(累计工作 500 h 后)。

① 完成一级保养规定的全部项目。

② 检查喷油器的喷油压力和喷油情况,必要时清洗喷油器及偶件,并予以调整。

③ 检查供油提前角,必要时予以校正。

④ 检查水泵漏水孔的漏水情况,必要时更换水封。

⑤ 检查电热塞的油系和电系是否有漏油和漏电现象。

⑥ 检查节温器的工作情况,检查调压阀和旁通阀的工作情况,必要时加以调整。

⑦ 清洗燃油箱、输油泵及其管路,并更换柴油滤清器滤芯。

⑧ 检查发电机调节器的工作情况,必要时清理触点并调整间隙;检查蓄电池放电程度,必要时取下充电;检查启动电机换向器表面是否烧毛,电刷是否磨损,弹簧压力是否正常,必要时予以修理或调换;检查发电机电刷与集电环接触情况,检查电刷弹簧压力是否正常,必要时予以修理或调换。

⑨ 检查电器线路各接头的紧固情况,并清除油污和锈斑;检查离合器分离杠杆头部是否在同一平面上,分离间隙是否恰当;检查主、从动螺旋锥齿轮轴承的间隙并予以调整;检查差速器齿轮垫片的磨损情况,必要时予以更换;检查并清洗前桥转向节主销、轴承、衬套,调整摇摆轴处间隙。

⑩ 检查并调整液压泵、升降操纵机构,并清洗液压泵滤网;检查并调整液压泵安全阀的开启压力;检查并调整方向盘自由行程;将变速箱及后桥壳体内的润滑油放出,清洗变速箱及后桥壳体,将放出的润滑油经清洁处理后重新加入,不足时应添加。

(4)三级保养(累计工作 1 000 h 后)。

① 完成二级保养规定的全部项目。

② 检查连杆螺栓、主轴承螺栓的紧固和保险情况。

③ 清除气缸盖和活塞顶部的积炭,检查进、排气门的密封情况,如不符合要求应加以修正和研磨;必要时通过油泵试验台检查和调整高压油泵及调速器的调速性能;如发动机功率不足,排气管冒烟严重,曲轴箱加油口严重窜气或机油消耗量较大,应检查活塞环的开口间隙、边间隙以及气缸磨损情况,必要时更换零件;如发动机机油压力偏低,应检查机油泵供油量、主轴瓦间隙,必要时予以修理或调换。

④ 清洗冷却系统水垢。可用 10 kg 水,0.75 kg 烧碱(氢氧化钠)和 0.2 kg 煤油配制成清洗液;将清洗液注入冷却系统,以中速运转发动机 5 ~ 10 min,熄火并停留 10 ~ 12 min 后,

重新启动发动机并以中速运转 5 ~ 10 min,将清洗液放出,用水冲洗冷却系统 2 ~ 3 次。

⑤ 清除排气管及消声器内的积炭。

⑥ 检修启动电机和发电机,清洗各零件并在轴承处加注润滑脂,一般以填充轴承空间 2/3 为合适。

⑦ 拆洗、检查并润滑前轴与左、右导向轮支架配合套管,如有裂纹则用电焊加固;前轮左、右调换安装;更换前、后轮壳轴承的润滑脂。

⑧ 检查转向器壳体的油面高度,不足时添加。

⑨ 更换变速箱及后桥壳内的润滑油。

⑩ 普遍检查拖拉机各机件并进行必要的修理和调整。

三级保养后,拖拉机应进行试运转,排除所有故障和不正常现象后,方能投入工作。

(5)冬季特殊维护保养。

① 换用冬季润滑油和燃油。

② 防止冷却系统中的水冻结。在冬季长期停车期间,为避免散热器和水套中的冷却水冻结,可采用防冻液,如果无防冻液,则拖拉机停歇时间较长时,应放尽冷却水(放出前,水温应冷却至 30 ~ 40 ℃)。

③ 蓄电池在冬季放电程度不得大于 25%,应经常保持较高充电率,其电解液的相对密度不应低于 1.26,以防电解液冻结并冻裂蓄电池。

2)旋耕机的保养

"防重于治、养重于修"是旋耕机等农机具的使用保养原则。旋耕机的保养可分为班次保养和季度保养两种。

一般情况下,每班作业后应进行班保养,内容包括:检查并拧紧连接螺栓;检查插销、开口销等易损件有无缺损,必要时补充或更换;检查传动箱、十字节和轴承是否缺油,必要时立即补充。

每个作业季度完成后,应进行季度保养,内容包括:彻底清除机具上的泥尘、油污;彻底更换润滑油、润滑脂;检查刀片是否磨损过度,必要时换新;检查机罩、拖板等有无变形,若有变形则应恢复原形或换新;全面检查机具外观,补刷油漆,弯刀、花键轴上应涂油防锈;长期不使用时,轮式拖拉机配套旋耕机应置于水平地面上,不得悬挂在拖拉机上。

2. 汽车的技术保养

汽车的技术保养是按间隔里程为保养周期循环进行的。

国产汽车的保养周期见表 3 – 3 – 2。汽车技术保养一般实行三级保养制度,即例行保养、一级保养、二级保养、三级保养。各级保养的主要内容介绍如下。

表 3 – 3 – 2 汽车保养的周期

例行保养	保养间隔里程/(km)		
	一级保养	二级保养	三级保养
每日出车前、后和途中	1 500 ~ 2 000	6 000 ~ 8 000	35 000 ~ 40 000

1)例行保养

例行保养是各级保养的基础,属于预防性的日常维护作业,以清洁、检查为中心内容。该作业由驾驶员进行,其要求:车容整洁;确保四清(机油、空气、燃油滤清,蓄电池清洁)、四不漏(油、水、电、气不漏);附件齐全,螺栓和螺母不松、不缺;保持轮胎气压正常;制动可靠,转向灵活;润滑良好;灯光、喇叭正常等。例行保养分别在出车前、运行途中和回车后进行。

2)一级保养

一级保养以紧固、润滑为主。除执行例行保养项目外,还应按规定扭矩检查并紧固汽车外露部位的螺栓、螺母,按润滑表的规定加注润滑脂,检查各总成内的润滑油平面,清洗各滤清器。

3)二级保养

二级保养以检查、调整为主,在一级保养的基础上增加下列项目。

(1)清洗曲轴箱和滤清器。

(2)检查离合器,并调整踏板的自由行程。

(3)检查调整制动机构。

(4)检查发动机工作状况,必要时进行调整。

(5)检查电气设备的工作状况。

(6)检查调整后桥主减速器轴承间隙及各齿轮配合间隙,并进行半轴换位。

(7)检查轮胎,按规定换位。

4)三级保养

三级保养以总成解体清洗、检查、调整为中心内容。除执行二级保养项目外,还应拆检发动机,清除积炭、结胶及污垢;视需要对底盘各总成进行解体清洗、检查,消除隐患;对车架、车身进行检查,视需要进行除锈、补漆;检查电气设备的工作情况。

为了推进汽车维护制度的改革,使车辆维修向着"定期检测、强制维护、视情修理"的方向发展。我国交通运输部要求改以往的"三级保养"为"二级维护",曾提出《汽车维护工艺规范》(JT/T 201—1995)以供运输企业及维修厂使用。确定汽车的维护分为日常维护、一级维护、二级维护等。维护的主要作业范围如下。

(1)日常维护,是日常性作业,由驾驶员负责执行。其作业中心内容是清洁、补给和安全检视。

(2)一级维护,由专业维修工负责执行。其作业中心内容除日常维护作业外,以清洁、润滑、紧固为主,并检查有关制动、操纵等安全部件。

(3)二级维护,由专业维修工负责执行。其作业中心内容除一级维护作业外,以检查、调整为主,并拆检轮胎,进行轮胎换位。季节性维护可结合定期维护进行。对车辆进行二级维护前应进行检测诊断和技术评定,根据结果确定附加作业或小修项目,再结合二级维护一并进行。运输单位和个人的运输车辆,应在交通运输管理部门认定的维修厂进行维护,并建立维护合作关系,确保车辆按期维护。维修厂必须认真进行维护作业,确保维护质量。车辆维护后,应将车辆维护的级别、项目等填入车辆技术档案,并签发合格证。

3. 农机的换季保养

(1)拖拉机和其他农机应尽量停放在车库内,防止被风吹、日晒、雪侵蚀和冰冻。

(2)彻底清洗滤清器、油底壳、变速器,否则会造成不同牌号的润滑油混存,降低润滑效果。

(3)由于普通润滑油的黏度随气温下降而增大,导致流动性变差,造成机件运动时摩擦阻力增大,经常导致拖拉机冷启动困难,甚至产生烧瓦、抱轴等事故。因此,北方用户在冬季来临前,应及时将油底壳、空压机和轮毂轴承内的润滑油换成冬季用的润滑油;将变速器、分动器、差速器、转向器内的齿轮油换成冬季用的齿轮油。

(4)彻底清洗油箱。为了保证柴油的纯度,减少冻结,还要经常清洗油箱。一般要求20天清洗一次,清洗时不能用刷子刷,只能用汽油或柴油清洗,若发现里面的纸质滤芯叶片变形较大或出现烂穿,应更换新件。过滤器座上的调压阀不能用汽油清洗,以免损坏调压阀的密封胶圈,有条件可安装油箱防冻装置,用油箱油管保温罩防冻,使拖拉机在严冬季节仍能正常发动和行驶。

(5)及时加注、更换防冻液。在使用防冻液前,首先要将原有的发动机防冻液排清,然后清洗冷却水道,最好加注制造厂指定型号的防冻液,以免日后引起冷却水管道腐蚀。另外,防冻液的加注要适量,这一点千万不能被忽视。

(6)放净冷却水。放水时应当全打开放水开关(一般发动机都有两个放水开关,一个在气缸体上,另一个在散热器底部出水口处)和散热器加水口盖,水放完后,可启动发动机运转片刻,以便将冷却水排净。另外,入冬前应清洗冷却系统,防止杂物堵塞散热器及发动机放水开关。

(7)定期放出燃油箱中的水,严格防止水混入柴油中,避免柴油发生冻结。

(8)给蓄电池充足电。适当加大蓄电池电解液的相对密度,用补充充电的方法让蓄电池的电量保持在充足的状态,使蓄电池不致因低温而过多丧失电容量或冻裂蓄电池壳。

4. 秸秆还田机的维护和保养

(1)秸秆还田机作业完毕后,应及时清理机具侧板内壁、护罩内壁上的泥土,防止刀片磨损。

(2)检查刀片的磨损情况,如磨损严重,应及时更换(在少量更换刀片时,尽可能对称地进行更换;如刀片需大量更换,要严格按照刀片的质量进行分级,并且保证质量相同的刀片放在同一根轴上,使其保持动平衡)。

(3)在机具的保养过程中,必须注意十字头等部件的润滑情况。

(4)在齿轮箱中需加入相应的齿轮油。在下次作业前,需对油面高度再次进行检查。在每个作业季完成后,要对齿轮箱进行彻底的清洗,并更换新的润滑油。

(5)每年的作业季结束后,需对秸秆还田机进行全面检修与清理,在各轴承中加注黄油,对机具的各个部件进行防锈处理,同时机具应存放在干燥平整处,并将皮带松开,地轮不可作为支撑,应用木板垫起,让刀片同地面保持一定的距离,以防出现变形等问题。

5. 小麦联合收割机入库前的保养

在小麦联合收割机入库前,应对其进行如下保养。

(1)及时清除联合收割机外部堆积的杂草、泥土及堆放的其他物品,清除机械内部存在的麦秸、麦糠、麦粒及泥土。

(2)及时更换带病作业的零部件,修补支承板、支承架断裂处,保证机械骨架的技术完好性,为来年作业奠定基础;对于外部设备锈蚀严重的,应全车喷漆后存放。

(3)将橡胶输送带(三角带)卸下,用干布擦净脏物,涂上滑石粉,再用塑料布包好,放在干燥通风处,以便延长其使用寿命。

(4)将链条卸下,蘸着柴油刷净油污、脏物,然后放入机油中浸泡,以延长链条的使用寿命。

(5)背负式联合收割机卸车后,按顺序排列并存放于车库内,底部垫上木块,防止因受潮而产生锈蚀。

(6)自走式联合收割机应将全车冲洗干净放在车库内,每3个月启动一次发动机。冬季应放净冷却水,特别是机油散热泵中的冷却水。

(7)及时拆下蓄电池的搭铁线,有条件的应按规定将蓄电池充、放电,以延长蓄电池使用寿命。

(8)将割台平稳落地,在底部垫放木板,使油缸不受力。

(9)把所有油缸尽可能向回收缩,使其处于不受力状态,用布擦净外露油缸柱塞上的脏物,涂上润滑油。

(10)放松所有拉紧弹簧,使其处在自由状态。

(11)在风扇皮带与皮带轮之间放上纸片,以防黏合。

3.3.4 液压悬挂系统的维护和保养

以东方红-802、铁牛-55/650型拖拉机的液压系统维护和保养为例。

1. 班次保养

(1)启动前应检查油箱内的油面高度,齿轮油泵接合杠杆手柄是否在接合位置,分配器操纵手柄是否在中立位置。启动后应检查分配器的工作情况,把操纵手柄扳到"提升"位置,提升终了时,手柄应能自动返回"中立"位置。扳到"下降"位置时,手松开,手柄应能自动返回"中立"位置。扳到"浮动"位置时,手柄应保持不动。

(2)检查是否漏油,可通过升降农具数次来检查,必要时可将分配器操纵手柄固定在提升或下降位置(每次不得超过1 min)。

(3)柴油机熄火前,检查油箱内油的状况,如有泡沫,应找出吸入空气的地方并加以排除。柴油机熄火后,要清除外部的油垢泥污,检查各连接处的紧固情况,查看是否有渗漏。

2. 一级技术保养

(1)拖拉机每工作50~60 h后进行,选用符合规格的液压油牌号,并保持液压油清洁、干净。油量不足时,应加入清洁油料。

(2)检查传动箱中的油面高度(检查前将操纵手柄扳到"下降"位置),不足时添加油料。

(3)清洗油泵的吸油滤网及磁铁。

3. 二级技术保养

拖拉机每工作400~500 h后进行,除班次保养、一级保养完成外,还应清洗液压系统和更换液压油。

(1)及时清洗滤清装置,更换工作油液。换油时应趁热放出油液,并将操纵手柄置于"下降"位置,使油缸内的油液排出。对于分置式液压系统,单独放出液压油缸内的油液后,加柴油清洗液压系统,启动柴油机,中速下运转3~5 min,悬挂机构升降8~10次,然后将柴油机熄火。放出柴油后,清洗滤网、滤清器,再加入清洁的油液。对于与传动箱共用油液的机车,应在清洗完液压系统并分离油泵传动装置后,才能清洗传动箱,最后换用清洁油液。此外,保养时注意清洗油缸活塞之间的除尘片。

(2)在拆卸滤清器进行清洗时,不要拧动滤清器安全阀(即旁通阀)的调整螺母,以免使阀的正常开启压力受到破坏。清洗后,应检查安全阀是否灵活,同时还应清洗液压油箱加油口的滤网以及油箱盖上的滤清填料。

(3)半分置式、整体式液压系统的技术保养内容大体相同。工作 900 ~ 1 000 h 后,清洗液压系统,更换全部液压油,全面检查液压系统的工作情况,必要时还应调整。

(4)整体式液压系统,每工作 36 h 要更换传动箱润滑油。

【知识拓展】

农机维护保养 10 要点

1. 农机具保养操作"6 字方针"

(1)全:保养项目要全,不得漏项。

(2)适:添加油、水要适时、适合、适量。

(3)准:保养操作要准确。

(4)均:固定螺丝、胶带的张紧度要均匀。

(5)专:保养工具要齐备、专用。

(6)净:保养工具净,添加的油、水净,空气净。

2. 农业机械经过保养后的技术状态标准

(1)农业动力机械应达到"5 净、4 不漏、6 封闭、1 完好"。5 净指水、油、气、机身、工具干净;4 不漏指不漏水、油、气、电;6 封闭指柴油箱口、汽油箱口、机油加注口、机油检视口、汽化器、磁电机要封闭;1 完好指技术状态完好。

(2)农具应达到"6 不、3 灵活、1 完好"。6 不指不松旷、不变形、不钝刃、不腐蚀、不锈蚀、不缺件;3 灵活指转动、操作、升降灵活;1 完好指技术状态完好。

3. 带有涡轮增压器的拖拉机的维护操作

除常规操作外,在使用涡轮增压器过程中应注意以下几点:一是冬季保存后初次启动发动机前,要对涡轮增压器进行润滑;二是在发动机工作结束后不要马上熄火,应怠速运转 5 ~ 10 min,待发动机温度降低后方可熄火;三是发动机熄火前不要急速空转。

4. 对配有电脑模块的机械的施焊操作

对于采用电脑模块的拖拉机、联合收割机及其他自走式机械,在保养维护中若需要施焊,应注意以下几点。

(1)发动机熄火,断开蓄电池搭铁线。

(2)焊机负极搭铁线应搭接在施焊部件的最近处,保证搭接可靠且尽可能地远离电脑模块,不要在施焊机械上引弧。

(3)配套农具需要施焊时,需将配套农机与主机分离后再施焊。

5. 柴油使用注意事项

(1)保证柴油的清洁。在使用油桶加注柴油之前,要经过充分沉淀,沉淀时间最好在 48 h以上。加油时还应仔细过滤,以防机械杂质混入。操作时,应保持储油容器和加油工具的清洁。当柴油用到距桶底 20 cm 左右时,应将柴油倒入密闭容器内,经充分沉淀后取其中上层油加入油箱。

(2)不同牌号的柴油的混用。不同牌号的柴油可掺兑使用,并可根据气温情况适当调配,以充分利用资源,掺兑时应注意搅拌均匀。但应注意,柴油掺兑后的凝点不是两种牌号柴油的平均值,其要比两者牌号的平均值稍高一些。

(3)柴油中不能混入汽油。柴油中若有汽油存在,燃烧性能将显著变差,导致启动困难,甚至不能启动。汽油进入气缸还会冲刷气缸润滑油膜,加速气缸的磨损。

(4)不要将油箱中的燃油直接用完。油箱里的燃油将要用完时,油中常含有杂质,这些杂质会进入柴油粗、细滤清器,易引起堵塞。另外,含有杂质的燃油在低压油路中易进入空气,造成发动机启动困难。

(5)尽量选用高质量柴油。要按季节选用柴油,应尽量选用优级品或一级品,以减少柴油对机件的腐蚀。

6. 机油使用注意事项

(1)正确进行质量等级的选择。选用适当质量等级的润滑油很重要,要按使用说明书的规定选用。

(2)选用黏度适宜的润滑油。高黏度润滑油的低温启动性和泵送性差,启动后供油慢,冷却和洗涤作用差等。因此,应适当选用低黏度的润滑油。

(3)采用多级油。为了节能、延长发动机使用寿命,要采用多级油。

(4)保证正常油面。油底壳中的油面过高,会烧机油并产生积炭;油面过低,会导致因缺油使零件加剧磨损甚至烧损。因此,更换或添加润滑油时,要按规定的量添加,最佳的添加量是油面在油尺上、下刻线的中部。

(5)定期或按质更换机油。机油在使用中应进行质量监测,尽量实现按质换油。在无分析手段,不能实现按质换油时,可采用按期换油作为过渡。

7. 更换一次性滤芯的注意事项

(1)不要旋得过紧,用手旋紧 3/4 ~1 圈后,启动发动机怠速运转 5 min 不漏油即可。

(2)将旧滤芯拆下时,要注意是否已将旧滤芯上的橡胶密封圈一同拆下。

(3)更换新的滤芯时,要先对橡胶密封圈进行润滑后再安装。

(4)柴油滤芯换新时,不要将未经过滤的燃油加入滤芯,安装后要排除燃油系统内的空气。

8. 空气滤芯保养注意事项

空气滤芯每日要进行清理,灰尘较大时每日清理不少于 4 次。清理中不要将内芯取下,不要用敲击的方法清理灰尘,应用手拍打或由里向外施压清理。不要等到清理空气滤清器提示灯亮时再清理。更换新滤芯时,应先将外芯取下并清理干净壳体内部后,再将内芯拆下更换。

9. 更换 V 带

(1)拆装。拆装 V 带时,应将张紧轮固定螺栓松开,不得硬将 V 带撬上或扒下。拆装时,可用起子将 V 带拨出或拨入大胶带轮槽中,然后转动大胶带轮将 V 带逐步盘下或盘上。胶带不应陷到槽底或过大凸出槽外。

(2)安装要求。安装胶带轮时,在同一传动回路中带轮轮槽对称中心应在同一平面内,允许的安装位置度偏差应不大于中心距的 0.3% 。安装多根 V 带时,新旧 V 带不能混合使用。必要时,尺寸符合要求的旧 V 带可以互相配用。

(3)V 带张紧度的检查。V 带的正常张紧度是以 40 N 左右的力加到胶带轮间的胶带上,用胶带产生的挠度反映 V 带的张紧度。一般原则是中心距较短且传递动力较大的 V 带挠度以 8 ~ 12 mm 为宜;较长且传递动力比较平稳的 V 带挠度以 12 ~ 20 mm 为宜;较长但传递动力比较小的 V 带挠度以 20 ~ 30 mm 为宜。

10. 农机具保管的“10 字方针”

(1)净:入场机具要清理干净。

(2)齐:入场机具要分类、按序整齐摆放。

(3)垫:入场机具要统一支垫,并要牢固,离开地面 5 ~ 8 cm。

(4)松:所有农机具的弹簧、板簧与胶带等均要在放松状态,避免疲劳。

(5)卸:应卸下保管的农机具必须卸下并入库保管。

(6)涂:所有农机具的作业面都必须涂油,所有入库链条都必须用油浸封。

(7)封:所有入场农机具的油、水加注口,精密件和其他敞口处必须封包,对不能入库保存的橡胶件也应封包,如轮胎、驾驶室及发动机的橡胶件等。

(8)美:所有入场机具要达到整体、和谐的感觉。

(9)全:所有农业机械作业期结束后,全部停入停放场。

(10)好:所有入场入库机械的技术状态完好。

农机维修的十个小技巧

农机在使用过程中出现故障是在所难免的,因此掌握一定的农机维修技巧是十分必要的。农机维修是一门大学问,有时需要动点“小脑筋”。

以下是农机维修过程中的一些小技巧,以供借鉴和参考。

1. 巧装气缸

冬季由于天冷,阻水圈会变脆,在往气缸套上安装时容易断裂。安装前可先将阻水圈放入 60 ℃左右的温水中浸泡 5 min,安装时就不易断裂。

2. 巧装滚动轴承

安装滚动轴承时,用锤子直接敲打易使轴承变形,从而影响其使用寿命。一种简便的安装方法:选取 1 只 600 W 的灯泡并通上电源,用其加热待安装的轴承,加热时间为 5 ~ 10 min,加热温度保持在 110 ℃左右,不要超过 120 ℃,之后将轴承迅速安装在轴上。

3. 断裂纸垫巧修补

接好断裂处并在纸垫两面涂少许黄油,再剪两张与纸垫同样大小的白纸贴于纸垫两面,装到机上拧紧螺母,即可消除渗漏。

4. 巧治轮胎慢漏气

拔下气门芯,放尽内胎空气,用硬纸做成一个漏斗插入其间,将两汤匙滑石粉灌入内胎。装好气门芯充足气,滑石粉在胎内呈弥漫状附在内胎壁上,可阻挡微小气孔漏气。

5. 巧修离合器

离合器踏板横纹被磨平后,驾驶员踩踏板时脚易滑出,雨天易打滑。若在踏板上方和外侧各焊上 1 根长度适当的螺纹钢,使螺纹钢平面高出踏板平面 5 mm,这样使用时就不会打滑。

6. 巧排机油

例如,S195 型柴油机采用转子式机油泵,若泵内空气没有排净会出现不泵油的故障。解决的窍门是用一根医疗废针管吸满机油向泵的进油口处注油并转动机油泵使出口排出油。

7. 巧拆旧缸套

将旧活塞销装到该机的旧活塞上，在旧活塞上装一两道旧活塞环，用一根直径为6.50 mm的小钢筋钩住旧活塞销将活塞反向装入气缸内。当活塞环超过缸套下缘时便会自动弹开卡住缸套，这时将小钢筋的上部绕在木棍上，然后撬抬木棍即可将缸套拆下。

8. 巧拆减速齿轮外弹力挡圈

例如，东风－12型手扶拖拉机变速箱内减速齿轮的外弹力挡圈非常难拆卸。可用一根细铁丝的一端穿过挡圈上的小孔后拧紧，另一端用改锥绕好并紧紧拉住，然后前后转动几下驱动轮，挡圈便可拆下。

9. 巧除细滤器内污物

转子式机油细滤器内的泥土、污物不易清除干净。如果在转子内壁先用黄油贴一层纸让泥土附在纸上，保养时将纸揭下，泥土便可彻底清除掉。

10. 巧查零件裂纹

将零件放入煤油中，一段时间后取出。擦干表面并撒上一层白粉，然后用小锤轻轻地敲击零件，若有裂纹，则锤击振动会使已浸入裂纹内的煤油从裂纹中渗出并粘上白粉，从而显现出来。

【任务小结】

通过本任务的学习，需学习掌握的内容如下。

(1)技术保养的基本概念。

(2)技术保养规程的确定。

(3)技术保养的操作要点。

(4)常用农机的技术保养。

(5)液压悬挂系统的维护保养。

【课后练习】

1. 名词解释

技术保养。

2. 填空题

(1)日常维护是日常性作业，由________负责执行。其作业中心内容是________、________和安全检视。

(2)一级维护由专业维修工负责执行。其作业中心内容除________外，以清洁、________、紧固为主，并检查有关________、操纵等________部件。

(3)二级维护由________负责执行。其作业中心内容除________外，以检查、调整为主，并________，进行轮胎换位。

(4)三级保养以总成解体________、________、________为中心内容。

3. 判断题

(1)当拖拉机发动机熄火后，立即趁热从油底壳放出机油。 ( )

(2)发动机冷却系统应使用软水，以减少或延缓水垢的形成，保证散热效率。 ( )

(3)技术保养分为班次技术保养和不定期技术保养两种。 ( )

(4)在冬季长期停车期间,为避免散热器和水套中的冷却水冻结,可采用防冻液。 (　　)

(5)“防重于治、养重于修”是旋耕机等农机具的使用保养原则。 (　　)

(6) 一级保养以紧固、润滑为主。 (　　)

(7)二级保养以检查、调整为主,在执行三级保养的基础上增加项目。 (　　)

(8) 三级保养以总成解体清洗、检查、调整为中心内容。 (　　)

(9) 拖拉机和其他农机应停放在室外,不怕被风吹、日晒、雪侵蚀和冰冻。 (　　)

(10)在使用防冻液前,首先要将原有的发动机防冻液清除,然后清洗冷却水道,最好加注制造厂指定型号的防冻液,以免引起冷却水管道腐蚀。 (　　)

4. 简答题

(1)简述技术保养的操作要点。

(2)简述在制定拖拉机技术保养规程时,一般要考虑的主要因素。

(3)农机具保养操作的“6 字方针”。

(4)农机具保管的“10 字方针”。

(5)简述农机的换季保养内容。

【课外讨论】

(1)请各小组对大修后的拖拉机提出一个合理的技术维护与保养方案。

(2)自己总结出液压悬挂系统的维护与保养顺序。

【总结评价】

(1)谈一谈在完成任务学习的过程中,你和你所在小组的收获、不足和有待改进提高的地方。

(2)结合学习的实际情况,完成表 3-3-3 和表 3-3-4。

表 3-3-3　农机的技术维护保养评分表

序号	考核内容		配分	评分内容	考核记录	得分
1	知识	技术保养的操作要点	10	掌握技术保养的操作要点		
		旋耕机的保养	10	掌握旋耕机的保养内容		
		汽车的技术保养	10	掌握班次保养、一级保养、二级保养、三级保养的内容		
		秸秆还田机的维护和保养	10	掌握秸秆还田机的维护和保养		
		小麦联合收割机入库前保养	10	掌握小麦联合收割机入库前的保养内容		
2	技能	拖拉机的技术保养	20	掌握班次保养、一级保养、二级保养、三级保养、冬季特殊维护保养的方法		
		液压悬挂系统的维护保养方法	10	掌握液压悬挂系统的维护保养方法		
3	态度	安全生产意识	10	能在导师的指导下安全文明生产		
		合作、吃苦精神	10	能与小组同学合作完成本次任务,操作过程中能做到吃苦耐劳		
4	分数合计		100			

表 3-3-4　项目三任务三工单

<table>
<tr><td rowspan="2">任务名称</td><td rowspan="2">农机的技术维护与保养</td><td>姓名</td><td></td><td>班级</td><td></td></tr>
<tr><td>日期</td><td colspan="3"></td></tr>
</table>

1. 农机技术保养及规程

1)技术保养的基本概念

2)技术保养的操作要点

2. 拖拉机的技术保养

项目四　油料的使用与管理

【项目目标】

（1）掌握油料的基本知识，了解油料的主要使用性能。
（2）能够正确地选用油料。
（3）能够正确使用简易方法识别与检验主要油料。
（4）能根据作业机组运转需求，为作业机组及时加注或补充油料，保持机器的最佳使用状态。

【技能目标】

能正确选用油料，并能用简易方法识别主要油料。

【项目描述】

本项目要求学生能正确地选用油料；能根据作业机组运转需求，按要求为作业机组及时加注或补充油料；能对不同种类的油料进行识别与检验；能按照不同种油料的贮运与加注要求进行油料的贮运与加注。

【项目分解】

项目四 油料的使用与管理	任务一：油料使用性能与选用	4.1.1　油料的基础知识
		4.1.2　油料的使用特性
		4.1.3　油料使用的注意事项
	任务二：油料的识别与检验	4.2.1　鉴别油品的简易方法
		4.2.2　油料质量的简易检验
		4.2.3　农用油料的简易识别方法
	任务三：油料的贮运与加注	4.3.1　油料的保管
		4.3.2　油料的加注
		4.3.3　油料的运输
		4.3.4　油料的净化
		4.3.5　油料的安全知识

任务一：油料使用性能与选用

【任务目标】

（1）了解油料的基础知识。

(2)掌握油料的使用特性。

(3)掌握油料使用的注意事项。

【导师导学】

4.1.1　油料的基础知识

中国有三大油料生产公司:中石油、中石化、中海油。农业机械常用的油料有柴油、汽油、发动机润滑油(机油)、齿轮油、液压油、润滑脂等。

4.1.1.1　柴油

1. 柴油的种类和牌号

国产柴油分为轻柴油、重柴油和农用柴油。轻柴油如图4-1-1所示。

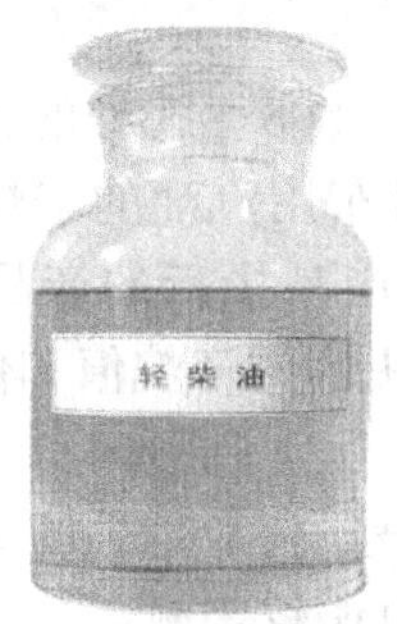

图4-1-1　轻柴油

(1)轻柴油是拖拉机、农用汽车和高速柴油机(转速高于1 000 r/min)所用的燃料。根据国家标准,轻柴油按凝点分为10、0、-10、-20、-35、-50六个牌号,其代号分别为RCZ-10、RC-0、RC-10、RC-20、RC-35、RC-50。代号中“R”和“C”表示“燃”和“柴”,“Z”表示“正”,数字表示凝点温度。

(2)重柴油用于转速在300~1 000 r/min的中、低速柴油机。重柴油按凝点分为10、20、30三个牌号,它的凝点虽高但含硫量极少,燃烧性能好。

(3)农用柴油是一种经济燃料,其凝点高,只有20号一种,所以只用于较温暖的季节。

2. 柴油的选用

一般选用柴油的凝点应低于季节最低气温3~5 ℃,以保证在最低气温时柴油也不致混浊而影响使用。根据《普通柴油》(GB 252—2015),轻柴油按凝点分为10、0、-10、-20、-35和-50六个牌号,分别表示凝点不高于10 ℃、0 ℃、-10 ℃、-20 ℃、-35 ℃和-50 ℃。可见,牌号越高,凝点越低。

冷滤点是衡量轻柴油低温性能的重要指标,能够反映柴油在低温下的实际使用性能,最接近柴油的实际最低使用温度。由于柴油的冷滤点与实际使用温度之间有良好的对应关系,故应按各牌号轻柴油的冷滤点并对照当地当月风险率为10%的最低气温选择适当的柴油牌号。用户在选用柴油时,应同时兼顾当地气温和柴油牌号对应的冷滤点。5号轻柴油的冷滤点为8 ℃,0号轻柴油的冷滤点为4 ℃,-10号轻柴油的冷滤点为-5 ℃,-20号轻

柴油的冷滤点为 -14 ℃。

各牌号轻柴油适用的条件或气温范围如下。

(1)10 号轻柴油,适用于有预热设备的高速柴油机。

(2)0 号轻柴油,适用于风险率为 10% 的最低气温高于 4 ℃的地区。

(3) -10 号轻柴油,适用于风险率为 10% 的最低气温高于 -5 ℃的地区。

(4) -20 号轻柴油,适用于风险率为 10% 的最低气温在 -14 ~ -5 ℃的地区。

(5) -35 号轻柴油,适用于风险率为 10% 的最低气温在 -29 ~ -14 ℃的地区。

(6) -50 号轻柴油,适用于风险率为 10% 的最低气温在 -44 ℃ ~ -29 的地区。

4.1.1.2 汽油

1. 汽油的种类和牌号

汽油有车用汽油、航空汽油和溶剂汽油。

1)车用汽油

目前,国内使用的车用汽油牌号有 89、92、95 和 98。牌号的大小按辛烷值的高低来划分,辛烷值高的牌号大,辛烷值低的牌号小。92 号车用汽油的辛烷值在 92 以上,98 号车用汽油的辛烷值在 98 以上。市场上所见到的汽油产品执行的产品标准为《车用汽油》(GB 17930—2016)。98 号汽油与其他产品相比,具有更高的辛烷值和优良的抗爆性。

2)航空汽油

航空汽油用于飞机发动机,按辛烷值分为 75 号(代替过去的 70 号)、95 号和 100 号,在新疆大农业的背景下,航空汽油在农业行业应用也比较普遍。

3)溶剂汽油

如图 4 -1 -2 所示,溶剂汽油主要用于橡胶业和油漆业作为溶剂,按 98% 馏出温度分为 120 号、200 号。

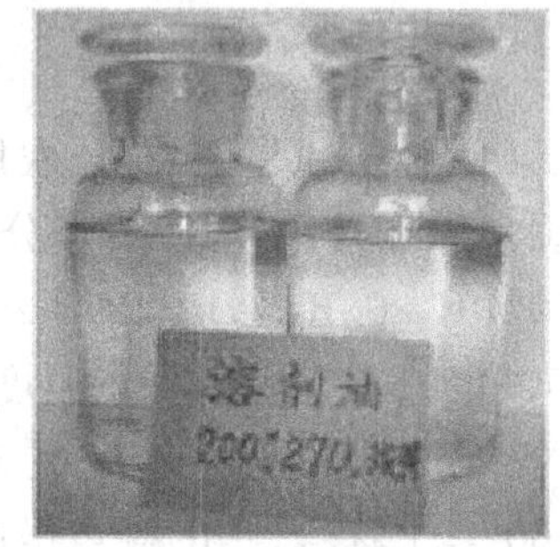

图 4 -1 -2 溶剂汽油

2. 汽油的选用

主要根据发动机的压缩比来选用车用汽油。压缩比大的发动机选用辛烷值较高的汽油,反之选用辛烷值较低的汽油。如压缩比高的发动机使用辛烷值低的汽油,则易引起爆震,使功率下降,耗油量增加;如压缩比低的发动机使用辛烷值高的汽油,成本上升,造成浪费,而且对内燃机有损伤。所以,要根据发动机的压缩比,选用合适的汽油牌号(辛烷值)。表 4 -1 -1 列出了汽油发动机的压缩比及适用的汽油牌号。

表 4 -1 -1 汽油发动机压缩比及适用的汽油牌号

汽油发动机压缩比	适用的汽油牌号
8.0 以下	89 号
8.0 ~9.5	92 号
9.5 以上	95 号(或 98 号)

但使用高辛烷值汽油时,要把点火提前角适当提前一些,并将汽化器浮子室油面调低,让汽油燃烧完全,提高发动机功率,降低油耗。若换用低辛烷值汽油,要把点火提前角适当

推迟一些,并将油面调高,但不要超负荷工作,以免发生爆震,损坏发动机。应将拖拉机小启动机的点火提前角调整到二速带动主机,汽车满载平路中速行驶,猛加油门,听到有急促的爆震声为宜。当汽车或拖拉机从平原行驶到高原后,应及时将点火提前角适当提前,并将针阀调小。压缩比高的发动机,具有良好的经济效率,其功率高,耗油量低。汽油发动机压缩比与功率、耗油量的关系见表4-1-2。

表4-1-2 汽油发动机压缩比与功率、耗油量的关系

压缩比	相对燃料消耗量(%)	相对功率(%)	要求使用汽油的辛烷值
8	88	114	89
9	85	118	92
10	82	120	95或98

注:设压缩比为6时,相对燃料消耗量为100%,相对功率为100%。

4.1.1.3 润滑油

润滑油分为汽油机润滑油、柴油机润滑油,如图4-1-3所示。

1. 汽油机润滑油

1)汽油机润滑油的种类和牌号

汽油机润滑油(机油)是由天然原油蒸馏出来的中质馏分或脱沥青的残留油,经溶剂脱蜡和糠醛或苯酚抽提精制或者硫酸精制,并经白土处理后调配成适当黏度,再加入一定比例的抗爆剂而成。根据国家标准,车用机油规格按100 ℃时的运动黏度分6D、6、10和15四种牌号。另外,根据石油工业部标准有8D号,根据企业标准有合成6号两个牌号。常见代号有HQ-6D、HQ-15等,其中"H""Q"和"D"分别为"滑""汽"和低凝点的"低"字的汉语拼音字头。牌号越高,黏度越大。为适于严寒地区冬季使用,还生产有8D和合成6号低凝点机油,其黏度比6D还低,以改善润滑油的黏温性能,其主要优点是低温启动性能好、黏温性好(黏度指数都在100以上)、通用性好、燃油消耗低和经济性好。

图4-1-3 润滑油

汽油机润滑油中,5W/20、10W/30、15W/30、20W/30等牌号是采用国际通用的SAE黏度分级,斜线后的数值表示100 ℃黏度等级,字母W前的数字表示低温(-35 ℃)黏度等级。此外,用QB、QE等表示润滑油等级,其中Q表示汽油机润滑油,B、E分别表示美国石油协会(API)质量分级的SB和SE级。

2)汽油机润滑油的选用

汽油机润滑油的选用主要考虑其黏度、当地气温和发动机磨损情况。

气温高时,选用黏度大的润滑油;气温低时,选用黏度小的润滑油;磨损严重的发动机可选用黏度大的润滑油;新发动机应选用黏度小的润滑油;南方比北方选用的润滑油黏度要大;用于拖拉机的润滑油比用于汽车的润滑油黏度要大(工作处于较低转速、较满负荷状态);发动机轴承负荷大、转速高比负荷小、转速低选用的润滑油黏度要大。此外,还应考虑发动机轴承合金的抗腐性,如抗腐性好的锡基巴氏合金轴承轴承,可选用一般的车用机油,而抗腐性差的铅基巴氏合金轴承等,就应选用加有抗腐蚀添加剂的车用机油。

2. 柴油机润滑油

1）柴油机润滑油的种类和牌号

柴油机润滑油与汽油机润滑油的主要不同点是加入多效添加剂，抗氧化安定性好。根据国家标准，柴油机润滑油规格按 100 ℃时的运动黏度分 8、11 和 14 三种牌号，其代号分别为 HC－8 、HC－11 和 HC－14，代号中“H”和“C”分别表示“滑”和“柴”。牌号越高，其黏度越大。为适于严重磨损的柴油机，如拖拉机、挖掘机等的柴油机的冬夏季用油，有 16 和 20 号柴油机润滑油；为适于寒区柴油机，有 11 和 14 号稠化柴油机润滑油（含有稠化剂）。

目前，按美国石油学会（API）分类，生产的新牌号柴油机润滑油有 CA、CB、CC、CD 级（CA、CB 等为柴油机和质量级别）。国产 CA、CB、CC、CD 级分别相当于 API 的 CA、CB、CC、CD 级。CA 级用于在缓和到中等条件下工作的轻负荷柴油机；CB 级用于在缓和到中等条件下工作的，使用含硫燃料的轻负荷柴油机；CC 级用于在中等负荷条件下工作的轻度增压的柴油机及要求使用 API－CC 级机油的国外柴油机；CD 级用于在高速、高负荷条件下工作的柴油机及要求使用 API－CC 级机油的国外柴油机。此外，还有低增压 11 号、14 号柴油机润滑油。

2）柴油机润滑油的选用

柴油机润滑油的选用原则与汽油机润滑油的选用原则大体上是一致的。所不同的是，一般汽油机因负荷较小，多用锡基巴氏合金轴承或铅基巴比特合金轴承。锡基巴氏合金有较好的抗磨、抗腐蚀性，但能承受的压力及温度较低、熔点低。而高速柴油机由于负荷较大、温度高，轴承材料常采用铅青铜或铝基合金等。这类合金能承受较高的负荷（如铜），有较好的抗磨性（如铅），即耐高压和耐磨，具有较好的力学性能，可以承受较高的负荷、速度和温度，但耐腐蚀性都较差。柴油中含硫量较汽油多，燃烧后会形成硫酸等酸性物质，将对轴瓦材料引起严重的腐蚀，使轴承表面出现斑点、麻坑甚至整块剥落。因此，高速柴油机要求比汽油机使用腐蚀性更低的润滑油，即要求柴油机润滑油的油品要更好一些，精密程度要高，酸值要小，并加入一定量的抗氧、抗腐添加剂，以形成好的抗腐蚀保护膜，同时减少氧化物生成。选用发动机机油时要注意，一般情况下汽油机润滑油与柴油机润滑油不能互用。

4.1.1.4 齿轮油

1. 齿轮油的种类和牌号

由于拖拉机、汽车的传动系统和后桥中使用的齿轮油常呈黑色，故又称其为“黑机油”（图 4－1－4）。按 100 ℃时的运动黏度，齿轮油分 20 号（冬季用）和 30 号（夏季用）两种，此外还有 22 号和 28 号双曲线齿轮油，其代号分别为 HL－20、HL－30、HL－57－22 、HL－57－28。其中，代号“H”表示“润滑油”，代号 “L”表示“轮”，“57”是双曲线润滑油的级别符号。

图 4－1－4　齿轮油

2. 齿轮油的选用

齿轮油的选用主要考虑地区、季节、气温和齿轮类型。气温低时，选用凝点低、黏度较小的齿轮油；反之，则选用凝点高、黏度大的齿轮油。同时，要根据齿轮的类型，选用齿轮油或双曲线齿轮油。双曲线齿轮油因加有极压添加剂，其润滑性能好于一般齿轮油，主要用于双曲线齿轮传动装置或要求使用双曲线齿轮油的传动装置的润滑。齿轮油工作温度不高,在使用时质量变化不大,消耗量也很小,但按保养规定补充新油时,应把齿轮箱清洗干净。

4.1.1.5 液压油

1. 液压油的种类和牌号

液压油也是一种润滑油,是液压系统中传递动力的介质,也是相对运动部件的润滑剂,它除了传递动力外,还具有润滑、冷却、洗涤、密封、防锈等用途。液压油规格按50 ℃的运动黏度分为20、30、40和低凝40四个牌号,其代号分别为Hy-20、Hy-30、Hy-40和HyD-40。其中,“y”表示“液”,其他各代号的含义与汽油机润滑油代号相同。

2. 液压油的选用

液压油选用时应考虑使用条件、油泵类型、液压机构的结构、工作压力、工作温度和气温等因素。周围环境温度高,采用高黏度油;周围环境温度低,选用低黏度油。工作压力高时,选用高黏度油;反之,选用低黏度油。在高温、高压和密封处,间隙大、运动速度不高、漏油损失很大时,可采用高黏度的油;当转速或运动速度很高时,油液流速也高,液压损失急剧增加,宜采用低黏度的油。

按油泵类型,推荐选用液压油的黏度见表4-1-3。

表4-1-3 按油泵类型推荐的液压油黏度

油泵类型		环境温度14~38 ℃		环境温度38~80 ℃	
		cSt(50 ℃)	推荐液压油	cSt(50 ℃)	推荐液压油
叶片泵	700 N/cm² 以下	18~27	20	25~42	30~40
	700 N/cm² 以上	28~32	20~30	36~53	40~60
齿轮泵		18~38	20~30	60~80	60~80
柱塞泵		18~38	20~30	60~110	80

4.1.1.6 润滑脂

1. 润滑脂的种类和牌号

润滑脂(俗称黄油)由润滑油加入稠化剂等制成。按加入的稠化剂的种类,润滑脂分为钙基、钠基、钙钠基、锂基、二硫化钼基润滑脂等。润滑脂实际上是一种稠化了的润滑油,常温下是黏稠的半固体油膏,一般含润滑油80%~85%,润滑油的黏度决定了润滑脂的润滑性(润滑作用主要靠润滑油)。

常用的润滑脂有钙基、钠基、钙钠基和锂基润滑脂四种,主要用于农业机械的轴承和其他部位的润滑。

1)钙基润滑脂

钙基润滑脂是广泛使用的一种通用润滑脂,其特点是不溶于水、抗水性较强,但耐热性差,适用于拖拉机、汽车和各种农业机械中的大部分滚动轴承润滑。由于其以水作为稳定剂,当工作温度超过规定值时就会失水(温度在100 ℃以上),所以使用温度较低。

2）钠基润滑脂

钠基润滑脂的耐热性好、耐水性较差，遇水起浮化作用（因钠皂最易溶于水）。因此，钠基润滑脂不能在潮湿条件下使用，仅适于温度高而不遇水的润滑部位，如离合器前轴承、发电机轴承等。钠基润滑脂有两种：一种由天然脂肪酸钠皂制成，称钠基润滑脂；另一种由合成脂肪酸钠皂制成，称合成钠基润滑脂。钠基润滑脂的颜色由深黄到暗褐甚至是黑色。

3）钙钠基润滑脂

钙钠基润滑脂是由钙皂和钠皂稠化润滑油而制成的，故其特点介于钙基润滑脂与钠基润滑脂之间。它既有一定的耐水性（优于钠基），又有一定的耐温性（优于钙基），广泛应用于拖拉机、汽车轴承和各类电机轴承的润滑。

4）锂基润滑脂

锂基润滑脂由脂肪酸锂皂稠化润滑油制成，外呈发亮的奶油状。它的特点是耐温性较好、适应温度范围广、力学安定性良好、低温流动性良好、耐水性良好、摩擦系数较小，且使用周期长，在性能上优于其他各种润滑脂，可以替代钙基、钠基润滑脂等。目前，进口农业机械上多采用这种润滑脂。

2. 润滑脂的选用

（1）钙基润滑脂具有良好的抗水性，但耐热性差，适用于潮湿环境或与水接触的各种机械部件的润滑。钙基润滑脂在低温时，脂内所含水分容易结冰，因而也不宜在低温下使用。加注润滑脂时，不要过满，一般只装 1/3 ~ 1/2 即可，如润滑脂过多，会增加摩擦阻力，使轴承发热。

各标号钙基润滑脂的适用情况和使用温度如下。

1 号：适用于自动给脂系统，最高使用温度不超过 55 ℃。

2 号：适用于一般转速、轻负荷、中小型机械轴承的冬季润滑，如电动机、水泵等的轴承，最高使用温度不超过 60 ℃。

3 号：适用于中负荷、中转速的各种中型机械的轴承，各种汽车、拖拉机的传动轴承，以及各种农业机械的冬季润滑部位的润滑，最高使用温度不超过 65 ℃。

4 号：适用于重型机械设备，如重负荷、低转速的大马力拖拉机和机械的夏季润滑，最高使用温度不超过 70 ℃。

5 号：一种比较硬的润滑脂，用途与 4 号相同。

合成钙基润滑脂 1 号和 2 号的用途与钙基润滑脂 2 号和 3 号的用途相同，但它们的最高使用温度分别为 50 ℃和 60 ℃。

（2）钠基润滑脂具有良好的耐热性，但耐水性差，由于脂肪酸钠皂的亲水性很强，遇水溶解，失去稠化能力，并产生乳化流失。因此，其使用在较高温度而不遇水的需润滑部位。

各标号钠基润滑脂的适用情况和使用温度如下。

2 号：适用于轻负荷，如拖拉机、汽车发动机和电动机等的冬季润滑，最高使用温度不高于 110 ℃。

3 号：适用于中、小负荷，如拖拉机、汽车发动机和电动机轴承的冬季润滑，最高使用温度不高于 120 ℃。

合成钠基润滑脂 1 号和 2 号的用途与钠基润滑脂 3 号和 4 号的用途相同,但最高使用温度分别不高于 100 ℃和 120 ℃。

(3)钙钠基润滑脂具有一定的耐水性和耐热性,适用于潮湿环境中,工作温度在 80 ~ 100 ℃。其缺点是价格较贵,注意选用和节约。

各标号钙钠基润滑脂的适用情况和使用温度如下。

1 号:适用于工作温度不高于 80 ℃的滚动轴承。

2 号:适用于工作温度不高于 100 ℃的滚动轴承,不应用在与水接触的部位及低温的润滑部位上使用。

(4)锂基润滑脂具有良好的低温性和耐水性,较好的耐热性,适用温度范围广,是一种多效能的润滑脂,具有较高的滴点,一般工作温度范围为 -60 ~ 120 ℃。锂基润滑脂可在工作温度范围内长期使用,可代替钙基、钠基和钙钠基润滑脂。使用和保管时,锂基润滑脂不能与其他润滑脂混合放置或使用,也不宜用大容器盛装,以避免出现析油情况(油分易分离出来),如果有少量析油,可在常温下搅拌均匀后再使用。

(5)二氧化钼基润滑脂是用二氧化钼粉以 3% ~5% 的质量比加到各种润滑脂中制成的。润滑油中加入二氧化钼粉后,对其耐温性、抗压性、耐腐蚀性等均有较大的改善,对于处在高速、重负荷、高温及化学腐蚀条件下的部位,有良好的润滑效果。将二氧化钼基润滑脂用到各种农业机械轴承上,润滑效果良好,并可延长保养周期。

4.1.2 油料的使用特性

4.1.2.1 柴油的主要使用性能

柴油是农业机械的主要燃料,柴油的主要使用性能有燃烧性(着火性)、供给性(流动性)、喷雾性(雾化性)、腐蚀性等。

1. 燃烧性

柴油的自燃性或着火性统称为燃烧性。柴油喷入气缸后不是立即着火燃烧,而要经过一个化学准备期(氧化反应时间),才能自行燃烧,这段时间叫滞燃期(着火落后期)。滞燃期越短,自燃性能越好,发动机工作越平稳。若自燃性差,则滞燃期长(氧化反应慢),气缸内积累的大量燃料会发生骤然燃烧,引起爆炸,使发动机工作粗暴,导致发动机功率下降,磨损增加,甚至损坏机器。与之相比,汽油机内的不正常燃烧,是由于过氧化物的自行燃烧,引起爆震。

评定柴油机燃烧性能的主要质量指标是 16 烷值和馏程。

1)16 烷值

16 烷值是反映柴油着火性能的指标。16 烷值高的柴油易形成过氧化物,着火落后期短,燃烧性能好,速燃期内压力升高率正常,柴油机工作平稳;反之,燃烧性能不好,柴油机工作粗暴。所以,16 烷值是评定柴油机在燃烧过程中粗暴程度的重要指标。轻柴油的 16 烷值应不低于 40。但 16 烷值也不易过高,当 16 烷值超过 65 时,由于蒸发性差导致燃烧不完全,燃烧时容易析出自由碳,排气冒烟。轻柴油的16烷值一般控制在40~60,但也不宜过高,一是没有必要,二是会加大耗油量。

2)馏程

柴油的蒸发性可用馏程来控制。馏分轻的柴油蒸发性好,启动性能好,燃烧完全。但馏分过轻的柴油,16烷值低,柴油机工作粗暴;馏分过重的柴油,16烷值高,但蒸发慢,黏度也大,喷雾不良,造成燃烧不完全,耗油量增加,且易积炭,增加磨损。所以,馏分要适当。

测定柴油馏程的方法和测定汽油馏程的方法大致相同。柴油馏程分为三级,分别为50%、90%、95%馏出量对应的馏出温度。一般用300 ℃的馏出量来评定柴油的蒸发性,即轻柴油规定50%的馏出温度不得高于300 ℃(中等馏分)。300 ℃馏出量的百分数越大,说明轻质馏分越多,蒸发速度越快,燃烧性能越好,单位耗油量也较低。柴油虽不规定干点,但也不应有重质馏分,一般轻柴油均应控制90%馏出量对应的温度不高于350 ℃,而实际上终馏点也不高于380 ℃。

2. 供给和喷雾性能

柴油的供给和喷雾性能实际上是柴油的低温流动性和雾化性。它们直接影响着供油和喷雾的状况,而决定这个性质的主要因素是黏度、浑浊点、凝固点、水分、机械杂质等。

柴油的黏度直接影响喷雾性能和燃烧性能。在相同喷射压力下,柴油黏度越大,流动越困难,不易过滤,影响供油量,且从喷油嘴喷出的油粒粗大、分散度小、射程远、喷雾质量差。因此,柴油燃烧不完全,造成大量积炭,排气冒黑烟。柴油黏度过小时,射程近,油和空气混合不均匀,同样造成燃烧不完全。此外,黏度过小不能保证柱塞副的密封和润滑,加速零件磨损,致使喷油压力降低,影响供油量及供油时间,使发动机功率下降。所以,黏度的大小直接影响燃烧性能。一般高速柴油机的喷油时间只有0.001~0.002 s,柴油以10~15 MPa(100~150 kg/cm^2)压力喷入气缸,油微粒直径为0.005~0.012 mm,在0.001~0.001 5 s内形成一定量的混合气,并在极短的着火落后期燃烧完(在0.002~0.004 s)。高转速柴油机常使用黏度较小的柴油,低转速柴油机常使用黏度较大的柴油。黏度随温度的升高而降低,轻柴油的黏度指在20 ℃时的恩氏黏度或运动黏度。

水分和机械杂质也是评定柴油供给性能的指标。柴油中的水分在0 ℃以下容易结冰或生成小颗粒的冰晶,会冻结油管或堵塞过滤器,造成供油中断或供油不畅,水分与柴油燃烧形成的氧化物会生成硫酸,腐蚀机器。柴油中的杂质除会堵塞油路和过滤器外,还会加剧燃油系统精密偶件的磨损或引起卡塞,导致供油压力降低,雾化性能变差,甚至不能供油。国家标准中,对油品中所含水分和机械杂质做了严格规定:柴油出厂时,规定机械杂质的质量分数不超过0.005%(即50 g/t)。但在油料运输、贮存、使用中往往会混进水分和杂质,使水分和杂质的含量远远超过国家标准,在油料使用、管理时应特别注意。

3. 腐蚀性

柴油中含有的硫、酸、碱、水、灰分和残炭等杂物,都会对发动机的零件产生腐蚀作用。其中,以硫分的影响最大。使用硫分较多的柴油,会加剧对发动机的腐蚀,此外由于含硫油料燃烧后会生成硬质积炭,严重增大机械磨损。研究表明,当含硫量超过1%时,磨损就剧烈增加,且因硫遇水生成硫酸,对机器的腐蚀作用增强。同时,含硫的废气会进入曲轴箱,增加润滑油中沉淀物的生成,并促使润滑油老化变质。所以,我国的轻柴油规格中,规定硫分不应超过0.2%。

4. 柴油的闪点和燃点

油料在规定条件加热蒸发,蒸气和空气的混合气在一定温度下产生短促闪燃,这一温度称为闪点。测定闪点的仪器有闭口式和开口式两种,柴油闪点用闭口闪点表示。同样情况下,闭口闪点比开口闪点低 10~20 ℃。贮运时,油料受热的最高温度应低于闪点 20~30 ℃。一般冬季用柴油的闪点要求大于 50 ℃,而夏季用柴油的闪点必须大于 65 ℃。控制闪点就是防止柴油中有过轻的馏分(闪点低、蒸发性好),以保证贮运安全。燃点一般比闪点高 0~20 ℃。

4.1.2.2 汽油的主要使用性能

农业机械和汽车所用的汽油均属于车用汽油,亦简称汽油。汽油性能的好坏对汽油发动机的动力性、经济性、可靠性和使用寿命有很大的影响。汽化器式汽油发动机对汽油的质量要求:良好的蒸发性、必要的抗爆性和可靠的供给性。

1. 蒸发性(汽化性)

汽油由液态转化为气态的性能叫汽油的蒸发性。汽油的蒸发性越好,就越易汽化,越易形成品质良好的可燃混合气,保证在各种条件下发动机迅速启动、加速和正常运转,特别是在低温条件下,也能使发动机顺利启动和正常工作;反之,则汽化不完全,混合气中就会悬浮不少油滴并在进气管壁上凝结,影响各缸混合气成分的均匀性,使发动机工作不均匀和不稳定。汽油蒸发不完全时,燃烧速度减慢,燃烧不完全,影响发动机的启动性能,同时造成滞后燃烧,使发动机过热、功率下降及油耗增多,而且易在气缸中形成较多的积炭。未完全燃烧的油滴还会附着在气缸壁上破坏润滑油膜,增加气缸和活塞组的磨损。汽油的蒸发性也不宜过好,否则不仅容易产生蒸发损失,而且也会使汽油在进入汽化器喷管前发生汽化,在油泵、油管和油道中形成气泡,产生所谓的“气阻”现象,妨碍供油。

评价汽油蒸发性的指标主要是馏程和饱和蒸气压。

1)馏程

馏程是油品在规定条件下(GB/T 6536—2010、GB 255—1977)蒸馏所得到的,以初馏点和终馏点表示蒸发特征的温度范围。测定馏程时,按规定的条件,在烧瓶中放入 100 mL 被试油,加热使被试油蒸发变为气体,通过冷凝槽再变为液体,流入量筒中。以从冷凝管下端滴下第一滴冷凝液时所观察到的温度计(在烧瓶中)读数为初馏点;量筒中回收 10、20、…、90 mL 冷凝液时所观察到的温度分别称为10%、20%、…、90%馏出温度;以全部液体从蒸馏烧瓶底部蒸发时所观察到的温度计读数为终馏点(干点)。剩余在烧瓶中的物质称为残留物。被试油质量减去收集的残留物及蒸出物的总质量称为被试油的蒸发损失。

10%馏出温度反映汽油中低沸点轻质馏分的多少,该温度越低,则发动机越易在低温下启动。50%馏出温度表征汽油的平均蒸发性能,该温度低,则表示可以用较少的汽油量在短期内使发动机预温,且容易将发动机由低转速提高到标定转速,也可使发动机在低速下稳定地运转而不致熄火。90%馏出温度和终馏点反映汽油中重质馏分的含量和程度，该温度越高，重质馏分越多，对发动机工作越不利，会造成燃烧不完全、冲刷缸壁、稀释机油、增加积炭等不良后果。

2）饱和蒸气压

馏程相同，蒸气压越大，则汽化越完全，蒸发性越好。蒸气压的测定按国家标准进行，具体是在一定实验条件下（38 ℃），汽油在密闭的容器里蒸发时，所产生的最大蒸气压力（液体和气体处于平衡状态时的蒸气压力）。饱和蒸气压以毫米汞柱高度表示。饱和蒸气压越高，说明汽油中含轻质成分越多，其蒸发性越好，在发动机燃油系统中产生“气阻”的可能性越大，贮存中的蒸发消耗也越大，但启动性能越好。因此，汽油规格指标中，规定饱和蒸气压不大于500毫米汞柱高，它是限制汽油不致发生“气阻”的指标。大气温度与汽油不致引起气阻的蒸气压的关系见表4－1－4。

表4－1－4　大气温度与汽油不致引起气阻的蒸气压的关系

大气温度（℃）	10	16	22	28	33	38	44	49
不致引起“气阻”的最高蒸气压（mmHg）	730	630	570	520	420	365	310	275

2. 抗爆性

在汽油机正常燃烧过程中，火焰传播速度为30～70 m/s。在特定情况下，由于气缸温度、压力上升，在火焰前锋还未到达的地方，混合气剧烈氧化而自燃，产生许多新的燃烧中心，其火焰传播速度高达800～1 000 m/s，形成压力脉冲，使气缸内产生清脆的金属敲击声，这种不正常的燃烧称为爆燃（震）。它将导致功率下降、油耗增加，长时间爆燃还会使发动机过热，甚至造成零件损坏。汽油机的压缩比越高，气缸温度、压力也越高，爆燃的倾向也越严重。所以，爆燃限制了压缩比的提高，从而限制了汽油机热效率的提高。

评价汽油抗爆性的指标为辛烷值。提高汽油辛烷值的方法包括：采用先进的炼制工艺；在汽油中调入高辛烷值组分；加入抗爆添加剂。

3. 安定性

汽油在正常的贮存和使用条件下，保持其性质不发生永久变化的能力，称为汽油的安定性。安定性不好的汽油，在贮存和运输过程中容易发生氧化反应，生成分子量较大的胶状物质和酸性物质，使辛烷值降低、酸值增加、颜色变深，导致汽油的使用性能变差，且容易发生积炭、堵塞油道等现象。

水和汽油中已存在的胶质也对形成胶质起催化作用。在容器壁上残留的胶质，会强烈地促进新装入燃料中胶质的形成。水不仅是形成胶质的媒介，而且会溶解汽油中的抗氧化剂（木焦油），降低它在燃料中的浓度，使油的安定性降低。汽油中加入抗氧化添加剂，可以缓和过氧化物在汽油中的积聚过程，减缓胶质的形成。

4.1.2.3　润滑油的主要使用性能

润滑油的主要使用性能有流变性能、抗氧化性能、清净分散性能、抗腐蚀性能等。另外，还有油性和极压性能等（主要对齿轮油）。

1. 流变性能

润滑油在内燃机中是以流动的形式出现的，同时受到高温高压的作用。润滑油在上述工况下的一些特性叫润滑油的流变性能,如润滑油的黏度、黏温性和黏压性等。

黏度是润滑油最重要的使用性能。一般情况下,黏度大,则油膜厚度大,相对速度高;而负荷越大,油膜厚度越小。所以,润滑油的黏度不能过小。但黏度也不能过大,否则会因流动性差,在低温启动时加剧机器的磨损。此外,润滑油黏度大,则油分子内摩擦力大,会增加功率消耗并造成启动困难,还会削弱润化油的密封、散热、冷却、清洗等作用。

黏温性是油品黏度随温度变化的性质。从我国汽车、拖拉机的工作环境来看,我国从北到南,温差超过 70 ℃;从润滑油所接触的零件来看,曲轴箱的油温为 40 ~ 90 ℃,活塞环的温度则高达 300 ℃左右,润滑油的工作温度差达 200 ℃以上。若黏温性不好,就会出现低温时黏度过大,高温时黏度过小的不良影响,加剧机件的磨损和损坏,因此要求润滑油具有良好的黏温性。

2. 抗氧化性能

润滑油氧化会给发动机正常工作带来严重的危害,主要表现在内燃机各部位形成沉积物。润滑油在燃烧室中处于薄膜、雾化和高温状态,所以很容易发生深度氧化、裂化和燃烧,生成的胶质、沥青质、未完全燃烧的炭粒与外界侵入的尘土等混在一起粘在金属表面上形成积炭。它是一种热的不良导体,因此零件表面附有积炭层后就易出现过热现象。

3. 清净分散性能

在润滑油中加入清净分散添加剂,有助于使积炭、漆膜和油泥保持微粒状态并分散在油中,而不使其凝聚成大片,沉积在金属表面。

4. 抗腐蚀性能

润滑油被氧化后,会生成各种有机酸,在高温、高压和有水存在的条件下,将对金属起腐蚀作用。所以,内燃机油,特别是柴油机机油对抗腐蚀性指标有严格的要求。提高润滑油的抗腐蚀性能,要靠提升润滑油的精制程度以减小酸值,同时要添加适量防腐添加剂。防腐添加剂多为硫磷化的有机盐,它能在轴承表面形成防腐蚀保护膜,同时减少油料在使用中老化生成的氧化物。

4.1.3 油料使用的注意事项

4.1.3.1 轻柴油使用的注意事项

(1)在冬季缺少低冷凝点轻柴油时,可以在高冷凝点柴油里掺入体积分数为 10% ~ 40% 的裂化煤油。例如,在 0 号柴油中掺入 40% 的裂化煤油,可获得 -10 号轻柴油。但不能在柴油中掺兑汽油,因为汽油的自燃温度高,添加后将使启动困难、工作粗暴。

(2)不同牌号柴油可以掺兑使用,如在 0 号轻柴油中掺入一定比例的低冷凝点轻柴油,可得到冷凝点在 0 ~ 4 ℃的轻柴油,以满足冬季使用。

(3)应注意,向油箱加注的轻柴油的沉淀时间不小于 48 h,以免发生喷油泵、喷油器精密偶件的早期磨损。

4.1.3.2 机油使用的注意事项

1. 正确进行质量等级的选择

应选用质量等级合适的润滑油,这对发动机的正常工作很重要。正常情况下,可按使用说明书规定的规格选择，但在某些情况下，应酌情提高一级用油等级。例如，用ECC级机油的柴油机，在工作条件苛刻、使用条件恶化时，应将机油等级提到ECD级。

2. 要选用黏度适宜的润滑油

在机油黏度的选择上，有些人错误地认为高黏度机油有利于润滑及减少磨损。实际上并不是这样，高黏度机油的低温启动性和泵送性差，启动后供油慢，冷却和洗涤作用差。因此，应在保证活塞环良好密封和零件磨损正常的条件下，适当选用低黏度的润滑油。只有在发动机严重磨损或工作条件特别恶劣的情况下，才允许使用比该地区气温所对应的黏度高一级的润滑油。

3. 慎重选用代用油品种

如油品供应不及时或没有合适品种牌号，可临时采用代用油品种，但必须依照使用说明书中的代用说明使用。使用中应加强观察，注意滤清器的堵塞情况及油质变化等，发现问题及时停车处理。

4. 要采用多级油

为了节能并延长发动机的使用寿命，要采用多级油。目前，我国多级油产量逐年增加，首先保证寒冷季节、寒区与严寒区的供应，未来将逐步在全国各地各种型号的汽车、拖拉机上使用。在选用时，要注意多级润滑油的质量等级和适用地区范围。多级油在使用中油色易变黑，机油压力小些，这是正常现象。

5. 保证正常油面

油底壳中的油面过高，会烧机油产生积炭；油面过低，机油易产生变质，且会因缺油使零件磨损加剧甚至烧损。

6. 定期或按质更换机油

机油在使用中应进行质量监测，尽量实现按质换油。换油时，应在热车时进行，高油温不仅易放油，而且能将油中的劣化物悬浮、分散并和机油一起放出。加入新机油后应着火数分钟，再停车30 min，检查油面，如不足应添加。在无分析手段，不能实现按质换油时，可以按期换油作为过渡。

7. 定期更换机油滤芯

由于油中杂质和黏稠物会被滤芯微孔滤掉并积存在滤清器中，如滤芯堵塞，油就不通过滤芯而直接进入主油道，将脏物带入各润滑点，加剧磨损。因此，必须定期更换机油滤芯。

【知识拓展】

发动机润滑油

1. 润滑油的组成

润滑油由基础油和添加剂两部分组成，因为单靠基础油并不能满足诸多的性能要求。基础油是从石油中提炼的精选成分，具有最基本的黏度特征；添加剂是化学物质，用以改善和提高机油的品质。

1）基础油的分类

润滑油基础油主要分矿物基础油及合成基础油两大类。矿物基础油虽然应用广泛，用量很大，但有些应用场合必须使用合成基础油调配的产品，因而使合成基础油得到迅速发展。

矿物基础油是直接从石油中精炼得到的用于制作润滑油的物质。合成基础油是原油或煤炭中较轻的乙烷、丙烷等裂解成乙烯,再经复杂的化学变化将它们重组而成的物质,其物理和化学性能稳定、不含杂质,比矿物基础油具有更多优点。

2)基础油的加工工艺

(1)传统工艺:减压蒸馏、溶剂脱沥青、溶剂精制、溶剂脱蜡、白土或加氢补充精制。

(2)现代工艺:加氢精制、加氢脱蜡(降凝)、加氢裂化、加氢异构化。

3)基础油的分类

(1)中国基础油分类标准。

通用基础油按黏度指数(Viscosity Index,VI)分类,包括 UHVI($VI>140$)、VHVI($VI>120$)、HVI($VI>80$)、MVI($VI=40\sim80$)、LVI($VI<40$)。其中:UHVI 为超高黏度指数、VHVI 为很高黏度指数、HVI 为高黏度指数、MVI 为中黏度指数、LVI 为低黏度指数。例如,高黏度指数、低凝点、低挥发性中性油表示为 HVIW;中黏度指数、深度精制中性油表示为 MVIW;高黏度指数、深度精制基础油表示为 HVIS;中黏度指数、低凝点、低挥发性中性油表示为 MVIS 。

(2)基础油分类的国际标准。美国石油协会根据基础油的主要特性把基础油分成 5 类。类别Ⅰ:硫含量 >0.03%,饱和烃含量 <90%,黏度指数 80 ~120。类别Ⅱ:硫含量 <0.03%,饱和烃含量≥90%,黏度指数 80 ~120。类别Ⅲ:硫含量 <0.03%,饱和烃含量≥90%,黏度指数 >120。类别Ⅳ:聚 α-烯烃(PAO)合成油。类别Ⅴ:不包括在Ⅰ至Ⅳ类的其他基础油。

4)添加剂的主要品种及作用

添加剂是根据润滑油需要的质量和性能,改善其物理化学性质的物质,其对润滑油赋予新的特殊性能或加强润滑油原来具有的某种性能,以满足更高的要求。对添加剂精心选择、仔细平衡,进行合理调配,是保证润滑油质量的关键。事实上,优质润滑油表现的是一种综合性能。

一般来说,发动机机油需具备和满足以下这些要求,才能保证发动机的正常工作:适当的黏度;良好的低温流动性能;抗氧化性;热稳定性;清净分散性能;抗磨损性能,防腐蚀、抗锈蚀性能。因此,要使用各种添加剂,常用添加剂有以下几种。

(1)黏度指数改进剂,能改进黏温性,提高黏度指数的添加剂。

(2)倾点降低剂,能降低油品倾点或凝点的添加剂。

(3)清净添加剂,有助于使固体污染物颗粒悬浮于油中,具有表面活性的添加剂。

(4)分散添加剂,能将低温油泥分散于油中的添加剂。

(5)金属钝化剂,能抑制金属及其化合物对石油产品起氧化催化作用的添加剂。

(6)极压抗磨添加剂,能和接触的金属表面起反应形成高熔点无机薄膜,以防止在高负荷下发生熔结、卡咬、划痕或刮伤的添加剂。

(7)油性添加剂,能增加油膜强度,减少摩擦系数,提高抗磨损性能的添加剂。

(8)抗氧化添加剂,可以抑制油品氧化的添加剂。

(9)抗泡沫添加剂,可以防止或减少油品起泡的添加剂。

(10)乳化剂,能使油品乳化并保持稳定的一种表面活性物质。

(11)抗腐蚀添加剂,能防止或延缓金属被腐蚀的添加剂。

2. 润滑油使用的注意事项

(1)按车辆使用明书,正确选择润滑油的使用等级。

(2)一般使用等级高的润滑油可以代替使用等级较低的润滑油,但绝不能用使用等级低的润滑油代替使用等级高的润滑油,否则会导致发动机早期磨损。

(3)应注意用油的地区或季节的变化,及时换用适宜黏度等级的润滑油。

(4)应结合使用条件按质换油,要将废油放干净,同时必须注意严防水分、杂质混入。

(5)必须按机油标尺添加润滑油。油量不足会引起零件磨损,加速机油变质;油量过多会窜入燃烧室内,形成大量积炭。

(6)加强对空气滤清器、燃油滤清器和机油滤清器的清洁,并加强曲轴箱的通风,以减轻对机油的污染,防止机油早期变质。

【任务小结】

(1)油料的基本知识。

(2)油料的主要使用性能。

【课后练习】

1. 名词解释

(1)油料。

(2)燃点。

(3)馏程。

(4)辛烷值。

2. 填空题

(1)中国有三大油料生产公司:________、________、________。

(2)汽油有________、________和________。

(3)国产柴油分为________、________和________。

(4)润滑油分为________、________和________三种。

(5)锂基润滑脂具有良好的________和________,较好的________,适用温度范围宽,是一种多效能的润滑脂。

3. 判断题

(1)1 号润滑脂适用于一般转速、轻负荷、中小型机械轴承的冬季润滑,如电动机、水泵等的轴承,最高使用温度不超过 60 ℃。 (　　)

(2)钠基润滑脂具有良好的耐热性,但耐水性差。 (　　)

(3)锂基润滑脂具有良好的低温性、耐水性,较好的耐热性,适用温度范围广,是一种多效能的润滑脂。 (　　)

(4)表征柴油低温流动性的指标有浊点、凝点和冷滤点。 (　　)

(5)轻质油料,特别是汽油,极易蒸发。 (　　)

【总结评价】

(1)谈一谈你学习完本任务的体会及收获。

(2)谈一谈在完成任务学习的过程中,你和你所在小组的收获、不足和有待改进提高的地方。

(3)结合学习的实际情况,完成表4-1-5和表4-1-6。

表4-1-5 油料使用性能与选用评分表

<table>
<tr><th>序号</th><th colspan="2">考核内容</th><th>配分</th><th>评分内容</th><th>考核记录</th><th>得分</th></tr>
<tr><td rowspan="5">1</td><td rowspan="5">知识</td><td>柴油的特性及使用性能</td><td>10</td><td>1. 知道柴油的种类及牌号;
2. 知道柴油选用的基本知识,如凝点、冷滤点等</td><td></td><td rowspan="5"></td></tr>
<tr><td>汽油的特性及使用性能</td><td>10</td><td>1. 知道汽油的种类及牌号;
2. 知道汽油选用的注意事项</td><td></td></tr>
<tr><td>润滑油的特性及使用性能</td><td>10</td><td>1. 知道润滑油的种类和牌号;
2. 知道润滑油选用的注意事项</td><td></td></tr>
<tr><td>齿轮油的特性及使用性能</td><td>10</td><td>1. 知道齿轮油的种类和牌号;
2. 知道齿轮油的使用特性及选用的注意事项</td><td></td></tr>
<tr><td>润滑脂的特性及使用性能</td><td>10</td><td>1. 知道润滑脂的种类和牌号;
2. 知道润滑脂的使用特性及选用的注意事项</td><td></td></tr>
<tr><td rowspan="3">2</td><td rowspan="3">技能</td><td>轻柴油的使用</td><td>10</td><td>掌握使用轻柴油的注意事项</td><td></td><td rowspan="3"></td></tr>
<tr><td>机油的使用</td><td>10</td><td>掌握使用机油的注意事项</td><td></td></tr>
<tr><td>润滑油和润滑脂的使用</td><td>10</td><td>掌握使用润滑油和润滑脂的注意事项</td><td></td></tr>
<tr><td rowspan="2">3</td><td rowspan="2">态度</td><td>安全生产意识</td><td>10</td><td>能在导师的指导下安全文明生产</td><td></td><td rowspan="2"></td></tr>
<tr><td>合作、吃苦精神</td><td>10</td><td>能与小组同学合作完成本次任务,操作过程中能做到吃苦耐劳</td><td></td></tr>
<tr><td>4</td><td colspan="2">分数合计</td><td>100</td><td></td><td></td><td></td></tr>
</table>

表 4-1-6　项目四任务一工单

<table>
<tr><td rowspan="2">任务名称</td><td rowspan="2">油料使用性能与选用</td><td>姓名</td><td></td><td>班级</td><td></td></tr>
<tr><td>日期</td><td></td><td></td><td></td></tr>
<tr><td colspan="6">1. 油料的基本知识
1）柴油的种类及特性

2）汽油的种类及特性

3）润滑油和润滑脂的种类及特性

4）齿轮油的种类及使用特性

2. 柴油、汽油使用的注意事项</td></tr>
</table>

任务二:油料的识别与检验

【任务目标】

（1）掌握鉴别油品的简易方法。
（2）掌握油品质量的检验方法。
（3）掌握农用油料的简易识别方法。

【导师导学】

4.2.1　鉴别油品的简易方法

看、闻、摇、摸识别法指在没有专用仪器和设备的情况下，采用眼看、鼻闻、摇动盛油品的容器和手摸等鉴别方法对油品进行鉴别。正确地选用各种油料，除应熟悉油料的性能外，还必须能对各种油料进行识别、区分和简易的检验。

常用油料的简易识别法见表4－2－1。

表4－2－1　常用油料的简易识别法

油料种类	识别办法			
	看	闻	摇	摸
汽油	淡黄色、浅红色或橙黄色	强烈汽油味	气泡随产生随消失	发涩，挥发，有凉感
溶剂汽油	水白色	汽油味带芳香味	气泡随产生随消失	发粱，挥发快，有凉感
灯用煤油	水白色到浅黄色	柴油味	气泡随产生随消失	稍光滑，挥发慢
轻柴油	茶黄色，油面发蓝	柴油味	气泡小，消失较快	光滑，沾手后有油感
重柴油	棕褐色	稍带柴油刺激味	气泡带黄色，消失较慢	沾手后有机油感
汽油机、柴油机机油	蓝绿色到深棕色	有刺鼻气味	气泡少而大，消失慢，油挂瓶较多，呈黄色	蘸水捻后稍乳化，发黏稠
低凝汽油机、柴油机机油	黄色到棕色	有刺鼻气味	气泡较多，消失较慢，油稍挂瓶	—
齿轮油（馏分型）	深棕色到蓝褐色	有较强烈刺鼻性气味	气泡少而大，消失慢，油挂瓶较多，呈黄色	手捻发黏稠、油腻
齿轮油（渣油型）	绿色到黑色	有焦煳味	挂瓶很长时间	沾手后不易擦掉
10号机械油	黄色到棕色，有蓝色荧光	机械油气味	气泡较多，消失较快，油稍挂瓶，不显色泽	光滑感
20号、30号、40号机械油	黄褐色到棕色，有蓝色荧光，但不明显	机械油气味	气泡较多，消失慢，油稍挂瓶，呈黄色	光滑感
低凝液压油	浅黄色或红色	—	气泡较多，消失很快	—
液压油	浅黄色到黄色发蓝光	有刺鼻味	气泡产生后很快消失，稍挂瓶	—
变压器油	浅黄色，结构均匀	稍有柴油味	气泡大而多为白色，不挂瓶	—
钙基润滑脂	黄褐色，结构均匀	机油味	软膏状	光滑，不拉丝，蘸水捻不乳化
二硫化钼基润滑脂	灰黑色，结构均匀	机油味	软膏状	光滑，不拉丝，手捻呈银灰色，蘸水捻不乳化
钠基润滑脂	黄色到浅褐色，结构松，呈纤维状	稍有碱味	—	蘸水捻乳化，有弹性

续表

油料种类	识别办法			
	看	闻	摇	摸
钙钠基润滑脂	浅黄色发白,略呈颗粒状,结构散	机油味	—	不光滑,稍有弹性,不沾手,稍有拉丝
锂基润滑脂	浅黄色到暗褐色,结构细腻	—	—	光滑细腻,手捻不拉丝
醇型汽车制动液	浅黄色或粉红色,透明	强烈酒精味	气泡消失快,油不挂瓶	手摸有凉感

1. 看油料的颜色结构

不同品种的油料一般都具有不同的颜色。颜色浅的是轻质馏分和精制程度深的油;颜色深的多是残渣油和精制程度差的油,或是重质馏分的油。在识别颜色时,装油的容器大小、颜色要一致,否则对颜色有很大影响。油料的结构主要是脂类,不同皂基的润滑脂结构不同,如钙基脂呈油性软膏状,而钠基脂呈纤维状。

2. 闻油料的气味

油料的气味因油而异,一般分汽油味、煤油味、柴油味、酸味、香味、酒精味等。一般加入添加剂后的油料具有一定的酸味。气味只限于区别油料的种类,不能区分具体的牌号。

3. 摇动油料观察油料变化

把油料装在白玻璃瓶中摇动并观察挂瓶情况和气泡情况。黏度小的油料产生气泡多、直径小、上升速度快,且消失快、油挂瓶少;黏度大的油料产生气泡较少、直径较大、上升速度慢,且油挂瓶多。利用这一特性可以基本区别出油料的牌号。温度的变化对于油料的黏度也有较大影响。温度越低,黏度越大,气泡产生情况也随之变化。特别是高凝点的油,其在温度较低时黏度大,但经剧烈摇动后,黏度明显变小。

4. 用手摸油时感觉

用手摸油脂的软硬程度和光滑感。精制好的油料光滑感强;反之,油料的光滑感差。根据润滑脂的软硬程度,可以区分其牌号,号小的软,号大的硬。

4.2.2 油料质量的简易检验

在油料的简易检验方法中,有些属于定性分析检验,如水、杂质、水溶性酸和碱的检验,只能检验有无,不能检验多少;有些属于定量分析检验,如凝点、闪点和滴点等的检验。但定量分析检验由于使用简易仪器、工具和方法,只能得出近似值,黏度只能做相对的比较。

1. 汽油质量的简易检验

1)检验水分和杂质

(1)将被试油装入试管,剧烈摇动几次,如呈混浊现象,则证明含水,反之即为合格。

(2)检验杂质时,将汽油滴在纸上,若立即挥发无痕迹,则说明无杂质。

将被试油桶倾斜放置,用手将玻璃管上部堵严并将玻璃管插入桶底,将手指放开,待桶底汽油进入管中,便用手指堵严管口,最后将管迅速抽出至桶外,观察有无铁锈杂质。

底部如有灰色沉淀物，即发生四乙基铅失效。四乙基铅是一种不安定的化合物，在温度、阳光、空气及水作用下会分解或氧化，产生白色的氧化铅。

2）检验馏分

（1）将汽油滴在铁片上，如长时间蒸发不尽，说明汽油中含重质成分多或汽油中的轻质成分大量蒸发损失。

（2）检查相对密度。汽油的相对密度一般在 0.712 ~0.761，目前使用的汽油的相对密度一般在 0.73。如相对密度增加，说明轻质成分损失，重质馏分增加。

2. 柴油质量的简易检验

1）检验水分和杂质

（1）可将少量油样注入试管，轻微摇动，然后对着阳光观察底部有无水分和杂质沉淀，以及有无混浊现象或悬浮物。

（2）如果轻柴油的颜色变深、不透明或有沉淀物，说明混入水分，或氧化胶质含量增大。

（3）将柴油装入透明的玻璃管中，油流过后，如果管壁不透明且有污点，说明油中有较多的杂质。

2）检验凝点和浊点

取一广口暖瓶（图 4 -2 -1），瓶内装食盐和冰，在瓶塞上固定一大直径的试管，在大试管内布置一小试管，小试管内装检验的油样。用一支量程为 40 ~150 ℃的温度计穿过小试管的软木塞，温度计水银球离管底 8 ~10 mm。当被试油温度降到估计凝点前 3 ~5 ℃时，拿出试管，马上稍微倾斜一下，若油面还流动，则放入试管继续冷却；每降低 1 ℃，取出试管观察一次，若油面不流动，再迅速横放 3 s，油面仍不动时，此时温度则为凝点。检验中必须注意，凝点是油品在低温下开始不流动的温度，而不是早已不流动的温度。还要注意，试管要洁净且干燥。

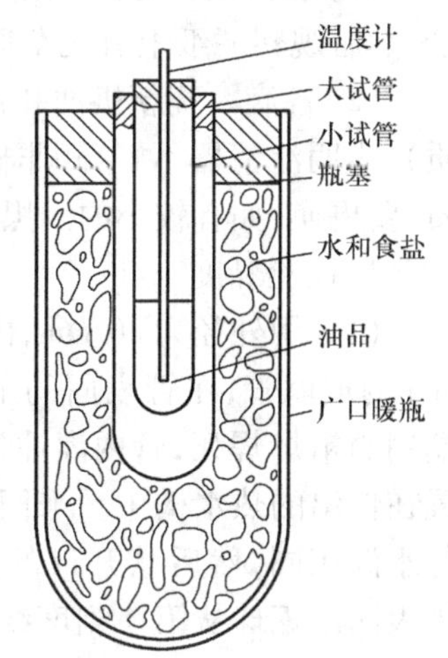

图 4 -2 -1　凝固点、浊点简易检验工具

检验浊点的方法与检验凝点相似，当油品温度降到估计浊点前 5 ℃时，取出试管观察，即与标准油样对比有无混浊现象出现；若油品仍透明，则继续冷却，每降低 1 ℃取出观察一次；出现混浊现象时的温度，即为浊点。

3）检验闪点（开口闪点）

用酒精灯直接加热坩埚（装 2/3 被试油），如图 4 -2 -2 所示。在坩埚上方吊一量程为 300 ℃的温度计测量温度，在温度上升到接近闪点时（估计闪点前 20 ℃），要控制温度上升速度，每分钟上升不超过 4 ℃，并不断用引火器从油面滑过（距油面 1 cm 处）。油面第一次开始闪光时的温度，即为闪点。

4）检验水溶性酸和碱

用两支清洁的玻璃试管，分别装入蒸馏水和被试油样，液面高 30 mm。第一支试管中滴入 3 滴酚酞试剂，第二支试管中滴入 3 滴甲基橙，摇晃 1 min，即可观察结果。若第一支试管中的液体变成玫瑰红色，说明呈碱性；若第二支试管中的液体变成红色，说明呈酸性。

试剂的配制方法：酚酞试剂由 1 g 酚酞溶解于 100 mL 的工业用乙醇中制成；甲基橙试

剂由 0.2 g 的甲基橙溶解于 100 mL 的蒸馏水中制成。

5）检验腐蚀性

用细砂纸将铜片磨光，并用酒精洗净，再放入被试油样的试管中，将试管口塞严，放在 50 ℃水浴中保温 3 h。取出铜片观察，表面如发黑且有斑点和铜绿，说明油有腐蚀性；若表面无斑点和铜绿出现，则为合格。

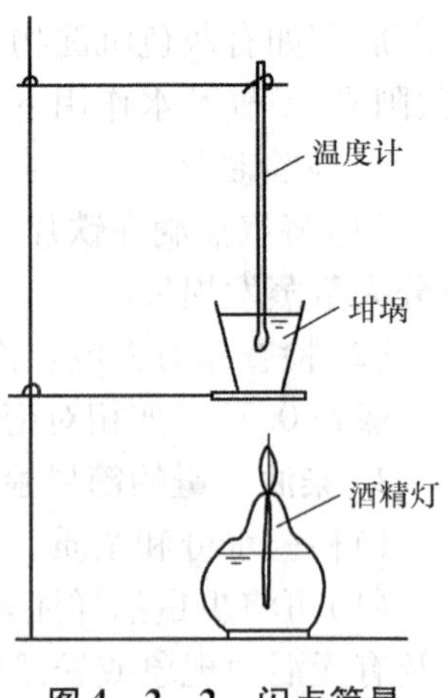

图 4－2－2　闪点简易检验用具

3. 检验润滑油

1）检验水分

取适量油样注入试管后，放在酒精灯上加热，仔细倾听有无“噼啪”的响声；如有，则说明油中含有水分。或将一片铜丝网加热，放入油中，如油中出现“噼啪”的响声，表明油中有水；如无响声，则不含水。

2）检验机械杂质

（1）取少量润滑油，用清洁汽油稀释，最后用一张过滤纸过滤后，再用少量汽油冲洗滤纸，然后观察滤纸上有无杂质。

（2）各滴一滴新机油和被试油在白色滤纸上，如被试油中有较多的黑点（炭粒及硬沥青质），表明滤清器不好，并非机油变质；如整滴油为黑褐色且均匀、无颗粒，表明机油严重变质，要更换；如有较小的浅黑点且四周有黄色浸润痕迹，表明机油可继续使用。

3）检验黏度

（1）用外径为 10 mm，内径为 5～6 mm，长为 300 mm 的玻璃管，在管表面的上、下部设 2 道刻度线，一端用酒精灯焊死，管内灌注被试油，倾斜 45 ℃左右搁置在恒温的热水槽中。来回旋转，使管内被试油温度与水温相同，然后从开口的一端放入一个小钢球，用秒表测出钢球从第一刻度线到第二刻度线的时间，时间长说明黏度大。将测试结果与标准油样的结果比较，如时间长，说明黏度大；反之，黏度小。操作时注意试管在水中角度要相同，小钢球放入时，不能有初速度，试管要较圆。此检验用具如图 4－2－3 所示。

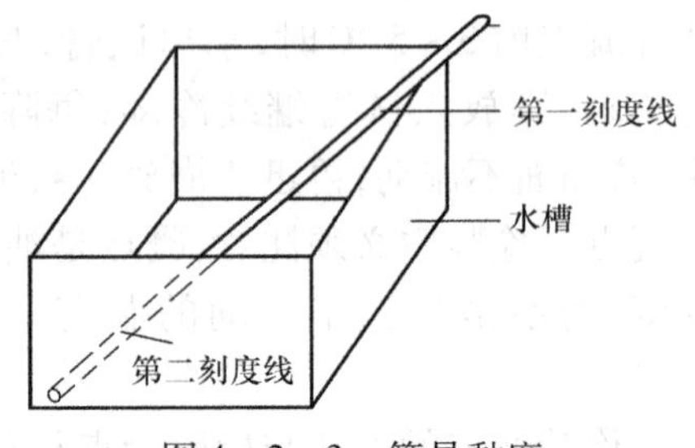

图 4－2－3　简易黏度检验用具（1）

（2）用两根直径和长度相等的试管，分别加标准油和被试油，留出一个大小相同的气泡（或放一个小钢球）塞上木塞，然后在倒置的情况下比较玻璃管中气泡上升的速度或钢球下沉的速度。如气泡上升速度（钢球下沉速度）慢，则说明黏度大；反之则小。如两管所测数据相差超过 20%，则被试油样的黏度不合格。此简易黏度检验用具如图 4－2－4 所示。

（3）用 STY－I 型柴油温简易分析仪中的黏度尺测定。测试时，标准油和被试油温度一致（温度计测试），在 18～20 ℃范围内。测定时，使标准油和被试油同时从黏度尺有斜面一端的小孔中流出，当标准油流到标准线时，迅速将油尺放平，并观察被试油流到的位置，记下读数。被试油在上、下限刻线之间为合格，超过下限（黏度太低）和上限（黏度太高）均不合格。

4）水溶性酸和碱以及闪点的检验

水溶性酸和碱以及闪点的检验与柴油相同。在腐蚀性的检测方法中，除水浴温度保持

100 ℃以外，其他方法与检测柴油相同。

4. 润滑脂质量的简易检验

1）检验机械杂质

取少量油样，滴在一块洁净的玻璃板上，并涂抹成 1 ~ 2 mm 厚的油层。对着阳光观察有无不透明的小颗粒或不均匀的块状物。如有，则说明有杂质或油品不好。

2）检验滴点

将被试的润滑脂均匀地涂在温度计的水银球上，厚约 1 mm，长约 10 mm，并将水银球顶端 1 mm 处的润滑脂刮去；然后将温度计放入直径 35 mm、长约 200 mm 的试管中，水银球距离底部约 20 mm；用软木塞封堵试管并放入油槽中加热，润滑脂从温度计上滴落时的温度即为润滑脂的滴点。滴点在 140 ~ 150 ℃为钠基脂；在 120 ~ 135 ℃为钙钠基脂，在 75 ~ 95 ℃为钙基脂。此法仅能粗略判断润滑脂的牌号。润滑脂滴点的简易检验用具如图 4 – 2 – 5 所示。

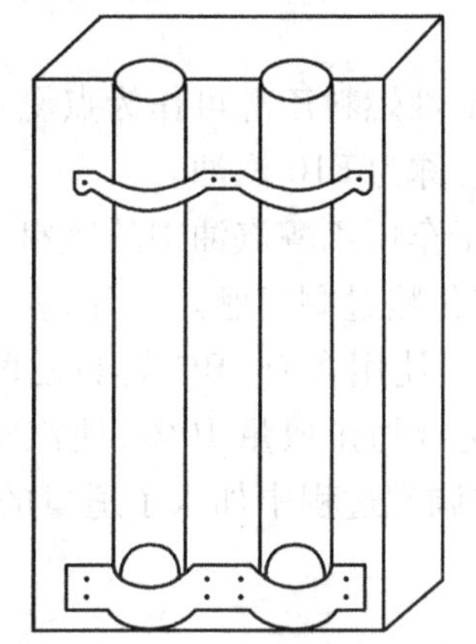

图 4 – 2 – 4　简易黏度检验用具(2)

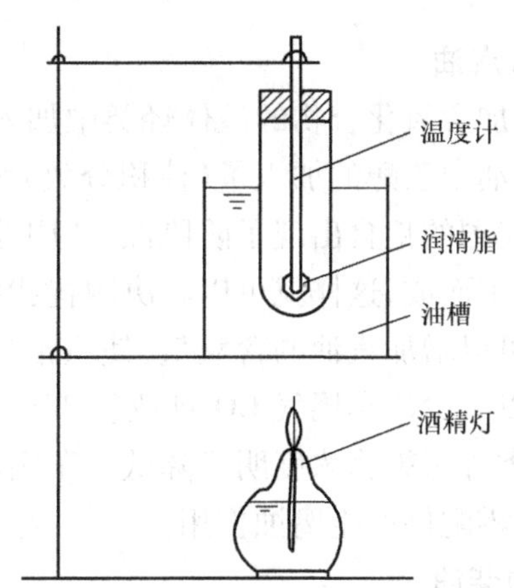

图 4 – 2 – 5　润滑脂滴点的简易检验用具

3）腐蚀性的检验

检验润滑脂的腐蚀性时，亦可在室内常温下放入铜片，搁置 72 h，无铜绿或斑点即为合格。

4.2.3　农用油料的简易识别方法

农用油料品种较多，对质量要求严格，有些油料在外观上比较近似，如不仔细辨别，很容易用错。此外，油料从生产到使用需要经过许多环节，如果管理不善，就会造成油料的污染和变质。错用或使用变质的油料，都会影响机器的正常工作。因此，农用油料的经营和管理者及广大农机驾驶操作人员都需要了解和掌握一定的油料鉴别方法和一些简易的油料质量检验技术，以避免不必要的损失。而鉴别油料可采用一看、二闻、三摸、四摇的办法。

一看颜色。合格的轻柴油呈茶黄色；柴油机机油呈绿蓝到深棕色；齿轮油根据型号的不同呈墨绿色到黑色；钙基润滑脂呈黄褐色，钠基润滑脂呈黄色或浅褐色，钙钠基润滑脂呈浅黄白色。

二闻气味。柴油机机油有刺鼻气味，齿轮油有焦煳味，轻柴油有较重的柴油味，钙基润滑脂有机油味。

三用手摸。轻柴油用手捻动，有光滑油感；柴油机机油较黏稠，蘸水捻后稍乳化，能拉短丝；齿轮油黏稠，沾手后不易擦掉，能扯丝；钙基润滑脂蘸水捻不乳化，光滑不拉丝；钠基润滑脂蘸水捻能乳化，可拉丝；钙钠基润滑脂蘸水捻不乳化、不沾手，稍能拉丝。

四装瓶摇动。将轻柴油装入无色透明玻璃瓶中约 2/3 的高度，摇动观察，油不挂瓶，产生的气泡小，消失稍慢。摇动柴油机机油瓶，气泡少且难消失，油挂瓶。摇动齿轮油瓶，油挂瓶时间长、瓶不净。

用以上这些简易的识别方法，只能粗略地识别常用油的特性，如要正确区分油料还需辨别牌号。

【知识拓展】

几种新型燃料能源

1. 乙醇汽油

在不添加含氧化合物的液体烃类中加入一定量的变性燃料乙醇可作为点燃式内燃机的燃料。当汽油中乙醇的加入量（体积分数）为 10.0% 时，称为 E10 汽油。

目前，我国的粮食出现了阶段性、结构性过剩。由于车用乙醇汽油中的燃料乙醇是以粮食为原料加工而成，这样就可以解决困扰我国多年的陈化粮过剩问题。另外，燃料乙醇具有自供氧性，可以增加汽油的含氧量，使汽油燃烧更充分。使用含有 10% 燃料乙醇的车用乙醇汽油，可以减少汽车尾气 CO 排放量 30% 以上、CH 化合物排放量 10%，使汽车尾气中氮氧化物、酮类等污染物浓度明显降低。车用乙醇汽油在调配过程中加入了适量的防腐剂，不会对汽车的零配件产生腐蚀作用。

2. 生物柴油

生物柴油是清洁的可再生能源，它是以大豆和油菜籽等油料作物和油棕、黄连木等油料林木的果实以及工程微藻等油料水生植物，还有动物油脂、餐饮业废油等为原料制成的液体燃料，属于优质的石油柴油代用品。生物柴油是典型"绿色能源"，大力发展生物柴油对实现经济可持续发展，推进能源替代，减轻环境压力，控制城市大气污染具有重要的战略意义。

生物柴油的优点如下。

（1）原料易得且价廉。用油菜籽等生物油料源为生产原料，可以从根本上摆脱对石油制取燃油的依赖。

（2）有利于土壤优化。油菜可与其他作物轮种，从而改善土壤状况，平衡土壤养分，挖掘土壤增产潜力。

（3）副产品具有经济价值。生物柴油生产过程中产生的甘油、油酸、卵磷脂等一些副产品的市场前景较好。

（4）环保效益显著。生物柴油燃烧时不排放二氧化硫，排出的有害气体比石油柴油减少 70% 左右，且可获得充分降解，有利于生态环境保护。

3. 甲醇汽油

甲醇本身可以燃烧（航模大部分使用甲醇燃料）。与汽油相比，甲醇的辛烷值高（大于 110），抗爆性好，蒸发热值大。车用高清洁醇醚汽油的生产工艺大致为甲醇 + 特种改性剂

+轻质油(轻烃)+90 号汽油+抗氧化剂+清净分散剂,通过常温常压下搅拌混合并静态反应 18 h 后可出库使用。甲醇汽油以掺入甲醇的比例来分类和命名,如掺入 15%(体积比)的甲醇称为 M15,掺入 85% 的甲醇称为 M85,纯甲醇燃料用 M100 来表示。我国地方标准规定了 M5、M15、M25 车用甲醇汽油的标准。甲醇是无色液体,有刺鼻的气味,能溶解于乙醇和水。甲醇毒性很大,主要经呼吸道和胃肠道吸收,皮肤也可部分吸收,明显的蓄积作用将危害人的神经系统,尤其是视神经系统,而且一旦进入人体,就不易排出。目前,甲醇汽油还没有相应的国家标准。

4. 煤制油

煤制油是化工产品,是通过一系列复杂的化工工艺以煤炭为原料生产的燃油,中间涉及液化、脱硫、分离等非常复杂的过程。其生产工艺甚至比一般的炼油工艺还复杂得多,比一般的化工产品的工艺也要复杂。可以说,煤制油生产厂是煤液化厂、炼油厂、化工厂等的集成。"煤制油"就是把相对不便于运输、贮存、使用的固态燃料转变为液态燃料,把相对污染程度较严重的煤炭转化为更洁净的燃油的技术。简单地讲,就是将煤炭进行液化。

目前,煤炭的液化有直接液化和间接液化两种途径。

(1)直接液化是将煤炭通过两个步骤的高压催化加氢精制而成各类油品,煤转化过程的热效率为 59.75%。但这是前无先例的技术,存在一定的风险;对煤种有一定的要求,变质程度高的煤和惰性组分高的煤不太适合;得到的油品中芳烃类含量较高。

(2)间接液化是通过煤气化,先将煤变成合成气,再经净化调整,形成以高分子蜡为主体的产物,再进行加氢裂解生成柴油、汽油等油品。与直接液化相比,它要经过较多的生产工艺步骤。其优点是技术成熟,煤种选择面广,产品中主要是链烃,可与直接液化产品互补;缺点是能量效率较低。

【任务小结】

(1)能熟练识别区分常用油料。

(2)汽油质量的简易检验方法。

(3)柴油质量的简易检验方法。

(4)润滑油质量的简易检验方法。

(5)能够综合运用多种方法对常用油料进行识别与检验。

【课后练习】

1. 填空题

(1)组成原油及油品的碳氢化合物主要有________、________、________、________四种。

(2)各种石油产品由于炼制方法不同,其产品的性质也就不同,一般采用的炼制方法有________和________。

(3)汽化器式发动机对汽油的质量要求是(即使用性能):________、________和________。

(4)评价汽油蒸发性的指标主要是________和________。

(5)提高汽油抗爆性的方法包括________;在汽油中调入________改善组分和加

入________。

2. 选择题

(1)汽油的选用,主要根据发动机的________来选用。

A. 压缩比　　　　B. 型号　　　　C. 性能

(2)柴油的主要使用性能有 ________、供给性及喷雾性等。

A. 流动性　　　　B. 雾化性　　　　C. 燃油性

(3)液压油也是一种润滑油,是液压系统传递动力的介质,也是相对运动零件的润滑剂,它除了传递动力外,还具有润滑、________、洗涤、密封和防锈等用途。

A. 加热　　　　B. 降压　　　　C. 冷却

【总结评价】

(1)谈一谈你学习完本任务的体会及收获。

(2)谈一谈在完成任务学习的过程中,你和你所在小组的收获、不足和有待改进提高的地方。

(3)结合学习的实际情况,完成表4-2-2和表4-2-3。

表4-2-2　油料的识别与检验评分表

序号	考核内容		配分	评分内容	考核记录	得分
1	知识	油料的简易鉴别方法	20	看、闻、摇、摸识别法:在没有专用仪器和设备情况下,油品鉴别一般采用眼看、鼻闻、摇动盛油品的容器和手摸等鉴别方法		
		油料质量的简易检验方法	20	油料的简易检验,有些属于定性分析检验,有些属于定量分析检验		
2	技能	汽油质量的简易检验	10	(1)检验水分和杂质; (2)检验馏分		
		柴油质量的简易检验	10	(1)检验水分和杂质; (2)检验凝点和浊点; (3)检验闪点(开口闪点); (4)检验水溶性酸和碱; (5)检验腐蚀性		
		润滑油质量的检验	10	(1)检验水分; (2)检验机械杂质; (3)检验黏度; (4)检验水溶性酸和碱、闪点		
		润滑脂质量的简易检验	10	(1)检验机械杂质; (2)检验滴点		
3	态度	安全生产意识	10	能在导师的指导下安全文明生产		
		合作、吃苦精神	10	能与小组同学合作完成本次任务,操作过程中能做到吃苦耐劳		
4	分数合计		100			

表 4-2-3　项目四任务二工单

<table>
<tr><td rowspan="2">任务名称</td><td rowspan="2">油料的识别与检验</td><td>姓名</td><td></td><td>班级</td><td></td></tr>
<tr><td>日期</td><td colspan="3"></td></tr>
</table>

1. 油品的简易鉴别方法

油料种类	鉴别办法			
	看	闻	摇	摸
汽油				
轻柴油				
重柴油				
钙基脂				
二硫化钼基脂				
钠基脂				
钙钠基脂				
锂基脂				

2. 柴油质量的简易检验方法

任务三：油料的贮运与加注

【任务目标】

(1)了解油料的保管、加注、运输和净化的方法。

(2)了解油料的安全知识。

【导师导学】

4.3.1　油料的保管

油料在贮存保管过程中，因受外界湿度变化、太阳暴晒、风吹雨淋、尘砂飞落的影响，其质量会发生变化。因此，加强预防措施，减少损失是十分必要的。一般各种油料在油库内的保管期不应超过半年。

4.3.1.1 防止轻质成分的蒸发和氧化变质

轻质油料，特别是汽油，极易蒸发。除损失大量油料外，油料的质量也随之下降。如70号汽油贮存温度在7～48 ℃范围内，在有透气阀的露天油罐中，经10个月后，10%的馏出温度升高约10 ℃，说明汽油中轻质成分已减少。

汽油、柴油产生胶质（颜色变黄），有的油料颜色变深，润滑油酸值增大等，这些现象大都是由油料在长期贮存过程中受氧化引起的。防止蒸发损失和减轻氧化变质的预防措施有4个方面。

（1）降低温度、减少温差、以减缓氧化和蒸发速度。温度高时，蒸发量大，氧化速度加剧。具体方法：在阴凉的地方存放油料，减少阳光暴晒；油罐涂银灰色、白色等浅色油漆，以反射阳光，降低油温；多用罐装，少用桶装；在炎热季节洒水降温；在露天油库中栽树，以调节气温；将油罐、油桶放在树荫下；尽量使用地下、半地下油库。

研究表明，汽油贮存方法不同，胶质增长情况也不同。如桶装汽油，原来每100 mL汽油中有胶质3.4 mg。分别将该型桶装汽油放在山洞、树荫、露天环境中保管半年（亚热带地区），然后进行测定，结果见表4－3－1。

表4－3－1 不同环境中存放半年的桶装汽油中每100 mL汽油的胶质量（初始值3.4 mg）

山洞	树荫	露天
6.2 mg	8.2 mg	15.8 mg

（2）减小油料和空气接触的机会。尽量减少贮油容器中的气体空间，因为气体空间大，则油与空气接触面积大，温度升高时，油与空气中的氧起作用，促使胶质含量增加。所以，装油容器要根据油温变化，除留出必要的膨胀空间（即安全容量）外，尽可能装满，用完一个容器再用一个容器。小桶柴油、润滑油和润滑脂都可密封贮存，以减少蒸发，保证油料清洁，减少氧化变质，减轻容器锈蚀等。

（3）应避免或减少倒装油料，每倒装一次油料，就会增加一次蒸发损失，据资料介绍，倒装1 t汽油，可损失1.5～2 kg。此外，倒装时还会增加油料与空气的接触机会，加速油料氧化。

（4）减少金属与油料的接触。金属对油料的氧化起催化作用，特别是铜会使汽油胶质生成量成倍增加。因此，贮油容器内不要用铜制零件。油罐内涂防锈层，可避免金属对油的变质产生催化作用，减轻油料氧化变质，见表4－3－2。

表4－3－2 金属容器涂与不涂防锈层对油品质量的影响

贮油条件	酸度变化（mgKOH/100 mL）（油罐不密封、涂料为生漆）			胶质变化（mg/100 mL）（汽车油箱、密封、环氧树脂）	
	开始	6个月	9个月	开始	13个月
涂防锈层	0.05	0.34	0.45	1.6	3.6～4.6
不涂防锈层	0.05	0.42	0.72	1.6	165～222

4.3.1.2 防止油中混入水分和杂质

油料中的水和杂质绝大多数是在运输、装卸和贮存保管过程中混入的。油料中混入水分后，会加速油料的氧化变质，使胶质含量增加，见表4－3－3。油料中混入水分，会使一些添加剂沉淀或分解（如润滑油中的浮游添加剂、抗氧化剂等）导致其失效，也会使钠基润滑脂乳化。此外，汽油中的水分在冬季会结冰而堵塞油管和滤芯。油中杂质也能堵塞滤油器和油路，中断供油，还会加快机件磨损。因此，在油料贮存保管过程中，要特别重视防水及杂质混入（防污），预防措施有如下几点。

表4－3－3　水分对油料质量的影响

贮存条件	开始	1个月	3个月	6个月
有水分存在时的胶质（mg/100 mL）	4	6	11	22
无水分存在时的胶质（mg/100 mL）	4	4	6	8

（1）贮油容器一定要干净。装过汽油的容器大多数都有铁锈，尽可能不要改装别的油料。油桶、油罐要定期清洗，以确保油料质量。清洗后的油桶要做到无水分、无铁锈、无杂质、无残油。

（2）避免在风雪雨天装卸油料，以免水分混入。露天保管下的油桶要垫好胶圈，拧紧桶盖，加油口、放油口处都应有简易防护套。室外保管的油桶要倾斜一个角度，双口桶的两桶口应处在同一水平线上，单口桶的桶口应处于最高位置。应及时清除桶上的水与雪，擦净尘土。

（3）防止油品混杂和污染变质。不同油品的混合，将使油的质量降低，如润滑油混入汽油、柴油，会使润滑油的黏度和闪点降低；精制的柴油机机油混入未精制的汽油机机油时，会使柴油机机油的酸值、残炭增加。为防止混油情况发生，油料员及有关人员要懂得各种油料的规格、牌号及使用性能。同时，抽油器应标有油品标记。容器换装别类油时，必须清洗干净后再使用。

4.3.2　油料的加注

4.3.2.1　柴油的加注

把已净化好的油料安全、迅速地加到油箱中，是油料使用管理中的一个重要环节。因为柴油从出库到加入机车油箱，若不注意加油车和运油桶及加油工具的清洁，则出库时清洁的柴油在注入机车油箱时，可能受到污染。采取密封式加油是防止柴油加油过程中出现脏污和抛洒的较好方法。所谓密封式加油，是指向机车油箱加油时，使油不与空气接触，只经过油泵、过滤器、油管流入油箱（不准使用大桶倒小桶的办法），这就基本上保证了油料添加的要求。实行这一措施中，有几种密封加油方法对提高油料的使用管理水平，保证机具的正常技术状态，起到了良好的作用。

（1）高台密封自流加油。这种方法是将油罐的油提前泵入高台上的油箱里沉淀。加油时，利用压力差使油自动流入机车油箱，加油口端头装有密封装置。

（2）手动油泵加油。这种方法利用手动油泵，使柴油经过滤器泵入机车油箱。这种加油方法能保证密封加油，较可靠，得到广泛应用。

（3）动力输出轴驱动油泵加油。这种方法将油泵和过滤器固定在拖拉机上，利用动力输出轴驱动油泵加油。加油时，接合动力输出轴，采用中小油门即可实现迅速加油。加油后，将加油软管的头部包好，防止脏污。

另外,还有气压密封加油和真空密封加油等方法,因使用不太方便,应用不广。

4.3.2.2 机油的添加

添加机油时,应注意加油工具的清洁,用压力式或有盖的长嘴加油桶添加,专桶专用。加油后,将盖盖住,并将油桶堵严,用纱布包好量油尺、加油口。

4.3.2.3 润滑脂的添加

润滑脂必须贮存在密封容器内,严防水分和杂质进入。用黄油枪加油时,可用黄油加装器,将黄油枪嘴对准黄油加装器的出油口,转动丝杠,黄油便被活塞挤出,经出油口进入黄油枪,这种方法省时、省力、清洁、无浪费。黄油枪(手动液压注脂枪)如图 4-3-1 所示。

4.3.2.4 润滑油的加注

1. 设备描述

加注油系统主要在汽车修理厂、汽车 4S 站、快速换油服务中心、车间生产线等中使用。它利用压缩空气作为动力,推动柱塞泵往复运动,实现润滑油输送和加注。使用时,将大桶油料放置在移动重型小推车上,通过软管盘与计量显示加油枪连接。其特点是可自由移动、定量输出油料、数字显示流量、计量准确、操作简便,以及可实现车间润滑油或其他类似流体的移动加注,适用于 180 ~ 220 L 大桶油料的加注,如图 4-3-2 所示。

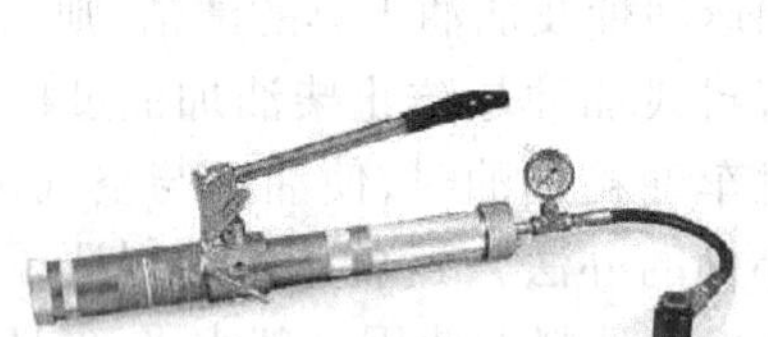

图 4-3-1 加油枪(手动液压注脂枪)

图 4-3-2 加注油系统

2. 技术参数

加注油系统的技术特点如下。

(1)适用于发动机机油、变速箱油、中后桥油、冷却液、动力油、液压油等油品在非真空状态下的定量加注。

(2)输送精度高。

(3)使用方便。有防冲撞开关,精确度为 ±0.5%。

(4)最大流量可达 35 L/min。

气动泵的技术参数如下。

(1)压缩比:3∶1。

(2)工作压力:40×10^5 Pa。

(3)进气压力:$3 \times 10^5 \sim 8 \times 10^5$ Pa。

(4)流量:18 L/min。

使用加注油系统可使加注精度、可靠性有良好的保证,同时使现场的作业环境得到改善。

3. 拖拉机添加润滑油“三忌”

润滑油的添加标准是使发动机油底壳内的润滑油面位于油标尺上、下刻度之间,且以添加优质润滑油为宜。拖拉机添加润滑油时有“三忌”具体如下。

1)忌添加过多

如发动机油底壳内的机油过多,超过油标尺的上刻度线,则机油容易窜入燃烧室,使排气管喷机油、冒蓝烟。这样不仅会增加机油消耗,而且未完全燃烧的机油会在活塞顶部及气门座上产生大量的积炭,加剧机械零件的磨损,甚至造成活塞咬死或损坏。

2)忌不及时添加

在作业前不及时添加机油,会使油底壳内的油面过低,导致机油温度过高、润滑不良。更严重的是若油底壳中的油面低于油标尺的下刻度线,拖拉机在下坡、过坎或急刹车制动时,可能使机油集滤器露出机油面,使机油泵吸入空气导致不能供油,造成烧瓦等严重后果。

3)忌新、旧机油混用

旧机油中含有氧化性能强的物质,新、旧机油混合后,可降低新机油的使用效果。如果在发动机中一次全部加新机油,可使用超过 500 h。如果将一半新机油中掺入一半旧机油混合使用,可使用时间仅为 200 h 左右。因为旧机油润滑性能差,容易造成机体严重磨损和冒黑烟。

4.3.3 油料的运输

油料的运输要做到及时供应、保持清洁、防止损失、注意安全。油槽车可将油料直接运送到使用单位,以保证油料运输的及时、清洁、节约和安全,这是油料运输的良好办法。

应尽快取消油桶运油,均采用油罐车运行,如图 4-3-3 和图 4-3-4 所示。在油罐车不能满足需要的情况下,暂时采用油桶运油时应注意下列事项。

(1)应计划好用油时间,及时将油料运送到使用单位,并使之有足够的沉淀时间。

(2)运油前应挑选不渗、不漏的油桶,并要清洁干净,运输途中盖、垫要严,防止脏污或损失。

(3)装油时,油桶不能装得太满,一般装至容器容积的 90% ~95% 为宜,以免太阳蒸晒后发生膨胀溢油。

(4)装卸油桶时,应在装卸地坑内进行,不准从车上直接将油桶推下。车厢内的油桶应用木板隔开,以防油桶之间相互碰撞而损坏。

(5)运输期间,如要更换油品,应彻底清洗油桶,以防止油品混杂。

图 4-3-3　汽车运输

图 4-3-4　火车运输

4.3.4　油料的净化

4.3.4.1　柴油的净化

1. 柴油净化的必要性

实践证明，使用清洁的柴油及正确地保养燃油供给系统，喷油泵柱塞副的使用寿命为 6 000～10 000 h，有的更长。反之，使用数百小时后，精密偶件即会出现严重磨损或报废。可见，油料净化对延长精密件的使用寿命和充分发挥机车的使用性能是非常重要的。

柴油在出厂时，规定机械杂质含量不超过 0.005%（即 50 g/t）。柴油中的杂质，多为土粒、砂、岩石粉和尘土等，其主要成分是石英和矾土，颗粒直径为 0.001～1 mm。如假设金钢石的硬度为 10，则石英的硬度是 8，矾土的硬度是 9，而柱塞副材料的硬度仅为 6～8，所以，石英和矾土磨粒是导致精密偶件磨损的主要原因。柱塞副的间隙只有 0.001 5～0.002 5 mm，相当于一根头发丝直径的 1/25，表面结构为 10～12 级。对柱塞副磨损危害最大的磨粒为 0.000 9～0.001 5 mm，磨粒将使精密件加速磨损而丧失工作能力，造成发动机功率下降，耗油率增加，启动困难等。例如，发动机以 1 500 r/min 的转速运转时，从喷油到形成混合气并经过一系列的物理化学准备，直到完成燃烧的过程仅 0.001 4～0.004 s，需在高压高速下将柴油喷入气缸，此时如有坚硬杂质，就会在高压高速下严重破坏偶件的配合间隙。从柴油供给系统的结构可看出，燃油从低压油路（油箱至高压油泵）要经过 3 次过滤沉淀（机内净化），主要目的就是减少燃油供给系统三大精密偶件的磨损。例如，东方红－75 拖拉机的粗滤器可滤掉直径 0.04～0.07 mm 的杂质，仅占杂质总量的 10% 左右，大部分杂质靠细滤器滤除，其能滤掉 0.002 6～0.003 8 mm 的杂质，使清洁度达 99% 左右。虽然，燃油供给系统中都装有滤清效果较好的细滤器，但由于滤芯容纳杂质的量有限，滤清效果随工作时间的增加而降低，如果使用不清洁的柴油，就会大大缩短滤芯的使用寿命或使其失去滤清作用。因此，要加强机外柴油的净化。

使用净化的柴油可以减轻滤芯的工作负担，延长滤芯的使用寿命，见表 4-3-4。

表 4-3-4　柴油净化细度对减轻细滤芯负担的影响

加入油箱前柴油的净化细度（μm）	小于 10	小于 15	小于 20	小于 30
对细滤芯负担减轻的程度（%）	80	50	25	12

注：净化细度是液体一次通过滤清器时，没有被阻拦的粒子的最大尺寸（μm）。

2. 柴油的净化方法

柴油机使用不洁净的柴油会使燃油系统零件磨损，造成工作恶化。柴油机燃油系统的技术状态对柴油机的动力性、经济性有重要影响。因此，柴油净化不仅可以提高柱塞副等零件的使用寿命，而且关系到柴油机能否有效和经济的工作。柴油净化是在使用前通过沉淀和过滤等措施，除去油料中的杂质和水分，提高油料清洁度的过程。

(1)柴油预先沉淀。一般经过 96 h 的沉淀，可以除去 0.005 mm 的微粒。沉淀时间越长，对不能被滤清器清除的微小杂质的清除效果越明显。

(2)经过沉淀的柴油在取用时，切记不要晃动。抽油的抽斗或胶管等不能直接插到油桶的底部，应距桶底至少 80 ~ 100 mm 的距离。不能用倾斜油桶倒油的方法加油。至于距油桶底 80 ~ 100 mm 以下的柴油，可将它们集中起来，经过沉淀过滤后再用。

(3)加油时过滤。加油时一定要过滤，这是防止机械杂质进入柴油机的最后关口，在用抽斗或自流法加油时，最好用细布或其他滤清材料过滤。

4.3.4.2 润滑油的净化

为保证发动机润滑系统使用清洁的机油，防止机油老化变质，做好机油净化工作是极为重要的。机油黏度大，流动性差，气温低时黏度增加，流动性更差。因此，建议采取以下机油净化措施。

(1)沉淀法。温度高时，将润滑油装入设有防沉淀和放油开关的沉淀桶内(卧式)，因黏度大要经较长时间沉淀，以除去水和杂质。

(2)过滤法。春秋和冬季气温低，机油的黏度大，流动性差，为提升净化效果，应将机油加热到 30 ℃左右，再用 140 号铜丝网过滤。夏季温度高，可不加温，直接过滤。过滤以集中为好，可在夏季将冬季使用的机油提前过滤好，装在清洁的桶里，随用随取。

机油加温时，严禁用明火直接烤油桶，以免油料变质和发生事故。必须用水浴法进行加温，或用装有绝缘电阻丝的加温槽加温。

4.3.5 油料的安全知识

4.3.5.1 易燃性

了解油料的易燃性，对防火工作有重大意义。表示油料易燃性的指标有闪点、燃点和自燃点。因石油产品的闪点、燃点、自然点较低，所以它比煤炭、木材等物质更容易着火。几种主要油料的闪点和自燃点范围见表 4 – 3 – 5。

表 4 – 3 – 5 几种主要油料的闪点、自燃点范围

油品	闪点(℃)	自燃点(℃)	分类
汽油	<28	415 ~ 530	易燃
煤油	28 ~ 45	249 ~ 425	易燃
柴油	45 ~ 120	240 ~ 400	可燃
润滑油	>120	300 ~ 350	可燃

注：燃点一般比闪点高 0 ~ 20 ℃。

闪点既是油料的蒸发性指标，也是油料的安全性指标。根据油料闪点的大小，可以区别油料失火的危险程度。闪点在45 ℃以下的油料，在常温下引起失火的可能性较大，称为易燃性油料。闪点高于45 ℃的油料，在常温下失火的可能性较小，称为可燃性油料；但当贮存区附近有明火或温度增高时，可燃性油料着火的危险性仍然是很大的。加温油料时，注意温度应低于闪点20～30 ℃。燃点是油料蒸气与空气的混合物在引火后能燃烧不熄火的最低温度。燃点比闪点一般高0～20 ℃。自燃点是油料受热到一定程度后不用引火而自行燃烧的最低温度。因此，要求贮油区远离生活区，油库内禁止烟火等。

4.3.5.2 爆炸性

油料蒸气与空气混合达到一定比例时，即构成爆炸性混合气体。油料蒸气在空气中接触微小火星能够爆炸的最低体积百分比，称为爆炸低限。油料蒸气在空气中能够爆炸的最高体积百分比，称为爆炸高限。若油料蒸气浓度低于爆炸低限，即使有火，也不易爆炸和燃烧。若油料蒸气浓度超过爆炸高限，则不会发生爆炸，但遇火即剧烈燃烧。爆炸低限和爆炸高限之间的体积百分比称为爆炸范围。汽油的爆炸范围是1%～6%，煤油的爆炸范围为2%～7%。通常爆炸发生时，往往会引起火灾，所以在存在油料蒸气的危险地方，必须加强通风。

当在密封的或透气口很小的容器内聚积了一定数量的油料蒸气时，遇火会引起燃烧，从而使压力突然增高，形成爆炸。汽油蒸气的相对密度比空气的2～3倍。空汽油桶遇一点小火星就能发生爆炸。

为防止爆炸，在油罐、油桶等损坏时，可用粘补剂修补。必须焊修时，应驱净油料蒸气，并用氢氧化钠彻底洗净，将罐口和桶口全部打开后方可焊补。

4.3.5.3 带电性

油料是电的不良导体，油料分子之间和油料与其他物质之间的摩擦都会产生静电，其电荷聚积到一定程度，就会引起高压放电并产生火花，从而引起火灾或爆炸事故。

为预防静电火灾，应注意以下几点。

(1)控制可燃物。杜绝油料的渗漏与泼洒，周密地处理洒在地面上油料。油罐、油库周围，应清除一切不应有的树叶、干草、油纸、油棉等易燃物。用过的沾油棉纱、棉布等堆放过久可能引起自燃，应放置在有盖的铁桶内，并及时处理。

(2)断绝火源。严禁将火种带入油库或用明火照明，照明应用防爆型灯(防爆灯泡、防爆开关)，油库内所有电气设备的安装必须符合安全要求。未经洗刷的油桶严禁焊补，洗刷后的油桶焊补时，要将桶盖打开以免发生爆炸，开盖时用铜扳手。

(3)防止油容器爆炸。不要使盛油容器过热，不使油蒸气过量聚积或与火源接近，以防止爆炸事故发生。

(4)防止静电起火。油料在注入或放出时，因为汽油与管壁(容器壁)摩擦易产生静电。在管路或容器与地绝缘的情况下，油料气体所带的是负电荷，管路或容器上所积聚的是正电荷。当正负电荷达到一定数量时，即有跳火现象发生，这就是火灾的起源。静电火灾是由于发生火花放电而引起的。因此，用于贮存、输送、装卸的设备都必须有良好的接地，把静电导入地下，并应经常检查导电情况和接地电阻。油库中各项设备的接地电阻不应大于10 Ω。

运送汽油的油罐槽车也应设有直径不小于6 mm的钢索或铁链作为接地线。

4.3.5.4 毒性

油料及油料蒸气具有一定程度的毒性,例如含铅汽油的毒性就较大。如饮入、吸入或通过皮肤渗入四乙基铅,轻者使人食欲不振、失眠等,重者导致死亡。因此,要严格遵守安全技术操作规程,采取必要的预防措施,中毒事故是完全可以避免的。

(1)加强安全教育,使工作人员懂得防毒的办法。

(2)油罐、油桶、管路和油泵等设备应经常保持严密不漏,防止油料或蒸气渗漏。如有渗漏应及时检修,并将渗漏出来的油料收拾干净。洒在地面上的油料要用沙土掩盖,及时清除。

(3)进入轻油油罐操作时,必须先打开孔盖通风,穿戴防毒用具,带上保险带和信号绳。操作时,在罐外应有专人看守,在罐内工作时间不能过长,每工作10~15 min即换人或外出换气。

(4)不要用嘴吸取油料。严禁用油料洗手和洗机器零件等;使用油料后,必须洗衣服后,才允许饮食。

【知识拓展】

柴油装卸安全操作规程

1. 目的

规范柴油的装卸操作,防止发生安全事故和造成环境污染。

2. 职责

(1)仓库保管员负责日常柴油的装卸作业。

(2)仓库主管负责柴油罐区设备的维修和保养工作,并负责培训仓库保管员。

(3)柴油供应商负责协助仓库保管员做好柴油装卸准备工作。

3. 作业安全要求及防护措施

(1)当油罐车卸柴油时,仓库主管或当班仓库管理员必须在现场操作设备,严禁其他人员操作。

(2)雷雨期间暂停进行油品的装卸作业。在装卸过程中,严禁擦洗罐车物品、按喇叭、修车等。

(3)油罐区严禁烟火,半径为25 m的范围内严禁使用手机。

(4)油罐口盖必须由绝缘材料制作。

(5)油罐区应配有相应的消防沙、干粉灭火器等消防器材。

(6)油罐区内不得堆放杂物,应保持地面的干净和整洁。

4. 工作程序

1)作业前准备和检查事项

(1)柴油卸车作业前的准备和检查事项。

① 仓库保管员检查运输柴油的车辆是否停在指定区域并熄火，若车辆没有熄火，应在司机熄火后，方可进行下一步操作。

② 检查防静电接地装置是否完好，确认完好后，连接到柴油运输车上。

③ 检查抽油的软管有无破损，接头是否完好，当确认软管无破损、接头已绑紧后，方可进行下一步操作。

④ 检查管道和阀是否存在柴油泄漏或渗漏，管道和阀是否完好、无碰损。

(2)柴油加油作业前的准备和检查事项。

① 检查待加油的车辆是否停在指定区域并熄火。

② 检查管道和阀是否存在柴油泄漏或渗漏，管道和阀是否完好、无碰损，管道上的阀是否在开启连通状态。

2)开机程序

(1)柴油卸车程序。

① 卸柴油时，仓库保管员为油罐车接好静电接地线。

② 用一根软管将油罐车的输出口与柴油罐的输入口连接好。

③ 打开泵的输入、输出阀，关闭柴油罐的输出阀，开启电源启动卸油泵。

④ 在卸油过程中注意周围情况，如遇紧急情况及时停止卸油，并采取相应应急措施，或及时制止不安全行为。

(2)柴油加油程序。

① 打开柴油罐的输出阀，开启电源，拿起油枪，把油枪放入待加油车辆的燃油加注油箱箱口内，打开油枪开关，开始对车辆加油。注意加油枪橡胶油管不能打折，应顺着油管方向拉出，且不能与地面摩擦，轻拿轻放。

② 刚开始注油时可以把加油枪开关保持器开启，保持持续加油状态。

③ 注意车辆油箱容量，关注加油机累计数值，快到拟加注量时，必须关闭开关保持器，采取手动点动加油直至加油完毕。

④ 在加油过程中注意周围情况，如遇紧急情况及时停止加油，并采取相应应急措施，或及时制止不安全行为。

3)停机程序

(1)柴油卸车停机程序。

① 当柴油卸车完毕后，关闭电源。

② 将软管拆下，拆软管前先用容器(桶)放在软管与柴油罐的输入口下方，接住管道内剩余的柴油，用封盖将柴油罐的输入口密封好。

③ 收好静电接地线，放在规定的位置。

④ 锁好电源箱。

(2)柴油加油停机程序。

① 加油完毕后，关闭加油枪开关，尽量把加油枪枪口内的积油排入车辆油箱。

② 抽出加油油枪，关闭加油机开关，把油枪插入加油柜固定位置。

③ 关闭加油机电源，锁好电源箱。

④ 关闭柴油罐的输出阀。

5. 应急措施

1)泄漏措施

(1)小量泄漏。用消防沙、活性炭或其他惰性材料吸收。

(2)大量泄漏。迅速疏散泄漏污染区的人员至安全区,并进行隔离,严格限制出入。切断火源。建议应急处理人员戴自给正压式呼吸器,穿一般作业工作服。尽可能切断泄漏源,防止泄漏燃油流入下水道、排洪沟等限制性空间。应构筑围堤或挖坑收容泄漏燃油,然后用泵将油转移至油罐车或专用收集器内,回收或运至废物处理场所处置。

2)火灾应急措施

(1)灭火方法。用雾状水、泡沫、干粉、二氧化碳、沙土灭火。如判断火势无法控制,必须马上撤离,并通知或警示人员禁止进入火灾区域。

(2)灭火注意事项。消防人员须佩戴防毒面具,穿全身消防服,在上风向灭火。

(3)应及时通知领导和安全人员,判断火势无法控制时拨打119。

3)人身救护应急措施

(1)皮肤接触。立即脱去所有被污染的衣物(包括鞋类),用流动清水冲洗皮肤和头发(可用肥皂)。如果出现刺激症状尽快就医。

(2)眼睛接触。立即用流动的清洁水冲洗至少15 min。如果疼痛持续或复发,尽快就医。眼睛受伤后,应由专业人员取出隐形眼镜。

(3)吸入。迅速离开现场至空气新鲜处,并保持呼吸道通畅。如呼吸困难,须输氧;如呼吸停止,立即进行人工呼吸,并尽快就医。

【任务小结】

(1)油料是易燃易爆物,必须掌握油料的安全基本知识。

(2)掌握油料保管的基本知识。

(3)掌握油料的净化方法。

【课后练习】

1. 填空题

(1)油库的设备主要包括:________、________、________、________、卸油栈桥、________、________、锅炉、消防设备及装卸油设备、油料配送运输设备等。

(2)立式油罐每________年结合清灌进行一次罐内全面检查。

(3)实践证明,使用清洁的柴油并正确保养燃油供给系统,喷油泵柱塞副的使用寿命可达________小时,甚至更长。

(4)油料的________与________混合达到一定比例时,即构成爆炸性的混合气体。

(5)装油时,油桶不能装得太满,一般装至容器的________为宜,以免被太阳蒸晒后发生膨胀溢油。

(6)如果在发动机中一次全部加新机油,可使用________多个小时。如果将一半新机油中掺入一半旧机油混合使用,使用时间仅为________小时左右。

(7)倒装1吨汽油,可损失________ kg,且倒装时还会增加油料与空气接触的机会,加速油料氧化。

(8)尽量减少设备中的________,因为________大,油与空气接触面积增大,温度升高时,油与空气中的氧起作用,将促使________的增加。

(9)不要使盛油容器过热,不使油料蒸气________,不与________接近,就可防止爆炸事故发生。

(10)发动机油底壳内的机油________,________油标尺的上刻度线,则机油容易窜入燃烧室,使排气管喷________,冒________。

2. 简答题

(1)柴油装卸的管理职责有哪些?

(2)如果发现燃油泄漏,需要采取哪些紧急措施?

【总结评价】

(1)谈一谈你学习完本任务的体会及收获。

(2)谈一谈在完成任务学习的过程中,你和你所在小组的收获、不足和有待改进提高的地方。

(3)结合学习的实际情况,完成表4-3-6和表4-3-7。

表4-3-6 油料的贮运与加注评分表

<table>
<tr><th>序号</th><th colspan="2">考核内容</th><th>配分</th><th>评分内容</th><th>考核记录</th><th>得分</th></tr>
<tr><td rowspan="5">1</td><td rowspan="5">知识</td><td>油料的保管</td><td>10</td><td>1. 防止轻质成分的蒸发和氧化变质;
2. 防止油中混入水分和杂质</td><td></td><td rowspan="5"></td></tr>
<tr><td>油料的加注</td><td>10</td><td>1. 柴油的加注;
2. 机油的加注;
3. 润滑脂的加注</td><td></td></tr>
<tr><td>油料的运输</td><td>10</td><td>油料的运输要做到及时供应、保持清洁、防止损失、注意安全</td><td></td></tr>
<tr><td>油料的净化</td><td>10</td><td>1. 沉淀法;
2. 过滤法</td><td></td></tr>
<tr><td>油料的安全知识</td><td>10</td><td>1. 易燃性;
2. 爆炸性;
3. 毒性;
4. 带电性</td><td></td></tr>
<tr><td>2</td><td>技能</td><td>油料的加注方法</td><td>30</td><td>1. 柴油的加注及注意事项;
2. 机油的加注及注意事项;
3. 润滑脂的加注及注意事项</td><td></td><td></td></tr>
<tr><td rowspan="2">3</td><td rowspan="2">态度</td><td>安全生产意识</td><td>10</td><td>能在导师的指导下安全文明生产</td><td></td><td rowspan="2"></td></tr>
<tr><td>合作、吃苦精神</td><td>10</td><td>能与小组同学合作完成本次任务,操作过程中能做到吃苦耐劳</td><td></td></tr>
<tr><td>4</td><td colspan="2">分数合计</td><td>100</td><td></td><td></td><td></td></tr>
</table>

表 4-3-7　项目四任务三工单

<table>
<tr><td rowspan="2">任务名称</td><td rowspan="2">油料的贮运与加注</td><td>姓名</td><td></td><td>班级</td><td></td></tr>
<tr><td>日期</td><td colspan="3"></td></tr>
<tr><td colspan="6">1. 油料保管的注意事项

2. 柴油的加注及注意事项

3. 润滑油的加注及注意事项</td></tr>
</table>

项目五　农机的安全监理

【项目目标】

(1)能够掌握农机安全监理业务。
(2)能够正确分析农机安全性因素。
(3)能够掌握农机的安全技术。
(4)能够正确理解农机违章及事故的处理。

【技能目标】

(1)办理针对农业机械异动和驾驶、操作人员异动的有关业务。
(2)对农业机械进行安全性检测。
(3)对农业机械的违章和事故进行处理。

【项目描述】

本项目通过三个工作任务(农机安全监理、农机作业安全性检测与安全操作、农机的违章及事故处理)来整体认识并理解农业机械的安全管理工作。各工作任务的开展分别依据农机安全监理、安全性检查检测和违章及事故处理为教学载体,使学生能够认识和掌握对参与作业的农业机械和操作人员进行作业前、作业中和作业后的安全管理工作的相关内容。

【项目分解】

项目五 农机的安全监理	任务一:农机安全监理	5.1.1　农机安全监理的基本知识
		5.1.2　农机安全监理业务
	任务二:农机作业安全性检测与安全操作	5.2.1　农机安全性分析
		5.2.2　农机作业安全性检测与安全操作
	任务三:农机的违章及事故处理	5.3.1　农业机械的违章与事故的关系
		5.3.2　农机事故处理
		5.3.3　农机事故分析

任务一:农机安全监理

【任务目标】

以农机监理员身份对农业机械及驾驶、操作人员进行监督和管理。

(1)掌握农机安全监理的基本知识。

(2)办理农机安全监理业务。

【导师导学】

5.1.1 农机安全监理的基本知识

农业机械安全监督管理(简称农机安全监理)是由国家的农机监理专管机构和农机监理机关,依照国家法律、法规、技术标准和农业技术要求,实施的对农、林、牧、副、渔业机械的技术状况、安全设施和驾驶、操作人员的技术监督和法规管理。

农业机械作为现代化的农业生产工具,分布面广,作业环境复杂,运用范围涉及农业生产的产前、产中、产后等各个方面。同时,随着农机数量的增长,农机安全生产形势十分严峻。近年来,在各级农机行政主管部门及农机安全监理机构的共同努力下,农机安全生产形势虽有所好转,事故率呈下降趋势,但事故"四项指标"的绝对值仍然比较高。据统计,2015年累计报告的在国家等级公路以外的农机事故 1 306 起,死亡 208 人,受伤 427 人,直接经济损失 1 758. 7 万元。其中:拖拉机事故 514 起,死亡 144 人,受伤 194 人,分别占事故起数、死亡人数和受伤人数的 39. 4%、69. 2% 和 45. 4%;联合收割机事故 662 起、死亡 52 人、受伤 181 人,分别占事故起数、死亡人数和受伤人数的 50. 7%、25. 0% 和 42. 4%;其他农业机械事故 130 起、死亡 12 人、受伤 52 人,分别占事故起数、死亡人数和受伤人数的 9. 9%、5. 8% 和 12. 2%。总体农机安全生产形势不容乐观。

农机安全监理是一门安全技术,作用是对农机安全运用进行监督和管理,目的是消除或减少农机运用中的各种不安定因素,充分发挥农业机械在农业生产和农业现代化建设中的作用,保障人民的生命财产安全。

5.1.1.1 农机安全监理的性质

农机安全监理是农机管理中的重要内容之一,目的在于:确保农机驾驶和操作人员、农业机械的安全生产;保障人民群众的生命财产安全;保证农机作业质量,提高农业机械化的经济效益。它关系到农业生产的发展,关系到农业机械化和农业现代化的建设,关系到党和国家的政治声誉。农机安全监理工作是体现党的路线、方针、政策,促进生产的一项重要工作。农机安全监理不仅是安全监督和管理,其促进农业机械保持良好的技术状态,促进农机驾驶、操作人员接受培训,提高技术素质。

农机安全监理机构是代表国家执行农机安全法规,保障农机安全生产,进行监督和管理活动的组织。农机安全监理工作具有法制性、社会性、生产性、服务性和特殊性。

1. 法制性

法制是国家的法律和制度,具有权威性、强制性、规范性和科学性。社会主义法制是把劳动人民的意志上升为国家意志,成为社会主义国家建设的工具。农机监理法规是人民在农业机械各种作业的实践中,用血的教训换来的经验总结,是事物客观规律的反映。强调按法规管理,就是充分发挥和体现法规在贯彻执行中的严肃性。强化农机监理法规管理,是为了确保农机作业的安全,是依法治国的具体体现和延续,它既有保护人民大众的一面,又有约束和限制行为人的一面,任何人都不能置于法规之上而不受约束。农机监理人员尤其要加强法制观念，提高执法水平，维护法规尊严，做到有法必依、执法必严、违法必究，从而保证农机监理法规的实施，确保安全生产。

2. 社会性

我国是一个农作物品种繁多的农业大国，拥有各种各样的农业机械，它们在田间、场院、公路、乡村道路、江河和加工场点为农业生产和人民生活从事各种作业，这些机械技术状态的好坏，驾驶、操作人员技术水平的高低，直接影响广大人民群众的生活和生命财产安全。

3. 生产性

农机监理工作是运用法制手段，监督和检查各项农机技术规章制度和安全措施的贯彻执行情况，使农机具保持良好的技术状态，满足各项作业的农艺和加工要求，保障安全生产，提高农业机械化经济效益和社会效益。严格把好各种农业机械的检验关和驾驶操作人员的审验关，是农机监理工作生产性的具体体现。

4. 服务性

农机监理担负着维护人民生命财产不致因安全问题而遭受损失的社会责任。掌握农机作业事故发生的规律，及时提出防范措施，消除事故隐患，关心人民的生命和财产安全，是农机监理工作的服务方向。搞好农机监理法规的普及教育和安全生产知识的宣传，开展技术服务，提高驾驶、操作人员为农服务的思想和技术水平，是农机监理工作的根本任务和服务性内容。在新的形势下，监理就是服务，服务的好坏直接影响农机监理生存。

5. 特殊性

农机安全监理和道路交通管理相比，由于农业机械分布在广大农村，地点分散，配套农机具拥有量大，机械种类繁多，作业流动性强，因此农机监理工作又具有量大面广、科学技术性强、工作流动性大等特点。

强调农机法制管理，就是要充分发挥和体现在贯彻执行中的严肃性，强化法规对农机安全生产的保障作用。法规既有保护人民大众利益的一面，又有约束限制违反法规的一面。任何人都不能置于法规之外而不受法规的约束。监理人员必须有法制观念，做到有法必依、执法必严、违法必究。

5.1.1.2 农机安全监理工作的任务

农机安全监理部门是代表国家贯彻执行农机法规中有关安全工作的管理机构，其主要任务是负责农用拖拉机驾驶和操作人员的检验、考核和核发牌证，以及负责农机在田间、场院和乡村道路上作业的安全及技术状态的监理工作。其具体工作任务如下。

(1)在有关部门领导下，认真贯彻执行党和政府的农机安全生产方针、政策、法规和条例，对群众进行农机安全生产知识的教育工作，并具体组织和指导实施。

(2)进行年度检验和审验。负责农田拖拉机驾驶人员和操作人员的技术考核、发证，并负责对机具的验收和核发牌证工作。驾驶、操作人员主要从智能和生理方面进行考核验收。生理方面主要考核年龄、体格及器官功能等情况。资料表明，驾驶、操作人员最低年龄不宜低于 17 岁，最高年龄不宜超过 60 岁。根据驾驶、操作人员的职业特点，听力、视力、辨色力必须良好。在智能方面应有力学、电学、化学等方面的基础知识。监理单位会对驾驶、操作人员定期进行身体复查、业务水平考核，为合格者颁发牌证。

(3)纠正违章，处理事故。负责制定农机安全生产措施，建立健全农机安全监理法规，进行违章和事故处理工作,并提出事故预防措施。

(4)组织安全评比活动和安全巡回检查工作,贯彻"以防为主、治理为辅"的方针。总结推广农机安全生产经验;组织评比、竞赛活动;会同公安等部门对农机油库、机库、物料库和农副产品加工间以及脱谷场地等的安全防范工作进行检查,并及时纠正不符合要求的事故隐患。

(5)对农机驾驶、操作人员进行培训。农业机械是先进的技术装备,要把它变成先进的生产力,必须由农机科技人员对使用者进行培训。

(6)对农机具的技术状况及农机具在设计制造中的安全设施等进行监督。

5.1.1.3 农机安全监理的特点

农机安全监理机构和公安、交通部门一样都是国家执行有关安全法规的监理机关,都以维护安全生产为目的,这是它们的共性。农机安全监理由于监理对象的不同,又有特殊性,主要表现在以下方面。

(1)农业机械拥有量大、分布面广、作业分散、管理困难,农机监理工作任务繁重。

(2)驾驶、操作人员文化水平较低,无证驾驶多,机具技术状态较差,安全事故隐患多。

(3)农业机械作业种类多,质量要求高,农机监理工作技术性强。

(4)农业机械作业地点不固定,作业项目不一,农机监理工作分散、流动性大。

5.1.1.4 农机安全监理机构和职责

国家农机安全监理机构设在农业部农机化管理,下面分层次设置机构。省级设置省(自治区、直辖市)农机安全监理总站(所、处),地区设置(地、市、州)农机安全监理所,县级设置(县、市、镇)农机安全监理所(站)。各级农机监理机构在相应各级农机管理部门领导下工作。在县级以下,乡级设专职安全监理员,村设兼职安全员。在有些地区,农机和公安部门还联合发证聘请了大量业余安全检查员。从上到下形成一个强有力的农机安全监理网。

农机安全监理部门的职责:贯彻落实国家有关农机安全生产的方针、政策、法规、法令和标准等;组织开展安全日、安全月活动和安全宣传教育工作;负责农用拖拉机驾驶、操作人员的检验、考核和发证工作;负责农机事故的调查、处理、统计和上报工作。

5.1.1.5 农机监理人员的条件及职责

1. 农机监理人员的条件

农机监理人员是执行国家农机安全法规和进行安全技术监督的国家机关工作人员。必须由具备一定的政治素质、身体素质、业务素质的人员担任。必备条件:热爱中国共产党,热爱社会主义祖国,坚持四项基本原则;具有高度的事业心和责任感;坚持原则,实事求是,秉公执法;在业务上,必须具有大专(或相当于大专)以上文化程度,熟悉农机安全监理业务知识,有拖拉机或汽车驾驶执照,掌握农业机械操作和修理技能;具有一定的组织能力和独立工作能力;身体健康、年富力强,没有有碍风纪的身体缺陷。

2. 农机安全监理人员的主要职责

宣传党和国家的安全生产方针、政策;监督检查有关农机单位(户)执行农机安全生产法规、机务规章、交通管理规则等法规的情况；负责驾驶、操作人员的技术考核和农机具的检验工作；做好安全生产知识的宣传教育和安全生产的巡回检查工作；纠正违章，处理农机事故；做好调查研究工作，分析研究安全生产形势，预测事故；提高安全防范措施，保障安全生产；完成上级农机监理机关和组织安排的各项工作任务。

5.1.2 农机安全监理业务

农机安全监理业务是农机安全监理工作的基础，其作用是反映情况，提供依据，活跃信息，促进管理。

5.1.2.1 农业机械异动

拖拉机等落户、过户和转籍不仅是农机安全监理工作的基础，而且也是农机化发展数据统计的依据。落户时不仅要从法律角度审查拖拉机的来历，而且还要从技术角度检验拖拉机的技术状况。凡从其他单位购来的已报废处理的拖拉机，都不应给予落户，因为这些拖拉机在使用上不安全或浪费能源。

1. 落户

购入的新拖拉机和联合收获机要办理落户手续。

农机管理站严格按照“两不准、一禁止”的原则办理拖拉机注册登记，即不将未上报的拖拉机纳入管理；不将不符合拖拉机安全运行条件的拖拉机纳入管理；禁止异地办理拖拉机注册登记（也就是发票上的拖拉机所有人户口必须在当地行政区内）。具体办理程序如下。

（1）按拖拉机和联合收获机的分类及编号顺序核发号牌。

（2）将检验登记表逐项填写清楚，并在主管部门和发证机关栏内加盖印章。

（3）在单位和个人送审的拖拉机和联合收获机来历证明（发货票）上加盖“已发牌证”字样，加盖后予以退还。

（4）建立拖拉机和联合收获机技术档案。

（5）收取拖拉机和联合收获机号牌、行驶证等工本费和检验费，并开具统一的收费凭证。所有手续在5个工作日内办理完结。

2. 过户

拖拉机在本辖区内进行所有权改变称为过户。办理过户手续时，需领填《机动车变更、过户、改装、停驶、复驶、报废审批申请表》。其中，在“车主地址”栏内填写卖车方（即老车主）的地址；在“车主签章”栏内，公车加盖公章，私车个人签名并附身份证复印件；在“申请内容”栏内填写“申请卖给×××”（即新车主），买方为公家的盖公章，买方为个人的签字并附身份证复印件；查验来历凭证（或旧机的交易凭证），并复印存档。

3. 转籍

拖拉机调离本监理辖区时，需办事转籍手续。拖拉机所有权人或代理人到农机监理站验车后向当地农机部门提出申请，然后凭调出单位证明（单位车辆需要）、交强险保险单证明、当年度检验合格的行驶证和其他相关资料，到农机监理部门办理转出手续。

5.1.2.2 驾驶、操作人员异动

1. 转籍登记

转籍登记指驾驶、操作人员调离本管辖区时,需办理的手续。

1)转出手续

驾驶、操作人员持调出单位证明,并持当年审验合格的驾驶证或操作证、本人有效身份证,到农机安全监理机关办理转籍手续。农机监理机关填写《驾驶操作人员转出通知单》,装封驾驶操作人员档案,自带或寄交新籍农机监理机关,并在驾驶操作证上签注转出事由。

2)转入手续

驾驶、操作人员到达调入单位后,持有效证件到新籍农机监理机关办理转入手续。当地农机监理机关启封档案,收回原驾驶操作证,核对无误后发给新驾驶操作证,并及时将《驾驶操作人员转出通知单》第三联寄回原农机监理机关。

2. 变更登记

变更登记指驾驶、操作人员在本管辖区内工作调动,或驾驶、操作人员的所在单位名称、地址,以及驾驶证、操作证有关记录发生变化时需办理的手续。

(1)驾驶、操作人员在本农机安全监理辖区内调动工作单位,凭调入单位证明,持当年审验合格的驾驶操作证和本人有效身份证明到农机安全监理机关办理变更手续。

(2)驾驶、操作人员所在工作单位名称、地址,以及驾驶操作证内有关记录发生变化的,凭单位或派出所证明,持当年审验合格的驾驶操作证和本人有效身份证明到农机安全监理机关办理变更手续。驾驶、操作人员填写《驾驶操作人员异动登记表》,经单位盖章后,交农机监理机关。农机监理机关应在《驾驶操作人员异动登记表》内签注变更时间和内容,并加盖公章。

5.1.2.3 核发、补换发牌证

1. 正式牌证的核发

对申领农业机械牌证的单位或个人,农业监理机关办理核发牌证的程序是初次检验→核发牌证。

1)发牌证的两个条件

(1)有签注检验结果的《中华人民共和国农业机械登记表》(初次检验合格后核发)。

(2)有农业机械的来历凭证,包括发票的注册登记联等。

2)所需手续

如申办者提供的材料齐全、规范、有效,则办理如下手续。

(1)按农业机械分类及编号顺序发给号牌,并在档案登记表上进行登记。

(2)将检验登记表上的检验、登记项目按需要在行驶证上填写清楚,盖章后发给车主。

(3)在来历证明的正式发票上加盖"已发牌证"字样后,退还车主。

(4)建立电子档案和文书档案。

(5)收取号牌、行驶证的工本费和检验费,并开具收费凭证。

2. 临时号牌的核发

临时使用的号牌有时间和区域的限制。因此,一般在以下情况下核发临时号牌。

(1)新购置的农业机械从销售部门或生产厂所在地开往买主的所在地时,应申领临时号牌。

(2)农业机械转籍时,因原正式号牌已按规定交还原管辖区的农机监理机关,农业机械从原籍移动至新籍,应申领临时号牌。

(3)农业机械的正式号牌遗失或损坏,在补换发新的正式号牌前,经审核同意可核发临时号牌。

从上述临时号牌核发的范围分析,一是具有明显的时间性,其使用期限不能过长,一般有效期限为15天;二是只能在规定期限和区域内使用,具有农业机械作业和行使权的特性。这就要求监理机关在核发临时号牌时要做好检验,认真填写临时号牌反面的有关项目和内容,并登记备案。

3. 农业机械牌证的补换发

农业机械牌证的补换发指已领取正式牌证的农业机械,因故丢失或损坏号牌、行驶证,需农机监理机关办理补发或换发手续的,称牌证的补换发。按规定,补换发的牌证是与原牌证号码一致的正式牌证。农机监理机关对补换发牌证必须认真做好审查工作,严格按规定办理手续。属于牌证损坏的,要仔细核对损坏的牌证,审定属实后,收回损坏的旧牌证,按规定办理换发手续;属于申请遗失补发的,要仔细查验机主身份证和单位证明,调档核实,并登报声明作废,从各地的实际情况出发,在声明见报后的规定期限内办理补发手续。补换发牌证期间,为保证农业机械的正常作业和行驶,农机监理机关签发《驾驶证、行驶证待办凭证》。

5.1.2.4 驾驶、操作人员年度审验

驾驶、操作人员自领取驾驶证之日起,必须按农机监理机关的规定参加年度审验。审验合格的,农机监理机关在驾驶证审验栏签注盖章。未办理年度审验手续或审验不合格者,不允许继续驾驶农业机械。

1. 年度审验内容

(1)驾驶证有无涂改、伪造、损坏等现象;照片与本人近貌是否相符;有无未经处理的违章、肇事。

(2)身体状况能否保证安全驾驶。

(3)对驾驶、操作人员进行安全驾驶、守法教育,以及驾驶理论、操作技术教育。

(4)根据情况对驾驶、操作人员进行理论或操作技能考核。

2. 延期审验

(1)驾驶、操作人员因故不能按期参加年度审验时,应事先向农机监理机关申请延期审验,经批准可在规定的期限内补审。审验延期最长不超过3个月。

(2)驾驶、操作人员违章、肇事未经结案的不予审验。

3. 安全教育

驾驶、操作人员自领取驾驶证之日起,必须按规定参加安全教育活动,由农机安全员在驾驶、操作人员安全教育活动记录卡片上签字并盖章。安全教育活动记录内容是年度审验的项目之一。

5.1.2.5　农机监理档案的管理

农机监理档案指各级农机监理机关在开展农机监理综合分析、监督管理、安全宣传、装备建设、事故处理等活动中形成的具有保存价值的以文件、图纸、图表、数据、声像等为载体的科学技术资料。农机监理档案管理是农机安全监理工作的基础，其作用是反映情况，提供依据，活跃信息，促进管理。农机监理档案妥善管理可以在很大程度上促进农机安全监理工作的开展。

1. 农机监理档案的内容

1）农业机械档案（机具档案）

农业机械自初次检验合格后，即应建立技术档案，档案编号与号牌和行驶证号相同，一机一档。

机具档案按两种方式建立，一种是总台账，另一种是分户账。档案的内容见表5－1－1。

（1）总台账：以机具核发号牌的顺序为依据，市、县（市、区）采用卡片式建立，乡（镇）采用账册式建立。

（2）分户账：市级以县（市、区）为单位，按机具号牌核发的时间顺序，依次排列；县级以乡（镇）为单位，按机具号牌核发的时间顺序，依次排列。

表5－1－1　机具档案的内容

序号	档案内容	序号	档案内容
1	卷内文件目录	6	产权和来历证明
2	检验登记表	7	年度检验表
3	异动登记表	8	转出通知单
4	机械事故记录	9	报废手续和文件
5	有关技术状态鉴定记录及其他技术资料		

2）驾驶、操作人员档案

农用拖拉机驾驶人员和农业机械操作手，从报名初考时，就应建立档案。档案编号应与驾驶、操作证号相同，一人一档。

（1）人员台账的建立。

① 总台账：以驾驶（操作）证号的顺序为依据，市、县（市、区）采用卡片式建立，乡（镇）采用账册式建立。

② 分户账：市级以县（市、区）为单位，按驾驶（操作）证核发的时间顺序，依次排列；县级以乡（镇）为单位，按驾驶（操作）证核发的时间顺序，依次排列。

（2）人员档案的内容。

① 卷内文件目录。

② 所在单位或乡（镇）政府、村民委员会出具的申请办理驾驶（操作）证的证明。

③ 人员登记表。

④ 理科考试试卷及术科考试结果。

⑤ 违章、肇事记录。

⑥ 其他必要的资料。

3）农机事故档案

农机事故档案是分析事故的产生原因，制订防范措施的依据和开展农机安全宣传的重要资料。建立齐全的事故档案，有利于从中找出规律性的东西，制订切实有效的措施，做好防范工作。

农机事故档案内容见表5－1－2。

表5－1－2　农机事故档案内容

序号	档案内容	序号	档案内容
1	卷内文件目录	11	有关事故处理批文、批复
2	农机事故处理综合报告	12	事故处理协议书和裁决书
3	肇事记录	13	肇事现场照片
4	肇事现场勘察	14	肇事现场勘察图
5	接触部位勘察	15	机具技术检验报告
6	现场遗留物品清单	16	机具物品损坏记录
7	肇事询问、旁证人笔录	17	旁证材料
8	伤残者医务部门诊断书	18	尸体检验报告
9	驾驶（操作）人员肇事处分决定	19	其他有关资料
10	农机监理技术档案销毁清册登记表		

2. 农机监理档案的管理

档案管理是一项严肃、认真的工作，需要用科学的方法实施。其基本业务是进行档案的搜集、整理、鉴定、保管、统计、检索、提供利用、编研等。

业务档案的管理是农机安全监理机关的档案工作，它是监理机关工作内容的一部分，必须科学地管理好业务档案，充分发挥其作用，为机关工作服务。由于这项工作专业性、技术性、科学性、保密性都很强，要做好该工作，必须得到领导重视，建立档案管理机构并健全管理制度，选配专业人员和采用科学管理手段。

1）业务档案的搜集

农业机械档案、驾驶（操作）人员档案在办理完手续，核发牌证、执照后便可将需归档材料组成案卷，按其牌证号码编号，归档保存。农机事故档案是在事故处理完后，将事故处理过程中所形成一切文件搜集齐全，编好目录，组成案卷，并按事故类别、发生时间先后进行编号，归档保存。文书档案可将机关已办理完毕的文件材料，且具有保存价值的其他材料（会议文件、记录，规章制度，统计报表，内部活动的照片、录音带、录像带，内务工作记录等），在下一年的上半年进行归档，按顺序编号保存。

搜集归档时，要求文件齐全、完整，分类立卷，卷内编目要系统条理，案卷要有简明贴切的标题并装订结实，封面要有清楚美观的编目。

2）业务档案的整理

业务档案的整理就是按照一定规则和方法，将接收到的档案进行分类、登记和必要的加工整理，使其有机地组合成案、系统排列，便于保管和查找利用。业务档案的整理是按农业机械档案、驾驶（操作）人员档案、农机事故档案、文书档案这四种类型分类存放的，并按年编号排列。在档案整理过程中，要注意进行案卷质量的检查。对于农业机械和驾驶、操作人员的档案，由于其本身的特殊性，要不断地补充内容、加工整理。遇特殊情况可按如下方法整理。

（1）报废机具。在其技术档案上加盖“注封”章后另行保存，同时在所收行驶证上也加盖“注封”章，然后装入档案内，保存期为五年。

（2）转籍机具。转出时，应登记造册，注明单位、厂牌型、牌照号、转往地点，并将附有转出单位证明的转籍证连同所收回执一并保存。转入时，按所编发的新号顺序存放，并将附有转入单位证明的转籍通知单放入档案予以保存。

（3）一年未检验，又逾期一年以上未检验的机具，其技术档案另行存放。

（4）主动封存的机具档案也另外存放。

（5）退休的驾驶、操作人员档案另行存放，保存期为五年，到期后销毁并登记造册备查。

（6）吊销驾驶、操作证的人员，收回证件加盖“注销”章后放入档案内，档案另行存放，保存五年。

（7）逾期不进行年审的驾驶、操作人员，第一年未年审又逾期一年者，同上处理。

3）业务档案的鉴定

业务档案的鉴定就是甄别和判定档案的价值，根据已确定的档案不同保管期限，拣出已经保存期满和不需要保存的档案加以销毁，把应该保存的档案妥善地保管起来。这项工作应严肃、慎重对待，要有严格的规章制度，按国家档案局颁发的有关档案鉴定工作的文件、指示，确定档案保管期限，有组织、有领导地进行。销毁档案必须经领导批准，在两人监督下，将档案粉碎后才算完成，要防止档案散失和泄密。档案销毁后，监销人应在“销毁清册”上签字、盖章，并注明“已销毁”和销毁日期。

4）业务档案的保管

业务档案不仅需要长期或永久性保存，而且要经常翻阅查找，这就要求档案要填写清晰、整洁，字迹工整并妥善保管。保管工作的任务就是采取有效的措施，运用科学的管理方法，最大限度地防止档案的损失、毁坏，延长其寿命，以充分发挥作用。

（1）档案保管的物质条件。

① 建立档案库房。要求坚固耐用，具备抗震、防潮、防火、防盗、防虫、防鼠等措施。

② 档案装具，即档案库房的基本设备，种类很多，可结合档案的规格、特点选用。目前有柜、架、箱几种。

③ 包装材料（卷皮、盒、套），应能防光、防尘、防有害气体。

（2）档案保管的要求。

① 要有专职人员负责管理，建立健全保密制度。档案室不准他人进入，档案管理人员应保持相对稳定，工作调动时应做好交接。

② 室中箱、柜、架要统一编号，按其规格、式样分开排列，做到高低一致、横竖成行，有条理、成系统，便于存取。

③ 建立定期检查制度。检查时发现破损、变质的档案应及时修补、复制或做技术处理。做好库房防护工作，采用先进设备逐步实现标准化管理，库房内温度应控制在 14～20 ℃。

湿度为50%～60%，并做到防潮、防尘、防火。

【知识拓展】

参照附录《农业机械安全监督管理条例》（国家）和《农业机械安全监督管理条例》（新疆维吾尔自治区），认真学习有关政策法规。

【任务小结】

通过本任务的学习，逐步了解农机安全监理机构在中国农机管理中的职能，熟悉农机安全监理的业务，能够熟悉农机安全监督检查项目。通过本任务的学习，需学习掌握的内容如下。

（1）掌握农机安全监理基本知识。

（2）初步能以农机监理员身份监理农业机械异动，驾驶、操作人员异动，核发、补换发牌证。

（3）掌握驾驶、操作人员年度审验内容。

（4）掌握农机监理档案的管理工作内容。

【课后练习】

1. 名词解释

（1）农业机械落户。

（2）农机监理档案。

（3）农机事故档案。

2. 填空题

（1）农机安全监理工作具有________、________、________和________。

（2）农机组织安全评比活动和安全巡回检查工作，贯彻____________________的方针。

（3）农业驾驶、操作人员异动有________和________。

（4）临时号牌的使用有时间和区域的限制，一般在________、________和________情况下核发临时号牌。

3. 选择题

（1）农机安全监理机构所不具有的性质是________。

A. 法制性　　B. 经营性　　C. 生产性　　D. 服务性和特殊性

（2）下列不是农业机械异动表现形式的是________。

A. 落户　　B. 过户　　C. 转籍　　D. 补证

4. 判断题

（1）在我国只要公民年满16周岁，就可以考取农机驾驶、操作证。（　）

（2）买卖双方当事人执有效身份证及复印件、行驶证，并驾驶拖拉机到县级农机安全监理站办理过户手续。（　）

（3）逾期不进行年审的驾驶、操作人员，第一年未年审又逾期一年者，直接销毁证件。（　）

5. 简答题

(1)简述农机安全监理特殊性的表现形式。

(2)简述农机安全监理业务档案管理所包括的内容。

【总结评价】

(1)谈一谈你此次参加模拟农机监理员身份的体会及收获。

(2)谈一谈在完成任务学习的过程中,你和你所在小组的收获、不足和有待改进提高的地方。

(3)结合学习的实际情况,完成表 5-1-3 和表 5-1-4。

表 5-1-3 农机安全监理评分表

<table>
<tr><th>序号</th><th colspan="2">考核内容</th><th>配分</th><th>评分内容</th><th>考核记录</th><th>得分</th></tr>
<tr><td rowspan="5">1</td><td rowspan="5">知识</td><td>农机安全监理的基本知识</td><td>10</td><td>1. 农机安全监理的任务及特点;
2. 农机安全监理机构及人员的职责与条件</td><td></td><td rowspan="5"></td></tr>
<tr><td>农业机械异动</td><td>10</td><td>1. 购入农业机械办理落户程序;
2. 农业机械过户和转籍程序</td><td></td></tr>
<tr><td>驾驶、操作人员异动</td><td>10</td><td>1. 驾驶、操作人员转籍登记程序;
2. 驾驶、操作人员变更登记程序</td><td></td></tr>
<tr><td>核发、补换发牌证及操作人员年度审验</td><td>10</td><td>1. 正式牌证的核发程序;
2. 临时号牌的核发程序;
3. 农业机械牌证的补换发程序;
4. 操作人员年度审验程序</td><td></td></tr>
<tr><td>农机监理档案管理</td><td>10</td><td>1. 农机监理档案的内容;
2. 农机监理档案的管理</td><td></td></tr>
<tr><td rowspan="3">2</td><td rowspan="3">技能</td><td>农业机械落户、过户和转籍业务办理</td><td>10</td><td>办理农业机械落户、过户和转籍业务</td><td></td><td rowspan="3"></td></tr>
<tr><td>驾驶、操作人员异动业务办理</td><td>10</td><td>办理驾驶、操作人员异动业务</td><td></td></tr>
<tr><td>核发、补换发牌证及操作人员年度审验业务办理</td><td>10</td><td>办理核发、补换发牌证及操作人员年度审验业务</td><td></td></tr>
<tr><td rowspan="2">3</td><td rowspan="2">态度</td><td>安全生产意识</td><td>10</td><td>能在导师的指导下安全文明生产</td><td></td><td rowspan="2"></td></tr>
<tr><td>合作、吃苦精神</td><td>10</td><td>能与小组同学合作完成本次任务,操作过程中能做到吃苦耐劳</td><td></td></tr>
<tr><td>4</td><td colspan="2">分数合计</td><td>100</td><td></td><td></td><td></td></tr>
</table>

表 5-1-4　项目五任务一工单

<table>
<tr><td rowspan="2">任务名称</td><td rowspan="2">农机安全监理</td><td>姓名</td><td></td><td>班级</td><td></td></tr>
<tr><td>日期</td><td colspan="3"></td></tr>
</table>

1. 根据任务要求,在成为模拟农机监理员身份前需做哪些了解

2. 如何强化农机安全监理管理机制,确保农机化法律法规落到实处

3. 以农机监理员身份处理业务工作记录

处理业务内容	处理过程重点记录	备注

4. 其他需反馈的内容

任务二:农机作业安全性检测与安全操作

【任务目标】

(1)以农机驾驶、操作人员身份进行农机作业安全性检测与安全操作。
(2)掌握农机安全性分析的内容。
(3)农机作业安全性检测与安全操作。

【导师导学】

5.2.1　农机安全性分析

农机安全监理以农机化及农业可持续发展为目标,从影响农机安全生产的各种因素入手进行分析,依据各因素的实际,通过各种措施,努力确保农机的安全生产,杜绝或减少各种事故的发生,充分发挥农机效能。

5.2.1.1 农机安全性分析

农机安全性分析即事故预防分析，其目的是分析事故形成的原因，探寻消除不安全因素的措施，从而减少和防止事故的发生。

机械是由人在一定的环境条件下操作的，在生产过程中，人、机和环境构成一个系统，农机的安全性必须兼顾人、机和环境三个方面的因素，形成一个最稳定的“安全三角形”。用该三角形的三条边把事故严密封闭起来，当人、机和环境三者充分可靠时，才能保证不出事故。倘若某一条边短缺，安全三角形就会被破坏，事故就可能发生。

人、机和环境中的人，指在身体和技能方面都符合规定条件的机械操作者。在人、机和环境系统中，有60%～70%的事故是由于没有考虑人的因素而造成的。

1. 人的不安全因素

在人、机、环境的安全系统中，人是起积极性、决定性作用的因素，农机的安全性主要取决于人的可靠性。提高人的可靠性，常常可以克服机械和环境存在的某些不安全因素的影响，免于出现事故。如果人的可靠性低，则不安全因素将增加，即使机械和环境都比较可靠，也会导致事故的发生。

良好的身体素质是驾驶、操作人员需满足的首要条件。在生理因素上，不应有与职业不相容的生理缺陷和病症，如色盲、视力不良、听力不良。由于农机工况多变，在作业运行中会遇到各种异常情况，能否迅速做出反应是很重要的。当驾驶、操作人员的身体疲劳或感染疾病时，不仅体力下降，且对异常情况的反应能力下降甚至丧失，如在行车中驾驶、操作人员困倦、打瞌睡，对拖拉机失去控制能力，可能导致翻车、撞车，造成重大伤亡事故。

据资料统计，身体正常的驾驶、操作人员从发现目标到大脑做出反应，再到采取制动，整个过程的反应时间不足一秒，若身体疲劳、体弱、吃药过敏或有反应、酒后开车，大脑受到一定影响，做出反应的时间大大增加，制动距离也增加，这是造成重大事故的直接根源。

驾驶、操作人员的心理因素受到多方面影响，与性别、年龄、家庭、社会、工作对象、工作时间和工作环境等都有密切关系。例如，不同工龄的驾驶、操作人员心理状态各不相同。其中：刚刚学习期满的驾驶、操作人员有急于独立开车（操作）的心理，往往忽视安全问题；工龄不长的驾驶、操作人员，基本上能掌握操作技术，但容易产生骄傲自满心理，开“英雄车”“赌气车”，不把安全问题放在心上；有多年工龄的驾驶、操作人员，往往会认为自己有经验而开“麻痹车”。

驾驶、操作人员心理状态不平衡还与家庭关系、人际关系有关。例如，受领导批评、监理人员路旁设暗哨暗卡袭击检查等，会使驾驶、操作人员心理恍惚，不能自我控制，行车时提心吊胆，经常有恐惧心理，容易引起重大事故的发生。

缺乏专业知识或驾驶操作技能不高，也常常引发事故。例如，对缸盖螺栓施加的预紧扭矩不足，工作中会连续发生冲缸床的故障；而施加的扭矩过大，缸盖变形也会导致冲缸床。由于操作不当而引发的事故有很多，例如：手扶拖拉机下坡行驶时的反向操作，很多驾驶、操作人员没有熟练掌握，经常由于判断失误或操作不当而引发事故，甚至造成翻车坠崖，机毁人亡；在特殊条件下（坡道行车、雪地行车、雨后行车）的制动操作技术，一般驾驶、操作人员都难以熟练掌握和正确运用，容易引发事故。此外，有些驾驶、操作人员技术水平较低，不能正确调整和维护机器，又不认真学习交通安全规则、安全操作规则和安全监理规章，也会酿成事故。

2. 机器的不安全因素

机械的结构设计应符合正常人的生理、心理特点，并适于在一般环境条件下正常使用。如尽可能给操作者提供一种舒适感，使人的体力和脑力消耗最少，此时工作效率较高，人机比较协调。例如，早期生产的履带式拖拉机，转向操作难度大，影响工作效率。此外，机器制造、修理、保养和调整质量较差，以及技术状态恶化、零部件可靠性降低，也势必增加不安全因素，使发生重大事故的概率增大。

3. 环境的不安全因素

环境包括社会和自然两个方面。社会环境主要影响人的心理状态。自然环境不仅影响人，而且也影响机械的可靠性。

自然环境包括的内容很广，如气温、湿度、光线、风速、噪声，以及坡度大小、道路曲直、路面质量和场地布置等。地理条件对机组的安全性影响最大，如在高原和丘陵地区，由于地形复杂、山高坡陡、道路险峻，给安全行车造成很大威胁。在雨雪天行车，因地面附着性能差，拖拉机易发生打滑，尤其在进行转向、制动操作时，可能引起自动滑移，甚至发生翻车事故。

气候条件有时对驾驶人员的生理和心理也会产生不良影响，增加不安全的因素，如没有驾驶室的拖拉机，在炎热季节长时间行车时，驾驶、操作人员可能产生头晕和困倦，而在严冬季节长时间行车时，驾驶操作人员手脚可能发僵，影响正常驾驶和控制，可能导致事故的发生。

环境是客观存在的现实，不易改善，但是人可以锻炼，机器也可以改造，以适应不同的环境特点。因此，应建立协调的人－机－环境系统，保证农机的安全使用。

5.2.1.2 作业人员的培训与考核

在人、机、环境这三大安全因素中，人是一个起主导作用的因素。加强对农机驾驶、操作人员的教育培训与考核是农机安全监理的前提性工作。

1. 驾驶、操作人员的教育培训

1）教育培训的意义

农机驾驶、操作人员业务水平的高低、素质的好坏，直接影响农机的安全生产和社会的稳定。通过行之有效的教育培训，提高农民的科技文化素质、道德水平、法规意识，对保证农业安全生产具有战略意义和现实意义。

2）教育培训的主要内容

农机教育培训的内容很广，主要包括党和政府的方针政策、农机法规、农机基础理论知识、驾驶操作技能、机务规章及农机安全操作技术等。

3）教育培训的主要形式

（1）农机安全宣传教育。通过报纸、杂志、广播、电视等媒体对农民进行安全知识和农机法规教育，提高驾驶、操作人员的安全意识。

（2）岗前培训。在驾驶、操作人员领取驾驶证（或操作证）之前，对驾驶、操作人员进行较为系统的教育培训，可以取得较好的培训效果。

（3）年审培训。把培训教育与驾驶、操作人员的年度审验结合起来，通过审验促进培训学习。

2. 驾驶、操作人员的考核审验

1)驾驶、操作人员的考核

报考拖拉机驾驶员和动力机械操作手的人员须经检查并满足一定的身体、文化、年龄条件,然后可以申请办理学习驾驶证和学习操作证。学习驾驶、操作的人员在学习期满后,凭"结业证"和"学习证"到农机监理机关办理报考手续,经监理机关审核同意后,在指定的时间和地点参加术科考试,考试合格转入实习期。

拖拉机驾驶、操作人员考试科目包括:机械常识和操作规程、交通法规与安全驾驶常识、挂接农具、田间作业、场内驾驶、道路驾驶等。

以上科目按顺序进行考核,任何一个项目不及格,后续科目不再进行,原合格科目予以保留,并允许在学习证的有效期内补考一次。如补考仍不及格,则考试终止,成绩不再保留。如要继续报考,需 3 个月后重新报考。

2)驾驶、操作人员的年度审验

驾驶、操作人员自领证之日起,必须按农机监理机关的规定参加年度审验,未办理年度审验手续或审验不合格者,不准继续驾驶拖拉机和操作农用动力机械。年度审验的内容主要包括以下五部分。

(1)对本人安全驾驶、遵纪守法、事故教训等情况进行总结,农机监理机关进行审核。

(2)审核驾驶证有无涂改、伪造、损坏等现象。

(3)身体状况是否满足安全驾驶、操作的需要。

(4)对驾驶、操作人员进行安全驾驶和遵章守法教育。

(5)组织驾驶、操作人员进行驾驶理论或操作技术学习,必要时进行有关考核。

5.2.2 农机作业安全性检测与安全操作

5.2.2.1 农业机械的安全技术检验

对农业机械进行安全检验,使农业机械保持良好的技术状态是确保安全生产的重要措施,同时也是对农业机械实行法规管理的一项重要内容。

1. 农业机械安全技术检验的种类

农业机械安全技术检验可分为初次检验、年度检验和临时检验。

1)初次检验

凡申请报户,领取号牌、行驶证和使用证的农业机械都必须经过检验。此时的检验称为初次检验,包括初次丈量、核载和技术检验。

2)年度检验

凡领有号牌、行驶证、使用证的农业机械,自领取之日起,须按农机监理机关的规定,每年检验一次,称为年度检验。

年度检验的内容主要包括:检查号牌、行驶证、使用证有无损坏、涂改,与技术档案是否相符;农业机械转籍、入户、过户是否按规定办理手续;按检验标准对农业机械进行技术检验。年度检验不合格的农业机械,应限期修复并重新进行检验。对于超过检验期限仍不合格的农机,农机监理机关应收回号牌、行驶证或使用证,责令其停止作业。

3）临时检验

有下列情况之一者，应进行临时检验。

（1）各种农业机械申请临时号牌时应进行临时检验。

（2）农业机械因故报停后，因生产需要启封使用时，须经农机监理机关临时检验合格后方可使用。

（3）农业机械遭受严重损坏，修复后必须进行临时检验。

（4）农机监理机关认为必要时，或农机安全监理员根据生产季节的需要，可对各种农业机械进行临时检验。

2. 农业机械安全技术检验的方式与方法

农业机械安全技术检验按检测方式可分为人工检验、检测站检验和流动检测车检验三类。

1）人工检验

人工检验主要依靠检验人员的经验，辅以一些测量工具、计量工具、仪器设备，对农业机械进行检验。人工检验包括技术参数测定、静态检验和动态检验三部分。

Ⅰ. 技术参数测定

（1）外廓尺寸的测量。农业机械技术资料不全时，应对农业机械进行外廓尺寸的测量。测量前须将农机摆正，放在水平、干燥的柏油或水泥路面上，直接测量农业机械的外廓尺寸。测量所用仪器有皮卷尺、2 m 以上的钢板直尺、铅锤、粉笔等。需测量的外廓尺寸有农业机械的长、宽、高、轴距、轮距、挂车栏板高度、挂车车厢面积等。综合确定农业机械的外廓尺寸（总长、总宽、总高）和轴距、轮距及驾驶室内廓尺寸是否在限定范围内。

（2）载荷的测定。农业机械的载质量和驾驶室乘坐人数一般按出厂说明书规定，如无规定可按下列方法测定。

① 驾驶室乘坐人数。座位单个设时，应按其数目核定；非单个设时，应按座位长度核定（长度 110 cm 核定 2 人，160 cm 核定 3 人，200 cm 核定 4 人）。

② 载质量。根据发动机额定功率、轮胎承载能力、底盘承载能力三者中最弱者进行核定。

Ⅱ. 静态检验

静态检验是指被检农业机械处在发动机熄火的停机状态下实施的检验。静态检验的目的主要是检查农业机械的车容车貌、装备的完整性、各部件连接坚固情况和总成技术状况。为了防止检测项目遗漏和提高检测效率，实施静态检验时，常采用系统检验和号位检验两种方式。系统检验方式是把农业机械分成几大系统，对每个系统包含的项目逐一进行检查。这种检验方法条理性强，可即时对各系统的技术状况给出结论。号位检验方式是按一定循环线路（一般从车左前方向车右前方环绕）将农业机械分成若干个检验号位，先确定每一个号位的必检项目及内容，然后按号位顺序逐一检查各部件，这种方式又称为一周循环检验法。这种检验方法容易做到不重检、不漏检，适用于整机的全面检验。下面介绍几种类型拖拉机的一周循环检验路线。

（1）手扶式拖拉机（以东风－12 型为例）的一周循环检验路线及各号位检验项目分别如图 5－2－1 和表 5－2－1 所示。

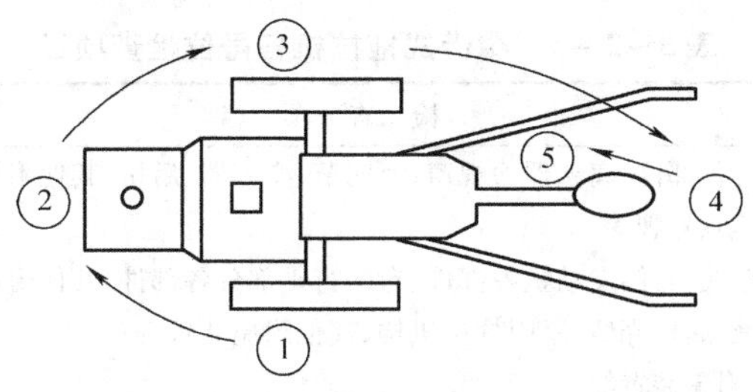

图 5-2-1　手扶式拖拉机一周循环检验路线

表 5-2-1　手扶式拖拉机各号位检查项目

号位	检　查　项　目
①	左轮各部分、半轴、机油压力指示器、飞轮、水箱等；
②	前灯、车架、号牌等；
③	右轮各部分、半轴、减压机构、燃油系统、空气滤清器；
④	尾轮机构各部分；
⑤	变速杆、离合器操纵手柄、制动手柄

(2)轮式拖拉机的一周循环检验路线及各号位检验项目如图 5-2-2 和表 5-2-2 所示。

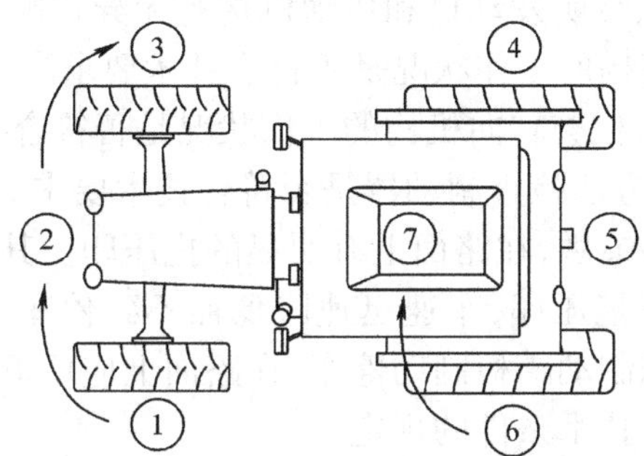

图 5-2-2　轮式拖拉机一周循环检验路线

表 5-2-2　轮式拖拉机各号位检查项目

号位	检　查　项　目
①	喷油泵、柴油滤清器、左前轮和钢圈、左前轮转向拉杆和转向球头、启动机、气压制动系统等；
②	前大灯、信号灯、喇叭、车身镜、刮雨器、前轮定位、前轮气压、牌号、蓄电池等；
③	发电机、机油和空气滤清器、液压油泵、右前轮转向拉杆和转向球头、风扇、水泵等；
④	右后轮各部分、制动右传动杆等；
⑤	液压升降机构、牵引装置、后大灯、牌照灯、刹车灯等；
⑥	左后轮各部分、制动左传动杆等；
⑦	各仪表开关、各指示灯、各操纵部件等

(3)履带式拖拉机的一周循环检验路线及各号位检验项目如图 5-2-3 和表 5-2-3 所示。

表 5-2-3　履带式拖拉机各号位检查项目

号位	检查项目
①	左侧行走各部件、发动机各部件、离合器检视窗、万向节、变速器、后桥、其他附属装置等；
②	前大灯、水箱总成、前托架、号牌等；
③	发电机及线路、启动机总成、右侧发动机各部件、右侧行走部分各部件、其他附属装置等；
④	油箱总成、液压升降机械、后桥壳体、牵引挂接机构、其他附属装置等；
⑤	仪表、各操纵部件、其他附属装置等

Ⅲ. 动态检验

动态检验是指被检农业机械处在发动机运转状态下或行驶状态下实施的检验。对农业机械静态检验后要进行动态检验，以判断农业机械的操纵性能、制动性能和行驶时有无异常现象。其方法如下。

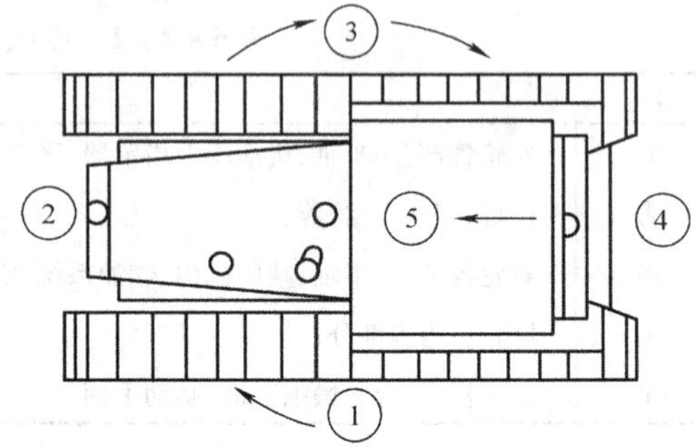

图 5-2-3　履带式拖拉机一周循环检验路线

(1)启动发动机，检查启动性能、仪表、排气烟色及发动机响声是否符合技术要求。

(2)起步时，检验离合器接合、分离情况，了解离合器工作状况是否符合技术要求。

(3)以不同的车速行驶，诊听发动机和传动机构有无异常响声，变速器是否有跳挡或挂不上挡，了解发动机、传动机构的工作状况是否符合技术要求。

(4)以不同的车速行驶，检查转向机构的工作状况是否符合技术要求。

(5)一般采用拖压印的方法检查制动器是否符合技术要求。首先，以 5 km/h 的速度行驶，踩制动踏板，应感到效能灵敏，在路面上有明显的拖压印。其次，以 30 km/h 的速度稳定行驶，点制动时，路面应留下拖压印，车速迅速降低而不致停车，同时无明显跑偏现象。最后，以规定车速行驶时，急踩制动踏板制动停车，在路面上应留下拖压印，从拖压印的起始端至车轮停止点的距离应符合技术条件的规定。

2)检测站检验

利用检测站的各种检测设备对农业机械进行安全技术检验，可以提高农业机械检测的科学性、可靠性和精确性。检测站主要由一条或多条流水检测线构成。流水检测是将各种检测设备按照合理顺序布置在一条线上，被测车辆沿线按序驶过各个工位，进行系统检测。现代化的流水检测线已经可以实现自动化操作和管理，大大提高了检测效率。检测站检验的内容有外观检查、排放废气检验、前轮定位及侧滑量检验、制动性能检验、车速表检验、前照灯检验、喇叭声级检验等。

目前，我国各地农机监理部门一般尚未专门建设这样的检测站，有的地区已开始使用检测站，对拖拉机、变型运输机和农用运输车的安全运行性能进行技术检验。

3)流动检测车检验

流动检测车并非是一辆只携带多种便携式仪器到现场去执行检测任务的载货车，而是一辆自身具有多种检测功能，并在各地能够巡回完成一系列检测任务的检测仪器车，如图 5-2-4所示。流动检测车不仅是仪器的载体，也是仪器的本体。检测车设有多种接口，检测时可与被检农业机械的相应检测点实行快速对接，顺利实现现场就近检测。检测中采用

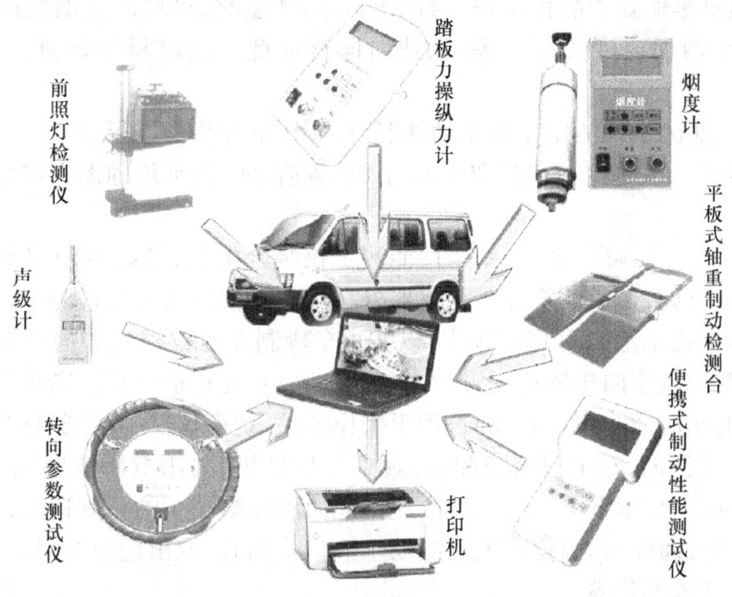

图 5-2-4　移动式农机检测车的携带设备

非接触式光电传感技术、无线传输技术和计算机技术,尽量做到不解体检测。从信号采集、传输、信息处理,到存储、显示和打印输出,全部实现自动化,减少人为因素影响,降低操作难度,使检测过程数字化、智能化。流动检测车主要检测的内容包括发动机部分、转向系统、传动系统、制动系统、液压系统、行走系统、电气系统等。另外,还能够对农机具的工作状态进行检测。其检测内容几乎包括农机监理所需要的全部检测项目。流动检测车还配备简易维修设备,能对农业机械进行故障排除和应急处理。

对于遍及广大农村地区的大量农业机械的安全技术检验,如果仍然沿用以往的人工检验、测试,不但费时、费力,而且精度不高,很难适应新形势发展的要求。但是如果让所有农业机械都集中到固定的检测站进行检测,则是难以做到的,因为有些农业机械是无法或不允许上线检测的。相比之下,流动检测车有突出的优点,它的机动性好,不仅可以定期下乡巡回流动,对辖区内的各种农业机械实行年度检验,而且能够提供应急服务,对于在道路或田间发生故障或事故的农业机械,可以进行现场排障、维修和实时检测。特别是农忙季节,流动检测车可以在各地巡回流动,亲临作业现场,对作业机具的安全运行性能进行跟踪监督,预防机具出现故障或事故,为农业增产增收提供可靠保障。

3. 农机安全技术检测仪器与设备

目前,对拖拉机安全技术状态的检验,仅外部零部件的技术状态及其调整数据等可通过观察测量等做出结论,而对于内部零件的安全技术状态检验,在不拆卸的情况下,主要依靠检验人员的经验采用听、嗅、摸等方法来判断,难以做出准确的、定量的结论。而这些内部零件最好也通过检测仪器或设备来准确确定其安全技术状况。下面就介绍几种常见的用于农机安全技术检测的仪器设备。

1)制动性能测试仪

AD-81 型制动性能测试仪是常用的一种检测设备。在 AD-81 型制动性能测试仪中,设计有一定质量的滑块,滑块在摩擦阻力很小的支撑架上滑动。当车辆匀速行驶时,滑块跟随车辆运动，相对车辆处于静止状态。当车辆突然减速时，滑块产生惯性运动，运动的情况与滑块质量和车辆加速度大小有关，加速时同样如此。通过科学计算，可确定车辆的加速度。

使用制动性能测试仪测定车辆制动性能时，需按下述步骤进行。

(1)场地准备。应选定一段长 200 m、干燥、清洁、硬实、平坦的沥青或水泥路面，路面周围无遮挡物。

(2)仪器准备。为 AD－81 型制动性能测试仪装上电池，备好专用记录纸，并检查记录纸运动是否灵活自如，记录纸头部露出仪器外一段。将仪器安装在被测车辆上时，应注意调整水平(观察水平指示泡)，并可靠固定，以防止车辆制动时仪器底座与车身发生相对滑动，仪器面盘上的箭头应指向车辆行驶方向，仪器开关应套在车辆制动器踏板上，开关另一端插入仪器面盘上的相应插孔中。必要时，用手操作开关，观察仪器中走纸机构是否正常运行。

(3)检测。检测时，车上仪器旁配人，观察分析结果，并用双脚踩紧固定机构将仪器壳体牢牢固定在机车上，车下 1 人用雷达测速仪迎面测定被测车的行驶速度，当车速达到检测速度时，发出信号，通知驾驶、操作人员制动车辆。检测后，取出记录结果，进行分析研究。

2)转速、车速检测仪器

发动机转速过高，会引起拖拉机车速的升高，进而导到制动距离增大，增加车辆的非安全性。另外，机器工作转速的升高，会使功率消耗增加，振动、噪声加剧，破坏工作环境。因此，对发动机转速和拖拉机车速应该予以限制。

发动机工作转速，按照铭牌上的要求，最高空转转速应比标定转速高 150～200 r/min，超过此范围，应视为超速运转。根据《中华人民共和国道路交通管理条例》规定，在道路宽阔、车流量较少、视线良好，且保证交通安全的原则下，拖拉机最高行驶速度为 30 km/h，小型拖拉机为 15 km/h。

车速的检测方法很多，有标杆法、五轮仪测速法、雷达测速法等。监理部门使用雷达测速仪较好，不但能用于检测，还可以用于监测。雷达测速仪又叫多普勒雷达，它向运动着的物体发射无线电波，无线电波像光和声音一样可以反射，由于车辆在运动，多普勒雷达所发出的电波碰到车辆被反射回来。这个反射电波的频率与原来发射电波的频率有差别。车辆运动的速度越快，这个差别就越大。多普勒雷达本身能测量出这个频率的差别，并且这种仪器能自动将这个频率差别换算成车辆的速度。多普勒雷达不但能测出运行车辆的速度，而且还可以报警，告诉哪辆车是超速行驶。这种仪器有的还装有照相机，可以立刻自动地将超速车辆的车牌号码拍摄下来，因此可以用于交通量统计和超速违章车辆统计。

在开机状态下不要将雷达测速仪的天线喇叭面向金属物体或置于桌面上，使用时还要远离射频源。

3)酒精检测仪

酒精检测仪是一种检测机动车驾驶人员是否饮酒的仪器。酒精检测仪的类型很多，一般来说，可以分为两大类，一是采用气敏元件作为传感器，二是采用光化学燃料电池作为传感器。前者不足之处是气敏元件不但对酒精敏感，可能对某些其他气体也敏感；后者可以单一地检测酒精气体，而对车辆可能存在的丙酮、汽油、一氧化碳和烟气等无反应。

据研究，由肺部深处所呼出的气体中，所含的酒精量与血液中的酒精量成正比。研究表明，1 mL 血液中所含酒精量与 2 000～2 100 mL 呼气中所含酒精量相等。因此，测定驾驶人员呼气中的酒精含量可以判断其血液中的酒精含量,从而可以确定驾驶人员是否是饮酒后驾驶。

5.2.2.2 农机安全技术检验的主要内容

为了加强农机管理,确保农机安全生产,杜绝或减少各种事故,充分发挥农机效能,机务人员必须严格遵守农机安全操作规则,并对拖拉机、农机具不定期地进行技术检验,掌握拖拉机、农机具的技术状态,及时督促有关单位和个人及时保养、修理。上述工作可使拖拉机及农机具保持良好的技术状态,防止机械和人身事故的发生,确保安全作业、安全行驶。

1. 拖拉机的技术检验

总体要求:性能良好、车容整洁、机件齐全、安全可靠。

1)发动机部分

(1)部件完整,安装、调整正确。

(2)铅封完好,仪表齐全,指示正常。

(3)启动性能好,功率和油耗正常。

(4)在高、中、低速运转时,平稳无杂音,不自动熄火;正常温度下,无异常烟色。

(5)供给、润滑、冷却系统作用良好,不漏油、不漏气、不漏水、不漏电。

2)传动部分

(1)传动系统工作平稳可靠,无异常噪声。

(2)离合器结合平稳,不打滑,分离彻底,挂挡容易。

(3)变速机构工作正常,不乱挡,不自动脱挡。

3)行走部分

(1)轮式拖拉机的轮胎完好,气压适宜,左右一致;钢轮毂无裂纹、无变形,螺丝紧固;前轮前束符合要求,不摆头。

(2)履带式拖拉机的履带松紧度适度,轴、销完好无缺,无跑偏或脱轨现象。

(3)手扶式拖拉机的V带松紧度适度,根数规格符合要求。

(4)轮胎不准“内垫外包”。

4)转向部分

(1)方向盘自由行程符合要求,操作灵活轻便;转向轴、纵拉杆、横拉杆不变形,连接可靠不松旷。

(2)履带式拖拉机操向杆的自由行程和总行程符合规定,作用正常。

(3)手扶式拖拉机转向拉杆的调整符合要求,操作方便、可靠。

5)制动部分

(1)制动踏板的自由行程符合规定,回位敏捷,并有连锁和锁定装置。

(2)大中型轮式拖拉机应装有与挂车配套的气压制动系统或油压制动系统,要求制动可靠,不偏刹、不蹦跳,两轮拖印一致,制动距离符合国家规定。

6)灯光部分

(1)轮式和手扶式拖拉机的前部要有大灯两只(手扶式拖拉机可装一只),转向灯两只或指挥箭;后部要有刹车灯、尾灯(牌照灯)和工作灯。

(2)履带式拖拉机前部要有大灯两只,驾驶室内要有仪表灯,后部要有尾灯。

7）车身与附属设备部分

（1）轮式拖拉机的驾驶室要结构合理、视野良好、坚固安全。驾驶室两侧各装一面车身镜；前挡风玻璃不得眩目和有水纹、气泡、斑点等阻碍视线的印迹。

（2）发电机、调节器、启动机、蓄电池、喇叭工作良好。

（3）液压及悬挂升降装置要灵敏、有效。

（4）牵引连接装置要坚固，联接要有保险销和安全链。

2. 作业机械的技术检验

1）技术检验的内容

农机安全监理不仅要对拖拉机和其他农用动力机械进行技术检验，还要对配套作业机械进行技术检验。

随着农业的迅速发展及农艺的不断改进、生产水平的不断提高，作业机械的种类、型号日益增多，结构日趋完善、复杂，对农机安全监理的技术检验工作提出了更高的要求。

（1）对农机技术状态的完好性实行有效的监督，使之符合农艺要求，提高作业质量，更好地为农业生产服务。

（2）对安全性实行有效的监督，使之符合安全规章，预防事故的发生。

（3）配套机械必须达到“三、五、一”的要求。“三”是三灵活，即起落灵活、操作灵活、转动灵活；“五”是五不，即不旷、不钝、不锈蚀，不变形、不缺件；“一”是一良好，即技术状态良好。

2）技术检验具体要求

（1）作业机械的各部分零件必须完整无缺损，装备正确。机架、支持架、牵引架无弯曲、倾斜、扭裂等现象；停放期间应洁净、无泥土、停放整齐；工作面上一律涂油防锈；主要部件或附件应拆下入库保管。

（2）作业机械上的所有安全部件必须完整无缺、牢固可靠。凡属随机人员使用的操作台、杆、柄及安全扶手、座位、踏板等都必须符合安全要求。

（3）作业机械上的传动、转动、调整部件及其他操纵机构应灵活自如、操作轻便，工作部件的刃部应锋利。

（4）机械上所有非调整部位的螺栓、卡子等紧固部件都应按技术要求锁紧固定，不允许用其他代用件。螺杆的螺纹应露出螺母 1 ~ 2 扣，沉头应平齐。

（5）机械上的所有调整螺杆、拉紧件及其他可调部位必须按规定锁定。

（6）不是常用的改装机械，应恢复至原始的技术状态。因改装而拆缺损坏的部件，应予以修复或更换新品。

3. 农用拖车的技术检验

在对农业机械动力机械和作业机械进行技术检验时，配套的拖车也应符合相应的技术要求。

（1）整车清洁整齐，达到“三灵活、五不、一良好”的要求。

（2）牵引架牢固、连接可靠，不弯曲、不变形，起落灵活，挂车与拖拉机之间有保险链。

（3）转盘转动灵活、不松旷，滚轮无严重磨损，转盘转动时无碰撞，黄油嘴齐全。

（4）栏板、底板无严重锈蚀和变形，接缝严密；栏板开闭灵活，无阻卡、无扭曲；栏杆数量齐全。

(5)轮轴不变形,轮距、轴距误差在规定范围内,前后轴对正并垂直于车架中心线。

(6)轮胎转动灵活,无严重磨损,不“内垫外包”,气压和轴向间隙正常。

(7)弹簧钢板、轴套、销子配合适当,螺帽紧固,保险销齐全。

(8)制动性能可靠,不渗、不漏,回位迅速。

(9)灯光、牌照、号码及其他安全设施齐全、清晰、可靠。

5.2.2.3 人、机和环境相结合的特殊情况

农用拖拉机的工作环境是广大农村或城市郊区,所以其行驶的道路曲折复杂、凹凸不平或存在坡道。因土质与含水量不同,路面有的松软,有的坚硬,有的黏着。田间地头常有沟渠、堤坝,路的沿线上的村庄、桥梁、隧洞较多。所以,要求拖拉机驾驶、操作人员技术熟练,精力集中,能在各种复杂道路上安全行驶。

1. 坡道行驶

1)上坡

要根据坡道长短、坡度大小、机车负荷来选择车速。如负荷重应提前换入低挡,使机车有足够的爬坡能力,避免中途被迫换挡。如坡度较大,且拖拉机带有悬挂机械,可挂倒挡上坡,以免向后倾翻。在行驶中如有倾翻趋势(如轮式拖拉机前轮离地)应迅速分离离合器,使拖拉机在自重作用下前轮回到地面,并同时采取制动措施,防止翻车。行驶中发生溜车时,不要分离离合器,应用制动器和发动机同时制动。

2)下坡

应挂低挡慢行,严禁空挡滑行及下坡换挡,以防速度过高导致失去控制;严禁高速时紧急制动,以防向前倾翻。履带式或手扶式拖拉机在下陡坡转弯时,需采用反向操作。

3)过沟渠田埂

应事先进行停车勘察,如越过窄小的沟,其沟深不得超过前轮半径,沟坎的坡度不得超过45°。当沟渠不太宽时,可使拖拉机行驶方向与沟渠成一斜角,慢车通过,其中先让一前轮通过,一后轮与一前轮再通过,最后一后轮再通过。如果条件不允许,只能对直通过时,应先让前轮慢慢下沟,下去后加油门,让前轮上沟,再减小油门使后轮缓慢下沟,后轮下沟后再加大油门使后轮上沟。这样使拖拉机平稳过沟,避免发生陷车或翻车事故。

2. 泥泞或冰雪滑路行驶

要低速行驶,掌握好方向,加油门不能太猛,否则会造成打滑、侧滑、陷车。

(1)如下坡时出现打滑现象,不能制动减速,而要适当加快车速,以适应下滑速度,当车速与下滑速度相适应时,再逐渐减小油门降低车速。

(2)在泥泞道路或松软土地上转弯时,可根据情况配合单边制动,以减少回转半径,便于转向,防止侧滑。

(3)在泥泞道路发生陷车时,应立即停车,不要前后冲越,以免越陷越深;必要时可用摇把摇出;陷车严重时,可用另一台拖拉机拉出。

3. 漫水道行驶

道路上有积水或越过河流浅滩时,应先查清水深、流速、流向和水底的坚实程度,以及拖拉机的进出路线等。如水面较宽应设标志,指示涉水路线边界;如水流较急,涉水方向应选择顺水流或斜线方向。通过漫水路线或漫水桥时,车前要有人探路指挥,不准盲目通行。涉

水深度以不影响发动机工作和电器装置等不遭水浸为准。拖拉机涉水时,应考虑机油加油器量尺处和发动机、底盘部分的检视口等处不得进水。涉水后应对拖拉机进行检查。擦干受潮湿的电气部分,并用低速挡行驶。轻踩制动踏板,使制动摩擦片上的水分由于摩擦生热而蒸发掉,待制动效能恢复后,再换挡正常行驶。

4. 田间道路行驶

(1)拖拉机在田间道路上行驶时,没有任何交通标志和交通指挥信号,驾驶人员应熟悉道路和地形,如道路不熟悉,应由向导引路。

(2)在田间道路上会车时,必须做到非机动车让机动车、拖拉机让汽车、空车让重车、拖带作业机械的拖拉机让不拖带的拖拉机、履带车让轮式车、下坡车让上坡车先行。但下坡车已行至中途而上坡车还在上坡时,则应上坡车让下坡车。

(3)拖拉机通过铁路和道路交叉路口时,要做到"一停、二看、三通过"。要尽量避免在铁路上换挡,更不要熄火滑行,避免与来往火车发生碰撞事故。

(4)通过村镇和弯道行驶时,由于树木、房屋、庄稼等遮住视线,一定要减速、鸣喇叭并靠右行驶。

(5)拖拉机通过桥梁隧洞时,如遇禁止通行标志或拖拉机质量超过桥梁的许用负荷,不准强行通过。通过桥梁、隧洞、水闸时,应降低速度,避免在桥上变速超车、刹车和停车。对不熟悉的桥梁应查看清楚后再通过;通过腐朽的桥梁时应先下车查看,必要时应垫木板等物或卸下载重物后再通过。

5. 特殊天气条件下行驶

尽量避免在恶劣的天气下出车,如途中遇到刮风、下雨、降雪或有迷雾的天气,驾驶人员一定要查明道路情况,如有无雨水冲垮道路、路基下沉、山石塌方堵塞道路等。在行驶中一定要低速慢行,时刻防止机车打滑和陷车。

6. 运输作业

进行运输作业时,由于作业条件比较恶劣,带拖车运输转弯所需的通道宽度比不带拖车时要宽。随着拖车重量和外形尺寸的增大,拖车的摆动和振动现象也较严重。若操作不当,往往会造成事故。因此,拖挂运输作业时,应注意以下事项。

(1)起步要缓慢,等拖车拉紧后再加大油门。

(2)上坡时,应预先选好挡位,中途不许换挡;下坡时,不许挂空挡滑行,严禁急踩刹车。

(3)对前方道路的交通情况要及时判断清楚,用事先降低车速的方法行驶,避免紧急制动。转弯半径要大,通过障碍物时,要提前转动方向盘,避免在障碍物前突然急转弯。

(4)会车时要选择适当地点,交会前应减速,会车中应加速,使牵引车与拖车保持拉紧状态,减少拖车摆动。如果需要超越其他车辆,必须考虑车体的长度,不可以提前驶入其他车辆正常行驶的车道。

(5)尽量不倒车,必须倒车时应选择空间宽敞、平坦的地方,方向盘的转动方向和操纵与不带拖车相反。如倒车中出现"折叠"现象,应停车向前拉直后再重新倒车。

(6)拖车的装载要均匀,单轴拖车的前部不应装得过重,双轴拖车重心不应靠近后轴,以免摇摆,整个装载不应偏向一侧。

5.2.2.4 拖拉机的制动性

制动性是拖拉机的主要安全性能之一,其表现为:使拖拉机在高速行驶中减速,并迅速安全停车;保证拖拉机能停在一定坡度的坡面上;田间作业时进行单边制动,可以帮助拖拉机转向,可配合离合器,确保安全而可靠的挂接农机具。

1. 制动性评价指标

1)制动距离

制动距离是从开始制动到拖拉机安全停止后所经过的距离,它与拖拉机的行驶速度和地面对行走机构的制动力有关。

《农业机械运行安全技术条件　第1部分:拖拉机》(GB 16151.1—2008)规定:轮式拖拉机不带挂车或农具,加满油水,装有规定的最大配重以20 km/h的速度行驶于干燥、平坦的混凝土路面或沥青路面上时,制动器冷态时制动距离 $S_{冷}\leqslant 6.4$ m,制动器热态时制动距离 $S_{热}\leqslant 8$ m。

2)制动加速度

制动加速度是拖拉机以某一速度行驶时,从开始制动到完全停止的过程中,单位时间内拖拉机降低的速度。

《农业机械运行安全技术条件　第1部分:拖拉机》规定:对轮式拖拉机不带挂车或农具,加满油水,装有规定的最大配重以20 km/h的速度行驶于干燥、平坦的混凝土路面或沥青路面上时,平均加速度应符合规定,即制动器冷态时 $a_{冷}\leqslant -2.5\ m/s^2$,制动器热态时 $a_{热}\leqslant -2.0\ m/s^2$。

3)制动力

在制动过程中,各车轮所受的制动力不仅反映制动器所产生的阻力,还可以反映出各车轮的制动力及其分配情况,它是车辆制动性的最本质的特征。因此,取制动力这一指标更有利于严格检验。在实践中,制动加速度和制动力两者取一即可。检测站所用的制动试验台,大部分是用于测定制动力的。

4)制动时间

制动时间指从开始制动到完全制动所经过的时间,它是一个间接评价制动性的指标,可作为一个辅助的检验指标。

5)制动方向的稳定性

制动方向的稳定性是拖拉机制动时不发生跑偏、侧滑而维持直线行驶或预定弯道行驶的能力。

《农业机械运行安全技术条件　第1部分:拖拉机》规定:轮式拖拉机单车制动锁定后,应能在上坡及下坡方向停驻在坡度为20%的纵向干硬坡道上;在20 km/h的初速度下,冷态紧急制动时,左右轮拖带印痕之差不大于400 mm。

2. 制动器的类型及工作原理

目前,拖拉机上广泛采用摩擦式制动器,其借助摩擦力对车轮产生制动作用,将动能转换为热能。摩擦式制动器的形式有带式、蹄式和盘式3种,并且多为干式。但新设计的拖拉机有的已采用湿式制动器。

制动器的工作原理可参见《拖拉机汽车学》中的有关内容。

3. 影响制动距离的因素

1)制动器

制动器的影响因素主要有制动蹄片的材料、制动鼓的材料、制动器的结构形式、制动器的调整等。

2）制动初速度

制动初速度越大，制动距离就越长，同时产生的热量就越大，摩擦片材料的热衰退越严重，摩擦系数下降越大，制动距离越长。

3）道路附着系数

道路附着系数越大，在相同的车速下，制动距离越短；相反，附着系数越小，制动距离会越长。

4）拖拉机的装载

拖拉机装载条件的变化，将影响拖拉机的重心位置和惯性力，从而导致拖拉机的制动性能变化。

5）驾驶技术

驾驶、操作人员的技术熟练程度、反应的快慢程度，对拖拉机制动距离的影响很大。例如，拖拉机以 20 km/h 的初速度行驶，遇到突然情况需要紧急制动，若驾驶、操作人员在 0.5 s 做出准确的判断，则可在 2.78 m 内采取制动动作；若反应时间为 1 s，则需在 5.5 m 内采取制动动作。实践表明，许多事故是由于驾驶人员的反应过慢而造成的。

此外，车轮抱死会造成制动效果下降。经验证明，在制动时迅速交替踩下和放松制动踏板，使车轮时滚时滑，轮胎着地部位不断变化，可避免胎面局部剧烈发热而使附着力下降，有利于提高制动效果。

4. 制动过程中异常现象掌握

1）制动不灵

制动不灵的原因：间隙调整不当，踏板的自由行程过大，摩擦片（带）严重磨损或摩擦表面沾有油污；摩擦面不平，实际接触面积小；传动杆件变形或发生干涉相碰。在气压制动系统中，空气压缩机工作不正常或管路不畅通，会使制动系统的气压不足；在液压制动系统中，液压管路中进入空气或管路漏油，会造成制动压力不足。

2）制动跑偏和制动侧滑

制动跑偏和侧滑的原因：间隙调整不当，各制动器的间隙不一致；制动器摩擦表面沾有油污；制动气室或制动分泵有轻微的漏气和漏油现象；路面影响等。

制动跑偏和侧滑都是比较危险的，尤其在山区、雨天和冰雪路面上最易发生制动侧滑。据统计，由于侧滑所造成的交通事故发生在潮湿路面上约占总数的 33%，发生在冰雪路面上占 70% ~80%。而根据对侧滑原因的分析，有 50% 的事故是由于制动引起的。

3）制动器复位不灵或有卡滞现象

制动器复位不灵或卡滞的原因：踏板自由行程过小或消失；同位弹簧变软、折断或脱落；制动鼓变形失效；摩擦表面间有杂物；盘式制动器摩擦盘与轴的花键连接有卡滞；钢球尖圆或球面斜槽磨损变形；零件生锈。

4）制动时有响声

出现制动响声的原因：摩擦片松脱或铆钉头露出；制动鼓或压盘变形、破裂；回位弹簧脱落或折断；盘式制动器的凸耳与制动器壳体的凸肩之间的间隙过大，传动杆件有干扰碰撞现象。

5）制动器发热或摩擦片烧坏

导致制动器发热或摩擦片烧坏的原因：操作不当，如在行驶中将脚长时间放在制动踏板上，长时间使制动器处于半制动状态；制动踏板行程过小或消失；回位弹簧太软、脱落或折断；停车锁或驻车制动器未松开就行驶或在行驶中制动时间过长；制动器外壳表面被泥土封闭，散热不良。

【知识拓展】

1. 农业机械作业过程中其他不安全因素

1）用不结实的绳索吊挂重物

在维修拖拉机时，维修人员常用麻绳、尼龙绳、三角带等吊卸发动机、变速箱，这是很不安全的。正确的做法是用结实的钢丝绳吊脚、三脚架等的地脚也必须稳固。用吊车悬吊时，重物下始终不得有人通过或站立。

2）支撑车辆的错误做法

当轮胎损坏或更换时，用砖头、石块、木块或单独用一个千斤顶支撑的做法是不安全的。正确的做法是用千斤顶和结实的木墩同时垫起车架，而且前后轮还要用三角木或较大的石头卡死，防止车辆前后移动。这种维修最好在坚实的平地上进行，以防倾倒伤人。

3）轮胎充气不安全操作

轮胎经拆装后需要重新充气，如不加防护，则可能发生轮圈弹出伤人。正确的做法是充气前将轮胎、锁圈、挡圈和轮圈一起用锁链锁住；还可先将挡圈一侧朝向地面或墙壁再充气，防止轮圈弹出伤人。

4）焊接装油容器时不洗净残油

焊补装油容器前，必须洗净容器内的残油，否则施焊时可能会引起爆炸。清洗方法是用碱水或加醋热水，反复清洗 2 ~ 3 次，控净水分并晾干后再施焊。不能用高压空气吹干，防止产生静电火花而引爆。施焊时，要先打开所有箱盖。清洗大型油罐时，进入罐内的人要穿长袖衣服，不得赤脚露臂，并要佩戴防护带和信号绳；在罐内工作时间不宜过长，罐外要有专人看护；人员出罐后要洗脸、洗手、漱口，衣服要用碱水洗后再用清水洗。

5）修理制动器的错误操作

修理制动器时，手、脚制动器不应同时修理，以防止车体不稳，自行滑滚伤人。正确的操作方法是手、脚制动器分开修理，以便相互制动确保安全。车辆停放的地方应坚实平坦，且前后轮双向用三角木卡牢，防止滑移。

6）调试发动机的错误操作

在调试机器时，人员不应接近风扇、传动带或排气管等危险部位，或将工具、零件放在机器上，以防掉落伤人、损机。调试人员衣着要利落，女士要将头发盘起，非调试人员要远离机器，调试时尽量停机，在机器下部调试时必须熄火；必须着火调试的应派专人看守操纵机构，防止外人误动；调试后启动前要清点工具和零件，并发出信号。

7）维护传动机构的错误操作

错误操作包括：用手或其他物体伸向传动站位；皮带接头安装不牢固；机器运转中摘挂皮带；用手拉皮带；调节皮带紧度时机器不熄火；在皮带上跨越。

8）维修悬挂机具的错误操作

错误操作包括：维修悬挂机具时，在悬挂机具没有落地和停机时进行；挂接悬挂机具时，采用大中油门，挂接速度过快，不注意挂接人员手势，或不做好随时停车的准备；在进行中维护或清除泥土；在对悬挂机具下部维修时，不停机熄火，不支撑牢固。这些做法都十分危险，应当杜绝。

9）用启动绳启动的错误操作

错误操作包括：用启动绳启动时，启动绳绕在手上拉绳，或启动绳绕飞轮超过 1.5 圈；用手转动飞轮时不断油、断电，且转动过快，从而出现突然爆发、回弹而误伤手指。

10）用手摇把启动的错误操作

错误操作包括：维修人员用手摇把启动发动机时，用拇指与其余 4 指分开握摇把，而不是 5 指并拢后握摇把；下压摇把，而不是上提摇把；双手握摇把摇车；摇转 1 周，而不是 1/2 圈。上述操作都是不当的，容易击伤手臂或手指。尤其是启动点火提前过多或过热的发动机时，更容易发生回击现象。

11）加油时的错误操作

错误操作包括：向油箱加油或检查油量时吸烟或点火；夜间加油时，用明火照明，如手提灯、蜡烛、火机、火把等，而不用安全灯、电池灯或电灯照明；在排气管一侧加油；油滴在箱外不擦净或滴在衣服上，不晾干就靠近明火或吸烟；燃烧着火后用水喷洒而不是用沙子、干土、帆布、麻布等覆盖；用嘴吸油管或用嘴接触带油的零件。

12）加水的错误操作

错误操作是在发动机高温特别是冷却水开锅的情况下，立即打开水箱盖。正确操作是先把放水开关打开，待水压降低后再用毛巾等物包住水箱盖，并将身体和头脸偏向一边后再缓慢拧下。

13）维修电气设备的错误操作

错误操作包括：在车上维修电气设备时，事先不卸下电池线便进行修理，导致火线搭铁引起火花伤人；配制电解液时用金属容器，而不是用陶瓷或玻璃容器。更为错误的做法是在稀释浓硫酸时将水倒入浓硫酸中引起酸液飞溅烧伤人；正确的做法是将硫酸缓缓加入水中，这一点必须严格遵守。

14）排除陷车时的错误做法

机车或插秧机等出现陷车后，如果人在车前停留或工作，则一旦机车或插秧机解除陷车后便会突然窜出伤人，造成事故。

15）拆装弹簧时的错误操作

拆装离合器弹簧、气门锁夹等时，如不用专用工具，而用起子等强行撬起，可能造成弹簧弹出伤人。

2. 农机安全检查

农机安全检查是搞好农机安全监理工作的重要手段。农机安全检查的目的：全面落实“预防为主、安全第一”的指导思想，促进农机安全监理工作的顺利开展，巩固和提高农机安全生产的成果；掌握、了解农机监理部门和农机基层单位安全工作情况，以便研究、布置下一阶段工作；督促驾驶、操作人员增强安全意识，纠违章、除险情，使驾驶、操作人员自觉做好安全工作，查隐患、除祸根，提高农业机械和生产设备的安全性能，把事故消灭在萌发之前，确保农业机械更好地为农业服务。

农机安全检查的形式和内容是根据国务院、农业农村部、公安部等有关文件精神，结合各地农时季节、投入作业农业机械的种类和数量、作业范围大小、往年发生事故多少等情况综合决定的。

1)安全生产大检查

大忙季节是投入作业机具的高峰季节,也是农机事故的多发季节,时间紧、任务重、范围广、季节性强,一般采用安全生产大检查的方式。

安全生产大检查是多种检查形式的综合与交叉,各地可根据本地特点采取自查、互查、抽查,也可采取公安、供电、农机等有关部门联合检查等形式进行检查。期间既可以对下级农机安全生产工作进行检查,也可以到田间、场院检查农业机械的检审、安全技术状态及安全生产制度等。

安全生产大检查的主要内容是"十查十看":查领导,看重视;查思想,看落实;查制度,看执行;查宣传,看深入;查纪律,看遵守;查机具,看技况;查检审,看牌证;查安全,看事故;查档案,看资料;查工作,看开展。除以上内容外,各地可根据不同情况,提出检查项目。

2)联合检查站固定检查

农闲季节,为确保道路交通安全,由公安部门牵头,工商、交通、税务、农机等部门组织设立联合检查站。联合检查站一般设在交通要道、县镇所在地。联合检查站的工作内容:检查农用拖拉机及驾驶、操作人员检审情况;持证挂牌情况;违反装载规定和违章带人情况;改变速比提高车速情况;安全设施不齐全;酒后驾驶;有碍安全的驾驶行为;其他违章。

3)巡回检查

由于农业机械绝大多数在田间、场院、加工点等地作业,具有流动性小,固定作业多的特点。因此,巡回检查是农机安全检查的一种主要形式。根据农时季节、农艺要求、投入机具类型等因素,不同时期有不同的检查项目和要求。一般是由市(地)和县农机监理机关进行突击性抽查,或由乡农机安全检查员组织部分村农机员对场头作业的脱粒机、田间耕耙的拖拉机、治虫的喷雾机、农副产品加工机械等机具的使用、操作及安全措施等进行巡回检查。

4)自查

根据上级有关部门和政府有关指示,县(区)农机监理机关应结合本地实际情况组织自查,并将开展自查的目的、要求、项目、内容、时间等通知有关部门。通过自查,可找出存在的问题,提出进一步的要求和措施。自查的项目如下。

(1)农机安全的三要素分析。

(2)作业人员的教育培训。

(3)农业机械的安全技术检验种类及方法。

(4)农业机械的安全技术检验的主要内容。

(5)人、机和环境相结合的特殊情况。

(6)拖拉机的制动性。

(7)农业机械作业过程中的其他不安全因素。

(8)农机安全检查。

【任务小结】

通过本任务的学习,能够理解农机安全性分析的三因素;能够掌握农机操作的安全技术;能够掌握农村道路行驶与运输作业的安全技术;能够掌握行驶过程中制动的安全技术。

通过本任务的学习，需学习掌握的内容如下。

(1)能够用"三要素"对农机安全性进行分析。

(2)掌握农业机械的安全技术检验的种类、方法、检测仪器与设备。

(3)掌握农业机械在人、机和环境相结合情况下的特殊情况处理方法。

(4)掌握拖拉机的制动性检测方法。

(5)了解农业机械作业过程中的不安全因素。

【课后练习】

1. 名词解释

(1)农机安全性分析。

(2)静态检验。

(3)制动距离。

(4)制动减速度。

2. 填空题

(1)环境的不安全因素包括________和________两个方面。

(2)拖拉机的技术检验总的要求：________、________、________、________。

(3)拖拉机的制动性主要从________、________、________、________、________方面评定。

(4)摩擦式制动器的形式有________、________和________3种。

3. 选择题

(1)下列不是农机安全性分析的三要素的是________。

A. 人　　B. 意志　　C. 机器　　D. 环境

(2)下列不属于农业机械技术检验范畴的是________。

A. 初次检验　B. 年度检验　C. 临时检验　D. 检测站检验

(3)下列不是制动不灵的原因是________。

A. 踏板自由行程过大　　B. 摩擦片严重磨损

C. 摩擦片沾有油污　　D. 间隙过小

4. 判断题

(1)酒精检测仪是一种检测机动车辆驾驶人员是否饮酒的仪器。(　　)

(2)下坡时应挂低挡慢行，严禁空挡滑行及下坡换挡，以防速度过高失去控制。(　　)

(3)在维修拖拉机时可用三角带等吊卸发动机、变速箱，但不可以用麻绳、尼龙绳。(　　)

(4)拆装离合器弹簧、气门锁夹等要用专用工具，不能用起子等强行撬起。(　　)

5. 简答题

(1)简述作业机械的检验要求。

(2)简述影响制动距离的因素。

【总结评价】

(1)谈一谈你此次以农机驾驶、操作人员身份进行农机安全检测的体会及收获。

（2）谈一谈在完成任务学习的过程中，你和你所在小组的收获、不足和有待改进提高的地方。

（3）结合学习的实际情况，完成表5－2－4和表5－2－5。

表5－2－4　农机作业安全性检测与安全操作评分表

<table>
<tr><th>序号</th><th colspan="2">考核内容</th><th>配分</th><th>评分内容</th><th>考核记录</th><th>得分</th></tr>
<tr><td rowspan="5">1</td><td rowspan="5">知识</td><td>农机安全性分析</td><td>10</td><td>1. 人的不安全因素；
2. 机械的不安全因素；
3. 环境的不安全因素</td><td></td><td rowspan="11"></td></tr>
<tr><td>农业机械的安全技术检验</td><td>10</td><td>1. 检验的种类；
2. 检验的方式与方法；
3. 检测仪器与设备</td><td></td></tr>
<tr><td>农机的安全技术检验主要内容</td><td>10</td><td>1. 拖拉机的技术检验；
2. 作业机械的技术检验；
3. 农用拖车的技术检验</td><td></td></tr>
<tr><td>人、机和环境相结合的特殊情况</td><td>10</td><td>各种复杂道路上安全行驶要求</td><td></td></tr>
<tr><td>拖拉机的制动性</td><td>10</td><td>1. 制动性评价指标；
2. 制动器的类型及工作原理；
3. 影响制动距离的因素；
4. 制动过程中的异常现象</td><td></td></tr>
<tr><td rowspan="3">2</td><td rowspan="3">技能</td><td>农业机械的静态和动态检验</td><td>10</td><td>1. 静态检验的方法；
2. 动态检验的方法</td><td></td></tr>
<tr><td>农机安全技术检测仪器与设备</td><td>10</td><td>常见的用于农机安全技术检测仪器设备的使用</td><td></td></tr>
<tr><td>各种复杂道路上安全行驶要求</td><td>10</td><td>掌握各种复杂道路上的安全行驶技术</td><td></td></tr>
<tr><td rowspan="2">3</td><td rowspan="2">态度</td><td>安全生产意识</td><td>10</td><td>能在导师的指导下安全文明生产</td><td></td></tr>
<tr><td>合作、吃苦精神</td><td>10</td><td>能与小组同学合作完成本次任务，操作过程中能做到吃苦耐劳</td><td></td></tr>
<tr><td>4</td><td colspan="2">分数合计</td><td>100</td><td></td><td></td></tr>
</table>

表5－2－5　项目五任务二工单

<table>
<tr><td rowspan="2">任务名称</td><td rowspan="2">农机作业安全性检测与安全操作</td><td>姓名</td><td></td><td>班级</td><td></td></tr>
<tr><td>日期</td><td colspan="3"></td></tr>
</table>

1. 根据任务要求，你(组)对农机作业的安全性认识有哪些？

续表

任务名称	农机作业安全性检测与安全操作	姓名		班级	
		日期			

2. 通过对农业机械作业安全性检测和安全操作的掌握，如何最大限度降低农机事故发生率？

3. 模拟农机监理员身份处理业务工作记录

农机作业安全检测的项目	检测过程重点记录	备注

检测过程中其他需要注意的事项：

4. 其他需反馈的内容

任务三：农机的违章及事故处理

【任务目标】

以农机监理员身份对农业机械的违章及事故进行处理。

（1）了解农业机械的违章与事故的关系。

（2）处理农机事故。

（3）分析农机事故。

【导师导学】

5.3.1 农业机械的违章与事故的关系

农机在从事生产活动和停放过程中，由于存在违反法规、守则等不安全行为或某些不安全因素，必然会出现各种农机违章和农机事故。

5.3.1.1 农机违章

1. 违章的定义

农业机械驾驶、操作人员和参与人员在从事生产活动和停放过程中，凡是违反农机安全管理规章和安全操作规则，以及交通和其他有关安全生产规定的行为，不论是否造成事故均为违章。

2. 违章的分类

农机违章按情节轻重和酿成事故的可能性及危害性的大小，可分为轻微违章、较重违章和严重违章。

1）轻微违章

有碍安全管理的行为称为轻微违章，包括：驾驶（操作）拖拉机和大型农具时不带驾驶证、行驶证和检验合格证以及牌、证、照不相符者；车辆无号牌或丢失号牌不补；机具外表不整洁；机车漏水、漏油、漏气；不按指定部位安装号牌或号牌字迹不清楚；后栏板无放大号、字迹不清或与号牌不相符；不及时办理临时号牌或使用过期临时号牌；车辆或驾驶人员不及时办理异动登记手续等。

2）较重违章

较重违章包括：机械技术状态不符合要求；停车位置不当；发动机不熄火，驾驶（操作）人员离开岗位；发动机水温、油压达不到规定要求就起步作业；起步前没有进行周围检查和发出信号；车况不符合要求，号牌破损或不清晰；驾驶（操作）时，吸烟、饮食、谈话或做其他影响安全操作的活动。

3）严重违章

严重违章包括：不听从检查和指挥；无驾驶（操作）证驾驶（操作）；酒后驾驶（操作）；客货混载或拖车载客；驾驶室超员乘坐或农具作业时不按规定载人；驾驶（操作）机型与证件不符；不按期参加审验，牌证遗失或损坏后不按时补换，到期不办转户、过户手续，没领牌证、拖车没放大牌号；拖拉机拖带农具进村镇不按规定行驶；安全装置不符合规定；拖拉机下坡滑行和变速；拖拉机经过铁路、桥梁、涵洞、水泊和河面等危险地段未事先检查、瞭望而强行通过；涂改、伪造、挪用证件；任意调高发动机转数、变更转速比；明火烤车；四漏（油、气、水、电）严重；作业中携带小孩；迫使或怂恿驾驶（操作）人员违章；没按期进行审验和检验，仍继续驾驶；强行超车和不按规定会车。

3. 违章处罚

1）违章处罚的目的

违章是破坏生产秩序，违反安全操作规程和不服从管理的表现，是造成事故的最大隐患，纠正违章是农机监理人员的一项重要工作，其目的就是杜绝违章，减少事故，达到安全生产。

2）违章处罚的原则

违章处罚的原则指由《行政处罚法》规定的，实施行政处罚时必须遵守的原则，它贯穿于行政处罚的全过程，是对行政处罚行为具有普遍约束力的法律规范，任何机关、组织或者个人，都不得违反这些原则。行政处罚的原则包括：行政处罚法定原则；处罚与教育相结合的原则；公正、公开的原则；违法行为与处罚相适应的原则；无救济即无处罚的原则；受行政处罚不免除民事责任的原则。

（1）行政处罚的法定原则包括三个方面：一是行政处罚的依据必须是法定的；二是实施行政处罚的主体及其职权是法定的；三是行政处罚的程序必须是法定的。各级农机监理机关对农机驾驶、操作人员违反农机监理规章的行为给予行政处罚时，必须依照国家规定和地方农机监理规章、条例的规定，依照《行政处罚法》规定的程序实施。没有法定依据或者不遵守法定程序,行政处罚无效。

(2)处罚与教育相结合的原则。对农机违章行为依法实施处罚虽然能起到罚一儆百的作用,但是单纯的处罚并不能保障农机安全法规的贯彻执行。只有全社会都对农机安全法规深刻理解和大力支持,才能维护农机安全法规的严肃性,制止违法行为。因此,应始终把普及农机安全知识,提高全社会的安全意识放在首位,并坚持教育为主、处罚为辅、督促遵章的原则。

(3)公正、公开的原则。所谓公正,一是合法,二是一视同仁。所谓公开,一是处罚的过程公开,二是处罚的依据公开,三是出发点决定公开。

(4)违章行为与处罚相适应的原则。由于农机违章行为不同,给社会造成的危害不同,处罚也应该不同,即"过罚相当"。

(5)无救济即无处罚的原则。为了保护公民的合法权益,《行政处罚法》规定:公民、法人或者其他组织对行政机关所给予的行政处罚,享有陈述权、申辩权;对行政处罚不服的,有权依法申请行政复议,或者提起行政诉讼,公民、法人或者其他组织因行政处罚受到损害的,有权依法提出赔偿要求。

(6)受处罚不免除民事责任的原则。《行政处罚法》规定:凡是侵犯社会公共利益,破坏行政管理秩序的行为,就应当依法受到行政处罚;凡是对他人的合法权益构成侵害的行为,就要承担民事责任;既侵犯公共利益,破坏行政管理秩序,又侵犯他人的合法权益的行为,则要同时承担行政处罚和民事责任双重责任。

3)违章处罚的类型

在处理违章时应本着"教育为主,处罚为辅"的方针,根据违章的性质、原因、情节轻重、态度好坏,给予不同程度的处理和处分。违法乱纪情节轻微者给予批评教育或令其检查;情节较重者给予处罚;情节严重者加重处罚。处罚分警告、罚款、吊扣驾驶证及吊销驾驶证。

(1)警告,违章处罚中最轻的一种,它比批评教育要严厉些。警告是向违章者严肃指出违章事项,并令其保证不得重犯。

(2)罚款,对违章者的经济处罚,它是在违章处罚措施中采用最广泛的一种处罚手段,使违章者认识并体验到违章的直接后果是自己的经济损失。

(3)吊扣驾驶证,对驾驶人员给予"停职"处分,扣证期限一般在一年以下。

(4)吊销驾驶证,即取消违章者的驾驶资格。受吊销驾驶证处分的驾驶人员如再需驾车时,须在缴证2年后,经监理机关批准,方可重新报考。

5.3.1.2 违章与事故的关系

违章是事故的牵引力,但事故并不完全都是违章的后果,即违章虽然易引起事故,但每一起具体事故的形成,却不一定都是由违章造成的。通过对事故原因的分析可知,违章造成的事故所占比重很大。

产生事故的原因错综复杂,有的因违章,有的不是因违章,即使有许多违章现象,但不一定每件违章都是事故的直接原因。所以,在划分事故责任时,不能给所有的违章现象都定责任。这就是说,只有违章是事故的直接或间接原因的,才能定为有责任。例如,一个没带驾驶证的驾驶、操作人员驾驶一台制动不灵的拖拉机行驶,有人在车后偷扒车摔死。这起事故的直接原因是死者偷扒车造成的。在这种情况下,即使车况良好,驾驶、操作人员带有驾驶证，扒车人也可能会摔死。所以，这起事故的直接责任者是死者，至于驾驶、操作人员的违章只能按处理违章的具体规定处理，不应对事故的后果负责。此外，自然条件的变化也会引起事故，只不过事故性质属自然灾害。例如，道路上的碎石块受轮胎压挤后而飞起，而后打伤人或牲畜；其他人力所不能抗拒的事故等。以上例子说明，违章与事故只在一定条件下是因果关系，并不是在一切条件下都是因果关系。在具体事故处理中，必须认真调查研究，实事求是地分清事故的直接原因和间接原因，才能避免出现差错。

5.3.2　农机事故处理

5.3.2.1　农机事故定义

农机事故与其他事故一样，有明确的、具体的、特定的内容和条件。例如，农业机械在乡村道路、居民点及田间作业过程中，不论是人为的，还是自然的原因，凡造成人、畜伤亡或车、物损坏，有损失后果的，皆属农机事故范畴。但商品拖拉机及农具在运输和停放过程中发生的事故不算农机事故。

5.3.2.2　农机事故分类

为了进一步分析事故原因，妥善处理，减少经济损失和影响范围，应分别根据事故的性质和损失程度对农机事故进行分类。

1. 按事故性质分类

（1）自然事故：由于自然因素和人们不能抵御的外界原因所造成的事故，对此类事故不追究驾驶、操作人员的责任。

（2）技术事故：因设计、制造和修理质量不合格而引起的事故，视事故情节轻重，追究设计、制造或承修部门的责任。

（3）破坏事故：有意图、故意造成的事故。

（4）责任事故：违反安全监理规章及安全操作规程而引起的事故。

2. 按损失程度分类

（1）轻微事故：轻伤 1 至 2 人，或直接经济损失在 500 元以下的事故。

（2）一般事故：重伤 1 至 2 人，或轻伤 3 至 10 人，或直接经济损失在 500 ~ 5 000 元的事故。

（3）重大事故：死亡 1 至 2 人，或重伤 3 至 10 人，或轻伤 10 人以上，或直接经济损失在 5 000 ~ 20 000 元的事故。

（4）特大事故：死亡 3 人以上，或重伤 10 人以上，或直接经济损失在 20 000 元以上的事故。

5.3.2.3　农机事故中的经济损失

1. 直接经济损失

直接经济损失指由于农机事故造成被害者的直接财产损失，包括农机和有关物资的损失，以及牲畜伤亡的折价费等。

（1）事故现场损坏的农机以修复为主，能修不换，计算其修理费，对于确定无法修复的，计算其事故前的现值。修理一般安排在事故发生地(县)由县农机监理站指定的修理点。损坏严重,在事故发生地修理有困难或双方同意到外地修理的(须出具协议书,报农机监理机关批准),可以到外地修理,但擅自更换零部件、扩大修理范围及变动修理点的,超出部分费用自理。

(2)事故现场损坏的除农机以外的有关物品,如拉运的商品、货物、作业现场的农作物、人身携带的物品等,凡能修复又不影响销售的,均价计算其修理费;达到报废程度的,计算其事故前的现值。

(3)事故现场造成的牲畜伤、残、亡损失。牲畜死亡或丧失使用价值的,计算牲畜出事故前的现值,受伤可治愈的计算治疗费。

2. 间接经济损失

因农机事故使受害者造成的利益损失,称为间接经济损失,主要包括以下费用。

(1)人员受伤的抢救、医疗费,住院期间的护理费、伙食补助费。

(2)人员致残的生活补助费。

(3)人员死亡的经济补偿费。

(4)伤、残者的误工费、交通费及住宿费。

(5)伤、残者的直系亲属在事故处理期间的误工费、交通费及住宿费。

(6)其他不可预料的经济损失,需经农机监理机关认可。

5.3.2.4 农机事故处理程序

农机事故发生后,依据现场勘察的第一手资料和当事人的询问笔录、见证人的证词,按照有关法规及条款对事故双方做出责任划分和经济负担。其处理步骤如图 5-3-1 所示。

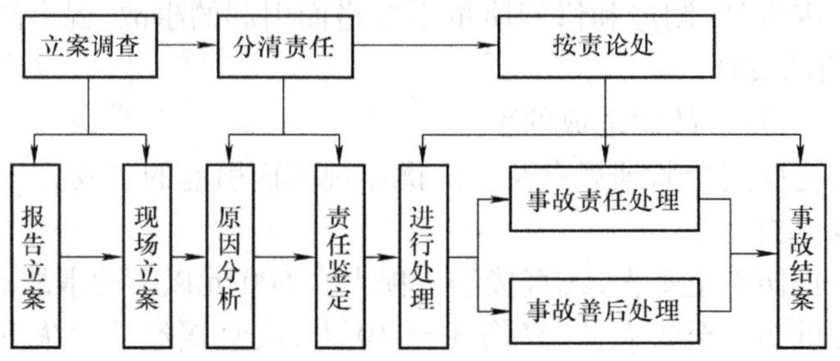

图 5-3-1 农机事故处理步骤

(1)召集事故勘察全体监理人员,依据现场勘察笔录、现场草图、当事人询问笔录、证人证词,以及有关法律、法规的规定,对事故当事人做出责任划分。

(2)核实事故的全部经济损失(涉及车辆的只算直接经济损失),包括车辆维修费、伤者医疗费、抢救费、差旅费、死者丧葬费、人员工资、误工费、补偿费、生活补助费等。

(3)通知事故双方当事人或他们的代表,指定专人将事故责任的划分情况分别告知双方,并认真听取他们的不同意见,进行公开辩论或解答。

(4)将事故双方当事人或双方代表召集在一起,对责任划分无争议后,可根据责任协商经济补偿。

(5)经协商经济补偿无争议后,监理部门起草农机事故合解书,事故双方在合解书上签字并加按指印。合解书一式三份,双方各执一份,监理部门存档一份。

(6)如事故双方对监理部门所做出的事故责任划分有争议,不能合解,经监理部门3次以上与事故双方协商无效,监理部门可依法对事故做出裁决,并告知双方当事人,当事人从接到裁决书起15日内可向做出裁决机关的上一级主管部门申请行政复议,也可向当地人民法院直接起诉。

(7)在处理事故过程中,监理人员对事故双方当事人要多做深入细致的思想工作,以理服人、以礼待人、态度和蔼,不激化矛盾。因为事故处理工作是以合解为主、裁决为辅,使双方当事人做到相互谅解、通情达理,才能把事故圆满处理好。

(8)事故处理完毕结案后,将事故卷宗装订成册,妥善保管,以备后查。

5.3.2.5 农机事故的现场勘察

1. 勘察前的辅助工作

(1)接到事故报告后,要认真做好报告登记,写清报告人姓名、工作单位,发生事故地点、时间、情况来源、机型、伤亡情况等,并要求报告人签字。

(2)组织好赶赴现场的人员,并携带现场勘察所用的仪器、工具、照明设备、各种用纸和车辆等。

(3)当事故中有人死亡时,要通知公安部门参与现场勘察。如当事者属特殊身份的,还要通知有关部门一同赶赴现场。

(4)到达现场后应先确定现场范围和种类,并封闭现场,收缴肇事者的驾驶执照。

(5)寻找事故发生经过的目击者,做好登记,以待进行取证。

(6)凡属重大事故的,要指定专人看管肇事者,不准其与其他人员接触、交谈,如有潜逃应立即组织有关人员追缉。

2. 现场勘察的内容

现场勘察是一项细致、准确且具有侦察性质的业务工作,有着特定的内容。

(1)追寻证人与当事者,为询问和取证做好准备。

(2)准确掌握发生事故的时间,为分析事故提供依据。

(3)勘察各有关物体的相对位置、痕迹大小、机件损坏的连锁反应、损坏程度,以及人、机、畜的相对运动方向。

(4)调查当事者的心理状态、身体精神情况,以及外界条件对当事者的影响。

(5)调查事故伤、亡,以及损坏和损失情况。

3. 现场勘察的要求

现场勘察中必须尊重事实、尊重科学,认真细致地进行全面调查,不能对当事者有人格的侵犯和威胁,力求将事故发生时的情景真实地反映出来。对现场勘察的要求有以下四点。

(1)监理人员接到通知后要尽快赶赴现场,及时减少现场变动;完整、准确地记录现场情景;及早撤除现场,减少人力、物品的损失和不良影响;防止或避免当事者与证人之间串通情节。

(2)在勘察现场时,要实事求是,测绘要认真细致,要准确记录遗留物体之间的位置和距离,以反映出现场的真实状态,为正确分析事故原因和鉴定事故性质提供可靠的依据。

(3)在勘察现场的过程中要求周密、细致,对遗留的痕迹、物体相互之间的位置如距离、物体数量等要取全、测准,力求清楚完整。

(4)现场勘察要依靠群众,尊重当地风俗,有组织、有条理地进行。严格保守秘密,在一定时间内不准泄漏有关现场的情况或擅自发表对事故的看法。

4. 现场勘察的方法和步骤

1)现场勘察的方法

根据事故现场的情况可采取三种勘察方法:向心勘察法、离心勘察法、分段勘察法。

(1)向心勘察法。当现场范围较小而集中时,可采用由外围向中心勘察。

(2)离心勘察法。当现场范围较大而不集中时,可采用由发生事故的中心位置逐步向外围勘察。

(3)分段勘察法。当接触点较多且既分散又较长时,可采用逐段勘察。

2)现场勘察的步骤

在事故现场勘察中,有步骤、有顺序地进行勘察是很重要的,必须做到由全局、局部及细微部位依次深入,前后有机联系,并形成程序,以免产生漏洞和破坏遗留痕迹。

(1)进入现场。巡视现场并观测现场的范围和所处地形、地貌以及车辆状态和关键部位,从而确定进入现场的位置和勘察方法。

(2)现场拍照。利用摄影的方法,形象地把事故现场的真实情景变为可视的影像,以便固定和保存下来。现场拍照需要贯穿现场勘察的始终。一般常用的拍摄方法有:全面拍摄,反映现场轮廓;局部拍摄,用于反映肇事机械主要接触点和有关部位;以接触点为中心拍摄,用于反映肇事机械与其他物体的关系;细目拍摄,用于对痕迹、尸体伤痕等微细的点和物拍摄,反映接触部位的细致情况。为宣传和资料的需要,也可拍伤亡者和肇事者。此外,拍摄位置包括正面、侧面、俯面、仰面。拍摄技巧包括中心连续拍和平行分段拍等。

(3)绘制现场图。用图形把现场的人、机、畜,以及与事故有关的其他物体相互之间的位置和距离表示出来。现场图包括现场草图、现场比例图、现场断面图等。现场草图,即原始图,反映现场全局。绘制草图时,要求完整和清楚地标出实际尺寸,但可不必按比例绘制出现场位置、地形、地物、遗留痕迹及现场上的其他物体。现场比例图是依据草图和记录的情况,认真、准确地用钢笔或墨笔按比例绘出正规平面图,作为法律依据。根据需要和反映部位还可绘制:现场整体图,用于反映事故现场的全面情况;局部放大图,用于显示整体图不便表示或表示不清的局部,反映接触点和关键的细微部位;现场断面图,用于反映现场特殊的地理情况,如斜坡、沟渠等;现场辅助图,事故现场的位置不易确定时而增设的辅助图,用以明确反映事故现场的准确地理位置。

(4)现场丈量。在道路上以选定的固定标,向道路中心线做垂线并交于一点,再选事故现场上的一个主要点,将这三点连成三角形,并测出每条边的距离,则现场的位置即被固定下来,如图 5-3-2 所示。

丈量主要肇事机械前后最远的两个(或以上)接地点至路边的距离,将机械位置固定下来。对于现场上的其他物体,均以主要肇事机械为基准进行丈量。丈量中,需取被固定物体上间距最大的两个点,分别测出其与基准机械上的接地点的距离和辅助距离。

丈量田间事故现场时,以选定的固定标为中心,采用做与主方向垂直和平行交叉线,确定现场的方法。其中,过固定标做平行于主方向且临近现场的方向延长线,测出现场上的主要点垂直于方向延长线的距离,再测出固定标与现场主要点之间的距离,从而将现场固定下来，如图 5－3－3 所示。

在大面积田间事故现场的周围，一般都难于选定固定标。在此情况下，只能以现场辅助图为主。绘制时需测出事故现场与附近居民点或地头、沟渠、防护林等的距离，将现场固定下来，如图 5－3－4 所示。

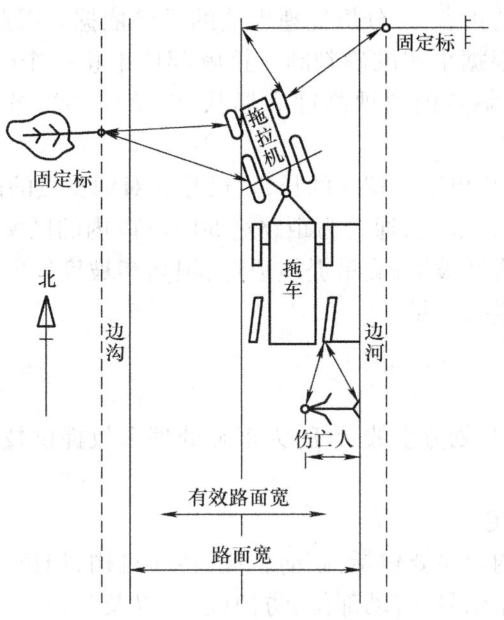

图 5－3－2　道路现场定位测量图

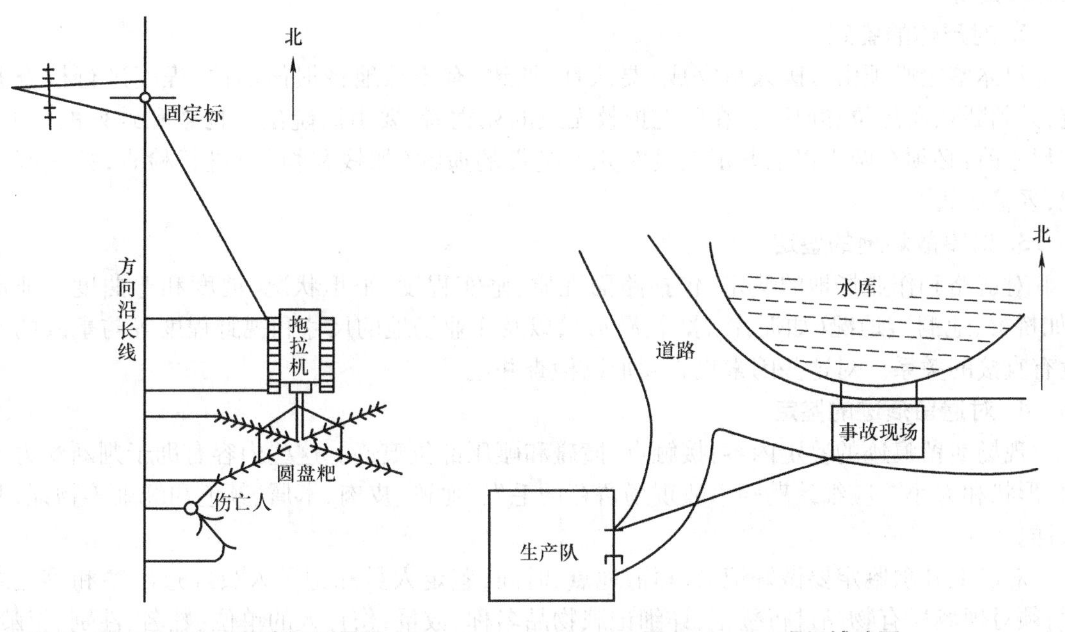

图 5－3－3　田间现场定位测量图

图 5－3－4　现场辅助图

对于地面痕迹,要记录其形状,测量其长度、宽度和深度,并注明痕迹所处的位置。对于刹车印迹,除测有效长度外,还要测量开始刹车点到接触点、接触点到停车位置的距离。痕迹位置的固定亦采用三角法,即测量痕迹中心点至肇事机械(或其他物体)的接地点之间的距离。

肇事接触点是事故的焦点,是分析处理事故的重要依据。因此,在确定接触点时,必须经过细致观察、分析,并根据事实准确判断。接触部位不止一个时,要测量车与车,车与机具、机具与人、畜、物的接触点的离地高度和形状,以及长、宽、深,并标明在物体上的具体位置。

现场轮廓丈量时,要测出肇事现场的长、宽尺寸。对地丈量的内容包括:测量路面宽度、有效路宽(可供安全行车的宽度,通常为距路边 50 cm 以内的区域);确定道路中心线;丈量沟渠开口、沟深、底宽和沟壁坡度;丈量堤坝顶宽、坝高和坡度等。对于特殊地形,可根据实际情况选定合适的位置进行丈量。

5.3.2.6 现场技术鉴定

为准确分析事故原因,划分事故责任,为正确处理事故提供技术上的依据,必须进行现场技术鉴定。

1. 对肇事机械的鉴定

对肇事机械鉴定的内容主要包括:制动装置、转向机构、挡位、灯光、防火装置、喇叭、后视镜、前后连接装置、联系信号、传动部位、防护设备,以及其他安全设施等。主要检查它们的技术状态是否完整有效。对肇事机械损坏部位和零件的鉴定包括名称、数量、损坏程度和损坏原因等。

2. 对尸体的鉴定

尸体鉴定必须由法医人员完成,要认真、细致、有步骤地将损伤部位、程度进行检查鉴定,并判断致命部位和原因。在医院抢救无效的死亡者,要由医院出具抢救和致死的证明。在尸检前,必须有两人以上鉴定人员对死者携带的遗物(如钱和物品)进行检查,并做好登记,妥善保管。

3. 对事故场地的鉴定

对道路和作业场地的鉴定,包括路面性质、坚实程度、平坦状况、坡度和弯曲度。地形(如桥梁、地洞)、地况(如泥泞、冰雪、漫水),以及作业场地的尺寸和视野程度等与事故的发生有直接的关系。对这些因素也必须加以检查并记录。

4. 对遗留痕迹的鉴定

现场遗留痕迹的鉴定内容:接触点、撞碰和碾压部位痕迹。这些内容有助于判断受力方向、形状和大小。应细致勘验事故现场留存的毛发、血迹、皮肉、木屑、颜色和纤维等物证,并取样。

对以上几项鉴定要做好记录,写清地点、时间;鉴定人员和记录人员经过勘察和鉴定之后,须对现场所有物品进行登记,详细记载物品名称、数量,伤亡人的单位、姓名、性别、年龄、衣着或牲畜的主人等;最后鉴定人员和记录人员要签字。

5.3.2.7 证据的搜集与处理

1. 证据的种类

按照农机事故处理工作中的具体情况，一般可以把农机事故的证据分为6种：①物证、书证；②证人证言；③当事人陈述；④鉴定结论；⑤调查、检查记录；⑥视听资料。

1）物证、书证

Ⅰ. 物证

物证是能够证明农机事故真实情况的物品或痕迹。物证以它的存在情况、形状、质量、尺寸、特性等来证明事故事实。物证具有以下3个特点。

(1) 物证是以实体物的形成对事故发挥证明作用的，这是物证和证言的最重要区别。

(2) 由于物证是实际存在的物品或物质痕迹，所以只要收集及时，并用科学的方法提取和固定，就具有较强的稳定性。

(3) 凡是作为原物保存下来的物证都属于原始证据。对于原物无法提取或长期保存而用摄影、绘图、复制等方法予以固定和收集的物证，则属于传来证据。物证在农机事故证明中起到非常重要的作用，特别是在侦破肇事逃逸案时，往往直接运用物证查获肇事机车。

Ⅱ. 书证

书证指以文字、符号、图画等所表达的思想内容来证明事故事实的书面文件或其他物品。

(1) 书证具有两个基本特征。

① 书证必须是以文字、符号、图画等记载或者表达人的一定思想的物品。

② 书证所记载的内容或者表达的思想必须与事故有关，能用来证明事故事实，这是书证最本质的特点，也是书证区别于作为物证的书面文件的根本标志。所以，书证是能够用于证明事故事实的重要根据。

(2) 书证审查判断的注意事项。对书证的审查判断，应根据它的特点，着重以下注意四方面的问题。

① 书证是怎样形成的，是谁制作的，有无伪造或变造的情况。

② 书证记载或表达的内容及其含义与待证事故事实之间是否有联系，是否是当事人的真实思想反映。

③ 书证是否为原件，如果是复制件，其与原件有无不符之处。

④ 与其他证据彼此结合起来进行审查，检查互相之间有无矛盾。

2）证人证言

Ⅰ. 证人的确定

农机事故中的证人，一般包含以下四类。

(1) 在事故现场，调查人员直接找到的证人。

(2) 经过深入广泛的调查以后，通过各种间接来源所查找到的证人。

(3) 事故各方当事人所提供的证人。

(4) 主动向农机监理机关反映情况的证人。

能否作证人，关键还在于能否辨别是非，能否正确地表述自己的意志。只要达到上述两个要求，就符合证人的资格要求，可以为某一情节作证。当然与事故有关的人、神志不清的人不能当证人。

Ⅱ. 做证人陈述笔录时的注意事项

(1)要抓紧时机,对现场群众进行访问,寻找见证人,认真详细记录见证人的姓名、性别、工作单位、住址,以便于事后查记。

(2)在听取证人陈述时,应先提醒证人必须如实反映情况并对所提供的证言负法律责任,然后听取证人的陈述。

(3)听取证人陈述后,对于一些重要的情节、重点要再次提问进行确认。提问时,应注意提问的方法,切忌用提示性的口气,以确保证言的真实、全面、细致。

(4)提问证人,做证人证言的笔录时,要求来自农机监理机关的两人以上参加。记录证言时,要不失原意地把陈述记录下来,当证人认为准确无误时,请其签名,同时参加询问、记录的人员也应签名。在记录过程中,要注意字迹清楚,一般不允许随意涂改,由于书写错误必须修改时,应让证人在修改处按上手印。严禁私自改动笔录内容。

(5)每一位证人的陈述都应单独笔录,不能用召开座谈会的形式集体询问,更不能以座谈会记录来替代陈述笔录。

(6)向年龄不满 18 岁的当事人、证人调查和取证时,应通知其监护人到场。

Ⅲ. 证人证言的审查判断注意事项

对于任何证人的证言,都必须认真做好审查工作,对其可靠性和证明力做出准确的判断。一般从以下方面审查、判断证人的证言。

(1)证人与事故当事人之间是否有亲属、近邻、恩怨、同事、同学等关系,这种关系是否影响证人证言的真实性。

(2)证人与事故处理有无利害关系。

(3)证人的思想品质如何。

(4)证人证言的来源。

(5)证言的内容有无矛盾和可疑之处。

(6)证人感知事故事实时的客观环境和条件。

(7)证人的感知力、记忆力和表述力是否可能影响其如实提供证言。

(8)证人提供证言时是否受到外界的影响。

(9)证人证言与其他证据是否一致或协调。

(10)对幼年证人要根据其年龄和智力发育程度,审查其证言的可靠程度。

3)当事人陈述

事故有关人员关于亲身经历事故的陈述,称当事人陈述。它包括驾驶(操作)人员、受伤人员和其他有关当事人员,有时三方面人员可能有重叠。当事人陈述是农机事故处理中常见的证据。

Ⅰ. 当事人陈述笔录的主要内容

当事人陈述笔录不仅要反映事故发生的情况,还应反映事故的前因、后果。一般情况下,当事人的陈述笔录应包含以下内容(以移动式农机事故为例)。

(1)事故发生的确切时间。

(2)双方行驶(进)的方向、速度。

(3)发现危险情况时,各方的具体位置、距离和各自的动态。

(4)发现危险情况时,驾驶(操作)人员对情况发展的判断。

(5)发现危险情况后,驾驶(操作)人员所采取的措施。

(6)采取措施的时机及双方的动态。

(7)发生接触的部位、碰撞的过程及双方在道路上的具体位置。

(8)事故发生后所造成的后果、抢救、位置情况。

(9)事故发生时,道路(田间等)上的环境情况。

(10)事故发生时的天气情况、视线情况及其他情况。

Ⅱ. 做当事人陈述笔录时的注意事项

(1)由于当事人跟事故的发生有直接的利害关系,所以必须抓紧时机,尽快进行询问,认真做好笔录。特别应当重视和抓紧在现场调查时,做好陈述笔录。

(2)做当事人陈述笔录时,事故处理人员应熟悉事故的基本情况,明白来龙去脉,做好询问准备工作。询问前,首先要告知当事人的义务,即“必须如实回答问题,不得隐瞒或编造假情况”,以及不如实反映情况时应负的法律责任。询问时,一般是先让当事人谈事故的基本情况,然后再抓住重点提问,问清楚事故发生的时间、地点、行进方向、线路、车速、相互接触的过程,以及中毒、触电、失火等情况,还应弄清当事人发现情况时的距离、时间、当时的判断、所采取的措施,以及事故发生前后的思想、心理状况,对关键性的问题一定要深追细问,直至把问题弄清为止。听取当事人陈述时,要认真做好记录,宜采用问答形式,以形成陈述笔录。

(3)在做陈述笔录过程中,可以巧妙地使用证据。注意出示证据时,应选择适当时机,讲究方法。一般应采取突然袭击、引而不发、暗中点破的方法。所出示的证据,必须经得起检验,证据必须是确凿可靠的。但出示证据时,不能暴露农机监理机关对事故的分析、研究情况,更不能带有倾向性。

(4)遇到当事人申辩自己没有责任时,应当让其把话讲完,并请他把理由说清楚。如果当事人为推卸责任不讲真话或编造假情节,一般也不要当即训斥,应让他把想说的讲完后,再根据人的表述进行驳斥。由于考虑利弊关系较多,有时当事人不能一次把情况完全谈清,要允许他补充陈述。

(5)制作当事人的陈述笔录时,必须由来自农机监理机关的两人以上一起进行,要求陈述笔录和证人证言相同。当事人陈述笔录和证人证言陈述笔录可采用一种格式。

Ⅲ. 当事人陈述的审查判断注意事项

(1)审查当事人陈述的来源,是直接感知的,还是他人告知的,或是自己想象、推测的。

(2)分析当事人陈述的内容是否符合事故发生、发展的内在规律性,各情节之间有无矛盾之处。

(3)审查当事人陈述与其他证据之间有无矛盾。

(4)分析当事人的感知能力、理解能力、表达能力,以及事故发生时当事人所处的环境是否会对其陈述产生影响。

(5)审查当事人之间的关系,有无串供、故意夸大、隐瞒现象。

(6)当事人的精神状态、思想品质如何。

4)鉴定结论

鉴定结论指农机监理机关指派或聘请的具有专门知识的人,对农机事故中某些专门技术问题进行科学鉴定后，所做出的书面结论意见。鉴定结论对于鉴别物证、书证的真伪、性质，确定证人证言、当事人陈述的证明效力，准确认定当事人及发生事故的机具等，有着极其重要的作用。

Ⅰ．鉴定人

鉴定人必须是在某一方面有专门知识的，与该起农机事故发生及处理无关的，并由农机监理机关指定或聘请、委托的人。处理该起农机事故的经办人员和检验材料的提供人员，一般不能承担同一事故的技术鉴定工作，以保证鉴定人员能够做出客观、公正的鉴定。

Ⅱ．鉴定种类

根据鉴定时所需专业知识分类，鉴定可分为以下几类。

(1)机车鉴定：对机车的技术状态、安全性能进行鉴定，证明机车与事故的关系。

(2)路的鉴定：对事故现场路的平面线半径、纵坡度、超高、视距、路面附着系数等进行鉴定，分析路况与事故之间的关系。

(3)痕迹鉴定：运用痕迹学原理及同一认定的方法，根据承受客体，确定造型主体。

(4)车速鉴定：根据路面痕迹、机体痕迹、人体抛出位置、机车损坏状态等对机车发生事故时的车速做出判断。

(5)法医鉴定：聘请法医对死者的死亡原因，伤者的伤情，以及血痕、血型、毛发、皮肉等进行鉴定。

(6)司法精神鉴定：确定当事人的精神状态。

(7)物证理化鉴定：运用现代科技手段，对现场遗留的漆片、塑料、玻璃、木片、纤维、橡胶等物证做同一认定。

(8)牲畜伤情鉴定：聘请兽医鉴定牲畜的伤情，以证明牲畜伤亡的原因和损失的大小等。

(9)其他鉴定：对事故处理中其他需要鉴定的专门性问题进行鉴定。

Ⅲ．鉴定结论的审查注意事项

一般来说，鉴定结论比较科学、可靠，但并不等于鉴定结论不会出现任何差错。因此，对于各种鉴定结论都要认真地审查和核实，并与其他证据进行对比，相互印证。一旦出现不同结论，就应对鉴定方法等进行仔细研究，反复论证，必要时还应重新进行鉴定，直到把问题搞清楚为止。

(1)送交鉴定的材料是否可靠，数量是否充分。

(2)鉴定人所使用的技术设备是否完善，鉴定方法是否科学，应进行的鉴定项目是否完全。

(3)鉴定人的技术水平是否足以担任鉴定工作。

(4)鉴定人进行鉴定工作时有无外来干扰的影响。

(5)鉴定结论是否说明了鉴定要求的问题，结论前后有无矛盾，依据是否充分。

(6)鉴定结论和其他证据之间有无矛盾等。

5)调查、检查记录

事故处理中，为查明事故事实，对事故现场和与事故有关的农业机械、物品、尸体和人身进行勘察、检验、测量、照相、绘图等行为时所作的记录称为勘察记录，又称为调查、检查记录。由于勘察记录既记载勘察、检验的过程，又记载勘察、检验的结果，能反映各种痕迹、物品存在或形成的环境及其相互关系,因而涉及范围广泛,是具有综合证明作用的一种证据。

勘察记录是事故处理人员的勘察、检验活动的客观记载,能客观地反映事故现场、物品、尸体和人身的各种情况,其为事故办案人员再现事故过程,分析事故原因,认定事故事实提供了重要的依据。同时,勘察记录也是固定证据的重要手段,当其他事故处理人员需要了解现场勘察的某些具体情况时,勘察记录能够成为考查的依据。勘察记录对于正确地处理农机事故具有重要的作用。

农机事故处理中的勘察记录包括现场勘察笔录、现场图、事故照片、尸检笔录、现场实验笔录等。勘察记录的审查判断注意事项如下。

(1)勘察、检验及其记录的制作是否依法进行。例如,现场勘察人员的行为是否符合《农机事故处理程序规定》的要求,当事人或见证人是否在现场图上签名等。

(2)勘察笔录是否全面、准确。笔录用语不能用模棱两可的词语,如"较近""旁边"等。

(3)事故现场是否变动,变动的原因是否清楚,现场是否存在伪造等。

(4)联系其他证据综合考察、对比分析,勘察记录是否与其他证据有矛盾的地方。

6)视听资料

视听资料是可以听到的声音或看到图像的录音或录像,以及计算机储存的数据和材料,又称为音像资料。它不是书证,也不物证,却兼有书证和物证的共同特征,是一种独立的证据。

2. 认定证据时的注意事项

(1)要明确证据是正确认定事故发生情况和适用国家法律的基础前提,证据必须准确无误、充分可靠。要重证据,重调查研究,反对有证就用,有供就信;反对先入为主,主观臆断。

(2)要全面联系地使用证据。证实同一事故的各个证据,必须是一个相互联系的证据体系。在这个体系中,不论有多少个证据,其证明的方向应该是一致的,各证据之间必须是相互协调、相互印证的,如证据之间存在矛盾,则应重新调查,千万不能人为地掩饰。

(3)搞好证据的组合,即按照各个证据之间的内在规律,组合成证据体系,从而更清晰地说明事故发生的情况。

① 如果当事人在事故中同时存在多个违章行为,那么对于每一种违章行为,都应有一组证据加以证明。

② 把证明同一类问题的证据排列在一起,先摆直接证据,后摆间接证据。

③ 按照事故发生的先后顺序排列证据。

④ 把具有决定性作用的证据排在最前面,直接指明要害;后排其他证据。

(4)当事人的陈述仅是一种参考,在没有其他证据证实的情况下,不能作为确定事故责任的唯一证据。

(5)证据中有关涉及国家机密的内容,必须注意保密,防止泄露。

(6)事故处理人员运用证据时,必须忠于事实真相,认定的意见必须和客观事实相符,有充分的证据作为基础。推理要遵循思维规则,最后只能得出一个结论,有充分的排他性。选言推理时,必须穷极全部。绝不能为了某种关系、压力而远视客观证据,使用主观证据。

5.3.2.8 农机事故处理

事故处理与结案工作,需在现场勘察的基础上分析事故发生的原因,鉴定造成事故的各方责任,然后运用经济手段补偿因事故所造成的损失,同时依法惩治肇事责任者。

1. 事故处理的依据和原则

处理事故应依据安全法规和客观事实,也就是说处理事故必须以事实为依据,以法令、法律为准绳。事故处理得好坏,主要取决于监理人员的政策水平和技术水平,也就是执行农机安全法规、交通法规的水平和掌握事故实际情况的真实程度。

处理事故的原则是"以责论处",即按事故责任大小分别进行处理,认真贯彻执行此原则,有利于加强农机安全法规和交通法规,提高农机的生产和安全效能,减少事故的发生。

归纳起来,事故处理中应注意掌握以下六个要领。

(1)客观事实是处理事故的依据。

(2)安全法规是处理事故的准绳。

(3)现场勘察是处理事故的基础。

(4)以责论处是处理事故的原则。

(5)分析原因是处理事故的关键。

(6)责任鉴定是处理事故的核心。

2. 责任鉴定

责任鉴定是处理事故的第一步。责任鉴定的准确与否取决于事故原因分析的准确性,事故原因分析的准确性取决于现场勘察的真实性、可靠性。

搞清事故的直接原因对鉴定事故责任很重要,因为直接原因是造成事故的根本条件。例如,两台机车会车时相撞,造成人身伤亡,货物损失。其原因是:一方超速行驶并超越中心线;另一方带病行驶,人货混装,没有其他违章因素。这样,超越中心线就是事故的直接原因,因为其侵犯了对方的行驶权利,所以应负主要责任。对方只能负次要责任,若对方没有人货混装、带病行驶的话,那就没有责任。因为人货混装、带病行驶是违章,是不安全的内在因素,但必须有外界条件才能造成后果,所以其是事故的间接原因。

在现场勘察的基础上,首先列出发生事故的全部原因,然后找出哪些是事故的直接原因(造成事故后果的根本条件),哪些是间接原因(在外因作用下,对事故后果起作用),并且要排除对事故无影响的因素,不能按照肇事各方违章多少鉴定责任,更不可为了善后处理的需要,先定责任,再去找原因。分析原因后,根据农机监理规章、交通条则、操作规程及其他安全生产条款,结合临危时采取的措施,来判断事故的性质和责任。

责任事故包含六种,分别为全部责任、主要责任、同等责任、次要责任、一定责任和无责任。

(1)全部责任。违章肇事的起因属单方面的即为全部责任。

(2)主要责任和次要责任。肇事双方都有违章而引起事故时,应首先弄清双方各自的违章,然后再从中找出发生事故的主要起因,哪一方是肇事的直接起因即可认定为负主要责任,另一方则负次要责任。

(3)同等责任。肇事双方都有违章现象,且又都是造成事故的直接起因者时,可以认定为同等责任。

(4)一定责任(或部分责任)。如一起事故牵及多方且同时都有违章,除按情节轻重认定主、次要责任外,其余的方面可以定为负部分责任;或者事故只涉及双方,而一方违章情节轻微,够不上次要责任的,可以定为负部分责任。

(5)无责任。事故的一方没有违章也没有造成事故的因素,则其为无责任方。

事故责任的承担:驾驶(操作)人员违反安全规则或操作规程发生事故,由驾驶(操作)人员负责;在教练员监护下学员驾驶机车发生事故,由教练和学员共同负责;驾驶(操作)人员把机车交给无证驾驶(操作)人员发生事故,由驾驶(操作)人员负责;怂恿驾驶(操作)人员违章行驶并发生事故,由怂恿人和驾驶(操作)人员共同负责;迫使驾驶(操作)人员违章行驶[驾驶(操作)人员已提出申辩无效]发生事故,由迫使人负责;行人、押运人员、作业辅助人员违反操作规程、交通规则而造成事故,由违章者本人负责;修理质量差,以致因能够通过检查而发现的问题导致发生机械故障以致肇事,由有关人员负责;因例行保养不当发生机械故障以致肇事,由驾驶(操作)人员负责。

3. 对事故责任者的处理

1)对驾驶、操作人员的处理

对发生事故的机车驾驶、操作人员,应根据事故的性质、责任大小给予处分,以达到加强法制、教育本人、吸取教训、宣传群众的目的。对驾驶、操作人员的处分可分为警告、罚款、赔偿全部或部分直接经济损失(简称赔偿损失)、吊扣驾驶证、吊销驾驶证,直至由公安机关给予行政拘留或追究刑事责任。

(1)轻微事故:负全部责任的罚款,赔偿损失;负主要责任的警告、罚款;负同等责任的警告;负次要及以下责任的批评教育。

(2)一般事故:负全部责任的赔偿损失,吊扣驾驶证、操作证 1 ~6 个月并罚款;负主要责任的罚款,吊扣驾驶证、操作证 1 ~3 个月;负同等责任的罚款,吊扣驾驶证、操作证 2 个月;负次要责任的警告、罚款;负一定责任的警告。

(3)重大事故:负全部责任的吊销驾驶证,行政拘留,追究刑事责任;负主要责任的吊扣驾驶证、操作证 6 ~12 个月,行政拘留,吊销驾驶证、操作证;负同等责任的赔偿损失,吊扣驾驶证、操作证 6 ~12 个月;负次要责任的罚款,吊扣驾驶证、操作证 3 ~6 个月;负一定责任的警告、罚款,吊扣驾驶证、操作证 1 ~3 个月。

(4)特大事故:负全部责任、主要责任和同等责任的吊销驾驶证、操作证,行政拘留,追究刑事责任;负次要责任的吊扣驾驶证、操作证 12 个月,行政拘留,吊销驾驶证、操作证;负一定责任的吊扣驾驶证、操作证 6 ~12 个月,行政拘留,吊销驾驶证、操作证。

对驾驶、操作人员的处理可以给一项处分,也可以同时给几项处分。凡受刑事处分时,同时吊销驾驶证、操作证。驾驶、操作人员如无事故责任,无论损失多少,一律不予处分。

对驾驶、操作人员的处分做出决定后,属监理机关权限之内的应办理报批手续,填写《拖拉机违章肇事处罚裁决通知单》通知有关单位执行。

2)对事故其他责任者的处理

事故其他责任者指驾驶、操作人员以外的,对事故负有责任的人员,包括管理人员和有关领导人、修理工、检验员、行人、村民等。可根据具体情况、责任大小给予其罚款,赔偿全部或部分直接经济损失的处罚或移交公安部门给予行政拘留或追究刑事责任。

3)对事故责任单位的处理

事故责任单位指对事故负有责任的机关、企事业单位、机具拥有单位等,可根据事故损失及责任大小给予通报批评、罚款、赔偿直接经济损失的处罚。

4. 善后处理

事故的善后处理主要指事故责任者对因人员伤亡所造成的经济后果的补偿、车物损坏、牲畜伤亡等直接经济损失责任的承担。善后处理是一项政策性很强、影响很广的工作,处理时要根据责任大小,以责论处,按责分担。其原则包括以下五个方面。

(1)事故造成的受伤者,应就近医院治疗,如需转院的应经医院同意;经诊断可以出院者,应按时出院,不得拖延;自行转院、拖延住院治疗者的一切费用均由受伤者自理。

(2)伤亡者的抢救费、治疗费、医疗护理费、安葬费、补偿费等,参照有关规定,根据责任大小和家庭经济条件等实际情况,按当地生活标准,妥善裁决。

(3)因肇事造成牲畜伤亡,机具、物品损坏时,要坚持能修不换和积极治疗的原则,按责论处,合理负担。

(4)对死亡人员的处理,应本着“移风易俗,注意节约,就地安葬”的原则。为了减少不必要的损失和不良影响,尸体经法医检验并明确致死原因和其他关系后,便没有保留尸体的必要,应先迅速处理尸体,再处理事故,防止死者亲属为了达到某些目的而纠缠不清,给事故处理带来一定的困难。如确因事故处理的需要,可短期保留尸体,从检验完毕的当天算起,不得超过三天。任何单位或个人不得以任何借口阻挠尸体的处理。对有意拖延者,监理机关可请示当地政府或根据有关规定强行处理。

(5)坚持一次性结案的原则,不论其伤情如何严重,或家庭困难有多大,都应一次性结案,一次性经济补偿。善后处理只能用经济补偿的方法弥补事故损失,受害者(或其亲属)的其他要求,如工作安排、家庭纠纷、债务、户口迁移等均不列入善后处理范围。

5. 事故结案

1)结案要求

在材料、证据齐全,情节基本弄清,责任已经明确,尸体已经安葬,伤者已痊愈或做出治疗结论,损失认定已经落实,善后工作已有可靠着落,各项条件已成熟后,可通过一定形式达成协议,做好事故结案工作。

2)召开事故处理协商会

由主管办案人员召集事故当事人及受害者直系亲属和有关方面代表,通过事故处理协商会的形式,根据有关政策和规定,对事故的情节、原因和责任进行讨论协商,取得一致意见后,对经济责任达成协议,使事故处理结案。

在召开事故协商会过程中,办案人员必须熟悉事故的全过程,掌握政策,讲究策略。要耐心、仔细地多做当事人的思想工作,尽力避免协议各方发生争执,以保证协商工作顺利进行。

3)事故协议书

各方通过事故处理协商会议,对事故的情节、原因和责任进行讨论磋商,取得一致意见后,对经济责任达成协议,做一次性处理所形成的文件,叫作事故协议书。事故协议书的基本内容:事故的自然情况及简要经过;原因分析及责任归属;造成的损害和经济后果;善后处理意见。

事故协议书要求层次分明,语言简练,逻辑性强,少用和不用形容词或宣传用语;用词准确,说法和用词应与笔录和勘察报告等保持一致,特别注意不用“如”“估计”“大约”“附近”等模棱两可的词;协议书的结尾要写明“事故一次性处理就此结束,在执行中不得提出任何异议”等内容,以免结案后的反复;对肇事责任者的处理意见和不包括在事故处理范围内的肇事双方自行商定的内容,不必纳入协议书中;协议书写成后,要持慎重态度,反复推敲,仔细斟酌,确认无懈可击,方能定稿;凡参加协议的各方办案人员,均需在协议书上签字按印,此后协议书方可生效。协议书经复印或打印后,当事人及有关单位各执一份。

4)事故处理裁决书

在结案工作条件已经成熟,但是一方、双方或多方持反对意见,拒绝接受处理意见,或农机监理机关做过细致的政治思想工作后仍不接受时,处理机关有权裁决并形成文件发给有关方面。在裁决文件中应写明意见分歧,裁决的根据和处理的结论。任何一方对裁决不服时,可向上级机关申诉,甚至向人民法院起诉。

裁决书的基本内容与协议书相同,只需在处理意见的前面写明意见分歧和裁决根据,并在最后写明任何一方不同意裁决意见时,应在接到裁决书10日内向上级主管机关申诉。

5.3.3 农机事故分析

1. 案例1

××××年××月××日××时许,××市××村驾驶员王某驾驶农用四轮车在行驶途中与相向行驶的畜力车会车时,因其车辆拖带农具严重超宽,又不注意减速避让,致使农具与赶车人(付某)左腿刮擦,并造成付某骨折。

事故分析:在事故发生后驾驶员没有保护现场,反将现场破坏,又不报案,使责任无法认定。根据《农业机械事故处理规定》,驾驶员负这起事故的全部责任,经双方协议,驾驶员一次性付给付某医疗费5 500元。

在发生事故后,致使农机事故责任无法认定的当事人应负的责任如下。

(1)当事人逃逸或破坏、伪造现场和毁灭证据,使农机事故责任无法认定的,应负全部责任。

(2)当事人一方有条件报案而未报案或未及时报案,又未提供充分证据,使农机事故责任无法认定的,应负全部责任。

(3)当事人各方有条件报案而均未报案或未及时报案,使农机事故责任无法认定的,应负同等责任。

(4)当事人驾驶拖拉机、联合收割机及其他人员发生农机事故的,拖拉机、联合收割机及其他自走式农业机械一方应负主要责任,非机动车、其他人员一方负主要责任。

2. 案例 2

××××年××月××日××时许，闫某（黑龙江省）驾驶自家小四轮拖拉机，由××村驶往××村，车上装有60根杨木杆，货物上坐四人，当车行驶到北大沟附近转弯时，由于超载，导致车向左侧翻，将车上的杨某等四人甩出，杨某摔到车后轮右侧的葫芦头上，后又摔到地上，送市医院后，被诊断为右肾破裂，最终该肾被摘除。

事故分析：因驾驶员违反了《黑龙江省农业机械安全操作规则》第十章第二条第八款第六项规定，即拖拉机不准超载行驶；第十章第二条第二项规定，即不准客货混载；在驾驶车辆转弯时操作不当，致使车辆侧倾翻；在发生事故后，驾驶员有条件报案而未报案。综合以上驾驶员违章行为，依据《黑龙江省农机事故处理规定》第十八条第一款，驾驶员闫某应负这起事故的全部责任。最终，此起事故的驾驶员闫某赔偿各方经济损失3万余元。

机动车超载行驶带来的后果如下。

（1）加大了轮胎负荷量，容易发生爆胎现象。前轮爆胎会造成方向失灵，后轮爆胎会使机动车辆立刻偏向一侧，容易造成交通事故。

（2）会使机动车辆的钢板弹簧负荷量过大，容易断裂。

（3）会影响机动车辆的使用性能，造成转向沉重，转弯时离心力增大，操作困难，制动性能下降。在正常情况下，运载质量增加1 t，制动距离增加1 m，而超重后的影响更大。

（4）可使发动机负荷量增大，容易发生过热现象，增大耗油量。离合器片在这种情况下常常烧坏，导致不能行车。

（5）可使车架负荷量加重，特别是在崎岖不平的山区路面上行驶时，最容易发生车架变形，铆钉松动、折断，甚至有可能改变一些总成的相对位置，影响机动车辆的正常工作，甚至引发事故。

【知识拓展】

2016年，新疆维吾尔自治区农机事故总体情况及对比分析如下。2016年，全年累计报告农机安全事故64起，均为一般事故，死亡15人，受伤49人，直接经济损失87.877万元。与2015年相比，2016年事故起数减少16起（下降33%），死亡人数减少26人（下降63.4%），受伤人数增加4人（上升9%），直接经济损失增加43.137万元（上升96%）。全区未发生较大事故以上的农机事故。

1. 发生农机事故机型的对比分析

共发生大中型拖拉机事故37起，其中死亡8人、受伤30人，直接经济损失31.362万元，分别占事故起数、死亡人数、受伤人数和直接经济损失的58%、53%、61%和35.7%；联合收割机事故15起，其中死亡1人，受伤13人，直接经济损失56.03万元，分别占事故起数、死亡人数、受伤人数和直接经济损失的23%、8%、27%和63.8%；其他农业机械事故12起，死亡6人，受伤6人，分别占事故起数、死亡人数和受伤人数19%、38%和12%。

2. 发生农机事故条件的对比分析

拖拉机、联合收割机驾驶员驾龄3年以上的发生事故40起，驾龄3年以下的发生事故7起；白天发生事故46起，夜间发生事故9起；晴天发生事故46起，雨、雪、雾天发生事故3起。

3. 造成农机事故原因的对比分析

(1)因无证驾驶引发事故 12 起,其中死亡 6 人、受伤 6 人、直接经济损失 5.88 万元,分别占事故起数、死亡人数、受伤人数和直接经济损失的 19%、40%、12% 和 6.7%。

(2)因拖拉机违法载人引发事故 3 起,其中死亡 1 人、受伤 4 人,分别占事故起数、死亡人数和受伤人数的 5%、7% 和 8%。

(3)因操作失误引发事故 31 起,其中死亡 6 人、受伤 25 人、直接经济损失 31.16 万元,分别占事故起数、死亡人数、受伤人数和直接经济损失的 48%、40%、51% 和 35.5%。

(4)因无牌行驶引发事故 4 起,其中死亡 2 人、受伤 2 人、直接经济损失 1.5 万元,分别占事故起数、死亡人数、受伤人数和直接经济损失的 6%、13%、4% 和 1.7%。

(5)因超速超载引发事故 1 起,其中受伤 1 人,分别占事故起数和受伤人数的 2% 和 2%。

(6)因拖拉机未年检引发事故 8 起,其中死亡 4 人、受伤 3 人、直接经济损失 50 万元,分别占事故起数、死亡人数、受伤人数和直接经济损失的 13%、27%、6% 和 56.9%。

(7)因机件失效引发事故 3 起,其中受伤 2 人、直接经济损失 0.587 万元,分别占事故起数和受伤人数的 5% 和 13%。

(8)其他原因引发农机事故 16 起,其中死亡 2 人、受伤 13 人、直接经济损失 54.31 万元,分别占事故起数、死亡人数、受伤人数和直接经济损失的 25%、13%、27% 和 61.8%。

【资讯索引】

(1)农业机械的违章。

(2)农业机械的违章与事故的关系。

(3)农机事故的定义及分类。

(4)农机事故中的经济损失。

(5)农机事故的处理程序。

(6)农机事故的现场勘察。

(7)事故现场技术鉴定与证据搜集处理。

(8)农机事故的处理。

【任务小结】

通过本任务的学习,能够理解农机的违章及其处理;了解农机事故及类型划分;掌握农机事故处理办法和流程;能够通过农机事故有关法律法规,处理分析农机事故。通过本任务的学习,需学习并掌握的内容如下。

(1)了解农机违章的分类与处罚。

(2)掌握农机违章与事故的关系。

(3)了解农机事故分类、事故中的经济损失。

(4)掌握事故处理程序。

(5)能够准确地对农机事故现场进行勘察。

(6)能够有效地收集事故的证据并处理。

(7)能够正确地对农机事故进行处理。

【课后练习】

1. 名词解释

(1)农机事故。

(2)自然事故。

(3)农机事故现场。

2. 填空题

(1)农机事故按事故性质分为________、________和________,按损失程度分为________、________和________。

(2)吊扣驾驶证就是对驾驶人员给予"停职"处分。扣证期限一般在________年以下。

(3)按照农机事故处理工作中的具体情况,一般可以把农机事故的证据分为6种:________、________、________、________、________、________。

3. 选择题

(1)吊扣驾驶证就是对驾驶人员给予"停职"处分。扣证期限一般在________年以下。

A. 1　　B. 2　　C. 3　　D. 4

(2)在农机事故处理工作中,一般可以作为农机事故的证据是________。

A. 物证、书证　B. 别人谈资　C. 当事人陈述　D. 鉴定结论

(3)向年龄不满________岁的当事人、证人调查、取证时,应通知其监护人到场。

A. 16　　B. 18　　C. 22　　D. 14

(4)下列不可以作为书证的是________。

A. 文字　　B. 音像　　C. 符号　　D. 图画

(5)下列对事故责任者的处理说法错误的是________。

A. 轻微事故:负全部责任的罚款、赔偿损失;负主要责任的警告、罚款;负同等责任的警告;负次要及以下责任的批评教育。

B. 一般事故:负全部责任的赔偿损失,吊扣驾驶证、操作证1~6个月,罚款;负主要责任的罚款,吊扣驾驶证、操作证1~3个月;负同等责任的罚款,吊扣驾驶证、操作证2个月;负次要责任的警告、罚款;负一定责任的警告。

C. 重大事故:负全部责任的吊销驾驶证、行政拘留、追究刑事责任;负主要责任的吊扣驾驶证、操作证6~12个月,行政拘留,吊销驾驶证、操作证;负同等责任的赔偿损失,吊扣驾驶证、操作证6~12个月,吊销驾驶证、操作证;负次要责任的罚款,吊扣驾驶证、操作证3~6个月;负一定责任的警告、罚款,吊扣驾驶证、操作证1~3个月。

D. 特大事故:负全部责任、主要责任、次要责任和同等责任的吊销驾驶证、操作证,行政拘留,追究刑事责任;负一定责任的吊扣驾驶证、操作证6~12个月,行政拘留,吊销驾驶证、操作证。

4. 判断题

(1)警告是违章处罚中最轻的一种,它比批评教育要严厉些。　　(　　)

(2)技术事故是因设计、制造和修理质量不合格而引起的事故。 (   )

(3)主要责任和次要责任是指肇事双方都有违章现象,又都是造成事故的直接起因者。 (   )

5. 简答题

(1)简述农机事故处理的步骤。

(2)简述农机事故现场勘察的步骤。

【总结评价】

(1)谈一谈你此次参加模拟农机监理员身份对农业机械的违章及事故进行处理的体会及收获。

(2)谈一谈在完成任务学习的过程中,你和你所在小组的收获、不足和有待改进提高的地方。

(3)结合学习的实际情况,完成表5-3-1和表5-3-2。

表5-3-1 农机的违章及事故处理评分表

序号	考核内容		配分	评分内容	考核记录	得分
1	知识	农业机械违章	10	1. 违章的定义及分类; 2. 违章处罚; 3. 违章与事故的关系		
		农机事故定义及分类	10	1. 事故的定义; 2. 事故的分类; 3. 事故中的经济损失		
		农机事故处理程序	10	农机事故处理步骤		
		农机事故现场技术鉴定	10	1. 对肇事机械的鉴定; 2. 对尸体的鉴定; 3. 对肇事场地的鉴定; 4. 对遗留痕迹的鉴定		
		农机事故中证据的搜集与处理	10	对农机事故中的六大类证据的搜集与处理		
2	技能	农机事故现场勘察	10	1. 分析勘察前的辅助工作; 2. 掌握现场勘察的内容; 3. 熟悉现场勘察的要求; 4. 确定现场勘察的方法和步骤		
		农机事故处理	10	1. 熟悉事故处理的依据和原则; 2. 准确确定责任; 3. 合理合规地对事故责任者进行处理; 4. 及时善后处理并结案		
		农机事故分析	10	准确分析农机事故		
3	态度	安全生产意识	10	能在导师的指导下安全文明生产		
		合作、吃苦精神	10	能与小组同学合作完成本次任务,操作过程中能做到吃苦耐劳		
4	分数合计		100			

表 5-3-2　项目五任务三工单

<table>
<tr><td rowspan="2">任务名称</td><td rowspan="2">农机的违章及事故处理</td><td>姓名</td><td></td><td>班级</td><td></td></tr>
<tr><td>日期</td><td colspan="3"></td></tr>
</table>

1. 根据任务要求,在以农机监理员身份对农业机械的违章及事故进行处理前,做了哪些了解?

2. 以身边发生的实例,讨论一下违章与事故的关系。

3. 以农机监理员的身份对农业机械的违章及事故进行处理并做工作记录。

对农业机械的违章及事故进行处理的步骤	处理过程重点记录	备注

4. 其他需反馈的内容

附录1:农业机械安全监督管理条例

第一章　总则

第一条　为了加强农业机械安全监督管理,预防和减少农业机械事故,保障人民生命和财产安全,制定本条例。

第二条　在中华人民共和国境内从事农业机械的生产、销售、维修、使用操作以及安全监督管理等活动,应当遵守本条例。本条例所称农业机械,是指用于农业生产及其产品初加工等相关农事活动的机械、设备。

第三条　农业机械安全监督管理应当遵循以人为本、预防事故、保障安全、促进发展的原则。

第四条　县级以上人民政府应当加强对农业机械安全监督管理工作的领导,完善农业机械安全监督管理体系,增加对农民购买农业机械的补贴,保障农业机械安全的财政投入,建立健全农业机械安全生产责任制。

第五条　国务院有关部门和地方各级人民政府、有关部门应当加强农业机械安全法律、法规、标准和知识的宣传教育。农业生产经营组织、农业机械所有人应当对农业机械操作人员及相关人员进行农业机械安全使用教育,提高其安全意识。

第六条　国家鼓励和支持开发、生产、推广、应用先进适用、安全可靠、节能环保的农业机械,建立健全农业机械安全技术标准和安全操作规程。

第七条　国家鼓励农业机械操作人员、维修技术人员参加职业技能培训和依法成立安全互助组织,提高农业机械安全操作水平。

第八条　国家建立落后农业机械淘汰制度和危及人身财产安全的农业机械报废制度,并对淘汰和报废的农业机械依法实行回收。

第九条　国务院农业机械化主管部门、工业主管部门、质量监督部门和工商行政管理部门等有关部门依照本条例和国务院规定的职责,负责农业机械安全监督管理工作。县级以上地方人民政府农业机械化主管部门、工业主管部门和县级以上地方质量监督部门、工商行政管理部门等有关部门按照各自职责,负责本行政区域的农业机械安全监督管理工作。

第二章　生产、销售和维修

第十条　国务院工业主管部门负责制定并组织实施农业机械工业产业政策和有关规划。国务院标准化主管部门负责制定发布农业机械安全技术国家标准,并根据实际情况及时修订。农业机械安全技术标准是强制执行的标准。

第十一条　农业机械生产者应当依据农业机械工业产业政策和有关规划,按照农业机械安全技术标准组织生产,并建立健全质量保障控制体系。对依法实行工业产品生产许可证管理的农业机械,其生产者应当取得相应资质,并按照许可的范围和条件组织生产。

第十二条　农业机械生产者应当按照农业机械安全技术标准对生产的农业机械进行检验;农业机械经检验合格并附具详尽的安全操作说明书和标注安全警示标志后,方可出厂销售;依法必须进行认证的农业机械,在出厂前应当标注认证标志。上道路行驶的拖拉机,依法必须经过认证的，在出厂前应当标注认证标志，并符合机动车国家安全技术标准。农业机械生产者应当建立产品出厂记录制度，如实记录农业机械的名称、规格、数量、生产日期、生产批号、检验合格证号、购货者名称及联系方式、销售日期等内容。出厂记录保存期限不得少于3年。

第十三条　进口的农业机械应当符合我国农业机械安全技术标准，并依法由出入境检验检疫机构检验合格。依法必须进行认证的农业机械，还应当由出入境检验检疫机构进行入境验证。

第十四条　农业机械销售者对购进的农业机械应当查验产品合格证明。对依法实行工业产品生产许可证管理、依法必须进行认证的农业机械，还应当验明相应的证明文件或者标志。农业机械销售者应当建立销售记录制度，如实记录农业机械的名称、规格、生产批号、供货者名称及联系方式、销售流向等内容。销售记录保存期限不得少于3年。农业机械销售者应当向购买者说明农业机械操作方法和安全注意事项，并依法开具销售发票。

第十五条　农业机械生产者、销售者应当建立健全农业机械销售服务体系，依法承担产品质量责任。

第十六条　农业机械生产者、销售者发现其生产、销售的农业机械存在设计、制造等缺陷，可能对人身财产安全造成损害的，应当立即停止生产、销售，及时报告当地质量监督部门、工商行政管理部门，通知农业机械使用者停止使用。农业机械生产者应当及时召回存在设计、制造等缺陷的农业机械。农业机械生产者、销售者不履行本条第一款义务的，质量监督部门、工商行政管理部门可以责令生产者召回农业机械，责令销售者停止销售农业机械。

第十七条　禁止生产、销售下列农业机械：（一）不符合农业机械安全技术标准的；（二）依法实行工业产品生产许可证管理而未取得许可证的；（三）依法必须进行认证而未经认证的；（四）利用残次零配件或者报废农业机械的发动机、方向机、变速器、车架等部件拼装的；（五）国家明令淘汰的。

第十八条　从事农业机械维修经营，应当有必要的维修场地，有必要的维修设施、设备和检测仪器，有相应的维修技术人员，有安全防护和环境保护措施，取得相应的维修技术合格证书，并依法办理工商登记手续。申请农业机械维修技术合格证书，应当向当地县级人民政府农业机械化主管部门提交下列材料：（一）农业机械维修业务申请表；（二）申请人身份证明、企业名称预先核准通知书；（三）维修场所使用证明；（四）主要维修设施、设备和检测仪器清单；（五）主要维修技术人员的国家职业资格证书。农业机械化主管部门应当自收到申请之日起20个工作日内，对符合条件的，核发维修技术合格证书；对不符合条件的，书面通知申请人并说明理由。维修技术合格证书有效期为3年；有效期满需要继续从事农业机械维修的，应当在有效期满前申请续展。

第十九条　农业机械维修经营者应当遵守国家有关维修质量安全技术规范和维修质量保证期的规定，确保维修质量。从事农业机械维修不得有下列行为：（一）使用不符合农业机械安全技术标准的零配件；（二）拼装、改装农业机械整机；（三）承揽维修已经达到报废条件的农业机械；（四）法律、法规和国务院农业机械化主管部门规定的其他禁止性行为。

第三章　使用操作

第二十条　农业机械操作人员可以参加农业机械操作人员的技能培训，可以向有关农业机械化主管部门、人力资源和社会保障部门申请职业技能鉴定，获取相应等级的国家职业资格证书。

第二十一条　拖拉机、联合收割机投入使用前，其所有人应当按照国务院农业机械化主管部门的规定，持本人身份证明和机具来源证明，向所在地县级人民政府农业机械化主管部门申请登记。拖拉机、联合收割机经安全检验合格的，农业机械化主管部门应当在2个工作日内予以登记并核发相应的证书和牌照。拖拉机、联合收割机使用期间登记事项发生变更的，其所有人应当按照国务院农业机械化主管部门的规定申请变更登记。

第二十二条　拖拉机、联合收割机操作人员经过培训后，应当按照国务院农业机械化主管部门的规定，参加县级人民政府农业机械化主管部门组织的考试。考试合格的，农业机械化主管部门应当在2个工作日内核发相应的操作证件。拖拉机、联合收割机操作证件有效期为6年；有效期满，拖拉机、联合收割机操作人员可以向原发证机关申请续展。未满18周岁不得操作拖拉机、联合收割机。操作人员年满70周岁的，县级人民政府农业机械化主管部门应当注销其操作证件。

第二十三条　拖拉机、联合收割机应当悬挂牌照。拖拉机上道路行驶，联合收割机因转场作业、维修、安全检验等需要转移的，其操作人员应当携带操作证件。拖拉机、联合收割机操作人员不得有下列行为：（一）操作与本人操作证件规定不相符的拖拉机、联合收割机；（二）操作未按照规定登记、检验或者检验不合格、安全设施不全、机件失效的拖拉机、联合收割机；（三）使用国家管制的精神药品、麻醉品后操作拖拉机、联合收割机；（四）患有妨碍安全操作的疾病操作拖拉机、联合收割机；（五）国务院农业机械化主管部门规定的其他禁止行为。禁止使用拖拉机、联合收割机违反规定载人。

第二十四条　农业机械操作人员作业前，应当对农业机械进行安全查验；作业时，应当遵守国务院农业机械化主管部门和省、自治区、直辖市人民政府农业机械化主管部门制定的安全操作规程。

第四章　事故处理

第二十五条　县级以上地方人民政府农业机械化主管部门负责农业机械事故责任的认定和调解处理。本条例所称农业机械事故，是指农业机械在作业或者转移等过程中造成人身伤亡、财产损失的事件。农业机械在道路上发生的交通事故，由公安机关交通管理部门依照道路交通安全法律、法规处理；拖拉机在道路以外通行时发生的事故，公安机关交通管理部门接到报案的，参照道路交通安全法律、法规处理。农业机械事故造成公路及其附属设施损坏的，由交通主管部门依照公路法律、法规处理。

第二十六条　在道路以外发生的农业机械事故，操作人员和现场其他人员应当立即停止作业或者停止农业机械的转移，保护现场，造成人员伤害的，应当向事故发生地农业机械化主管部门报告；造成人员死亡的，还应当向事故发生地公安机关报告。造成人身伤害的，应当立即采取措施，抢救受伤人员。因抢救受伤人员变动现场的，应当标明位置。接到报告的农业机械化主管部门和公安机关应当立即派人赶赴现场进行勘验、检查，收集证据，组织抢救受伤人员，尽快恢复正常的生产秩序。

第二十七条　对经过现场勘验、检查的农业机械事故，农业机械化主管部门应当在10个工作日内制作完成农业机械事故认定书；需要进行农业机械鉴定的，应当自收到农业机械鉴定机构出具的鉴定结论之日起5个工作日内制作农业机械事故认定书。农业机械事故认定书应当载明农业机械事故的基本事实、成因和当事人的责任，并在制作完成农业机械事故认定书之日起3个工作日内送达当事人。

第二十八条　当事人对农业机械事故损害赔偿有争议，请求调解的，应当自收到事故认定书之日起10个工作日内向农业机械化主管部门书面提出调解申请。调解达成协议的，农业机械化主管部门应当制作调解书送交各方当事人。调解书经各方当事人共同签字后生效。调解不能达成协议或者当事人向人民法院提起诉讼的，农业机械化主管部门应当终止调解并书面通知当事人。调解达成协议后当事人反悔的，可以向人民法院提起诉讼。

第二十九条　农业机械化主管部门应当为当事人处理农业机械事故损害赔偿等后续事宜提供帮助和便利。因农业机械产品质量原因导致事故的，农业机械化主管部门应当依法出具有关证明材料。农业机械化主管部门应当定期将农业机械事故统计情况及说明材料报送上级农业机械化主管部门并抄送同级安全生产监督管理部门。农业机械事故构成生产安全事故的，应当依照相关法律、行政法规的规定调查处理并追究责任。

第五章　服务与监督

第三十条　县级以上地方人民政府农业机械化主管部门应当定期对危及人身财产安全的农业机械进行免费实地安全检验。但是道路交通安全法律对拖拉机的安全检验另有规定的，从其规定。拖拉机、联合收割机的安全检验为每年1次。实施安全技术检验的机构应当对检验结果承担法律责任。

第三十一条　农业机械化主管部门在安全检验中发现农业机械存在事故隐患的，应当告知其所有人停止使用并及时排除隐患。实施安全检验的农业机械化主管部门应当对安全检验情况进行汇总，建立农业机械安全监督管理档案。

第三十二条　联合收割机跨行政区域作业前，当地县级人民政府农业机械化主管部门应当会同有关部门，对跨行政区域作业的联合收割机进行必要的安全检查，并对操作人员进行安全教育。

第三十三条　国务院农业机械化主管部门应当定期对农业机械安全使用状况进行分析评估，发布相关信息。

第三十四条　国务院工业主管部门应当定期对农业机械生产行业运行态势进行监测和分析，并按照先进适用、安全可靠、节能环保的要求，会同国务院农业机械化主管部门、质量监督部门等有关部门制定、公布国家明令淘汰的农业机械产品目录。

第三十五条　危及人身财产安全的农业机械达到报废条件的，应当停止使用，予以报废。农业机械的报废条件由国务院农业机械化主管部门会同国务院质量监督部门、工业主管部门规定。县级人民政府农业机械化主管部门对达到报废条件的危及人身财产安全的农业机械，应当书面告知其所有人。

第三十六条　国家对达到报废条件或者正在使用的国家已经明令淘汰的农业机械实行回收。农业机械回收办法由国务院农业机械化主管部门会同国务院财政部门、商务主管部门制定。

第三十七条　回收的农业机械由县级人民政府农业机械化主管部门监督回收单位进行解体或者销毁。

第三十八条　使用操作过程中发现农业机械存在产品质量、维修质量问题的，当事人可以向县级以上地方人民政府农业机械化主管部门或者县级以上地方质量监督部门、工商行政管理部门投诉。接到投诉的部门对属于职责范围内的事项，应当依法及时处理；对不属于职责范围内的事项，应当及时移交有权处理的部门，有权处理的部门应当立即处理，不得推诿。县级以上地方人民政府农业机械化主管部门和县级以上地方质量监督部门、工商行政管理部门应当定期汇总农业机械产品质量、维修质量投诉情况并逐级上报。

第三十九条　国务院农业机械化主管部门和省、自治区、直辖市人民政府农业机械化主管部门应当根据投诉情况和农业安全生产需要，组织开展在用的特定种类农业机械的安全鉴定和重点检查，并公布结果。

第四十条　农业机械安全监督管理执法人员在农田、场院等场所进行农业机械安全监督检查时，可以采取下列措施：（一）向有关单位和个人了解情况，查阅、复制有关资料；（二）查验拖拉机、联合收割机证书、牌照及有关操作证件；（三）检查危及人身财产安全的农业机械的安全状况，对存在重大事故隐患的农业机械，责令当事人立即停止作业或者停止农业机械的转移，并进行维修；（四）责令农业机械操作人员改正违规操作行为。

第四十一条　发生农业机械事故后企图逃逸的、拒不停止存在重大事故隐患农业机械的作业或者转移的，县级以上地方人民政府农业机械化主管部门可以扣押有关农业机械及证书、牌照、操作证件。案件处理完毕或者农业机械事故肇事方提供担保的，县级以上地方人民政府农业机械化主管部门应当及时退还被扣押的农业机械及证书、牌照、操作证件。存在重大事故隐患的农业机械，其所有人或者使用人排除隐患前不得继续使用。

第四十二条　农业机械安全监督管理执法人员进行安全监督检查时，应当佩戴统一标志，出示行政执法证件。农业机械安全监督检查、事故勘察车辆应当在车身喷涂统一标识。

第四十三条　农业机械化主管部门不得为农业机械指定维修经营者。

第四十四条　农业机械化主管部门应当定期向同级公安机关交通管理部门通报拖拉机登记、检验以及有关证书、牌照、操作证件发放情况。公安机关交通管理部门应当定期向同级农业机械化主管部门通报农业机械在道路上发生的交通事故及处理情况。

第六章　法律责任

第四十五条　县级以上地方人民政府农业机械化主管部门、工业主管部门、质量监督部门和工商行政管理部门及其工作人员有下列行为之一的，对直接负责的主管人员和其他直接责任人员，依法给予处分，构成犯罪的，依法追究刑事责任：（一）不依法对拖拉机、联合收割机实施安全检验登记，或者不依法核发拖拉机、联合收割机证书、牌照的；（二）对未经考试合格者核发拖拉机、联合收割机操作证件，或者对经考试合格者拒不核发拖拉机、联合收割机操作证件的；（三）对不符合条件者核发农业机械维修技术合格证书，或者对符合条件者拒不核发农业机械维修技术合格证书的；（四）不依法处理农业机械事故，或者不依法出具农业机械事故认定书和其他证明材料的；（五）在农业机械生产、销售等过程中不依法履行监督管理职责的；（六）其他未依照本条例的规定履行职责的行为。

第四十六条　生产、销售利用残次零配件或者报废农业机械的发动机、方向机、变速器、车架等部件拼装的农业机械的，由县级以上质量监督部门、工商行政管理部门按照职责权限责令停止生产、销售，没收违法所得和违法生产、销售的农业机械，并处违法产品货值金额1倍以上3倍以下罚款；情节严重的，吊销营业执照。农业机械生产者、销售者违反工业产品生产许可证管理、认证认可管理、安全技术标准管理以及产品质量管理的，依照有关法律、行政法规处罚。

第四十七条　农业机械销售者未依照本条例的规定建立、保存销售记录的，由县级以上工商行政管理部门责令改正，给予警告；拒不改正的，处 1 000 元以上 1 万元以下罚款，并责令停业整顿；情节严重的，吊销营业执照。

第四十八条　未取得维修技术合格证书或者使用伪造、变造、过期的维修技术合格证书从事维修经营的，由县级以上地方人民政府农业机械化主管部门收缴伪造、变造、过期的维修技术合格证书，限期补办有关手续，没收违法所得，并处违法经营额 1 倍以上 2 倍以下罚款；逾期不补办的，处违法经营额 2 倍以上 5 倍以下罚款，并通知工商行政管理部门依法处理。

第四十九条　农业机械维修经营者使用不符合农业机械安全技术标准的配件维修农业机械，或者拼装、改装农业机械整机，或者承揽维修已经达到报废条件的农业机械的，由县级以上地方人民政府农业机械化主管部门责令改正，没收违法所得，并处违法经营额 1 倍以上 2 倍以下罚款；拒不改正的，处违法经营额 2 倍以上 5 倍以下罚款；情节严重的，吊销维修技术合格证。

第五十条　未按照规定办理登记手续并取得相应的证书和牌照，擅自将拖拉机、联合收割机投入使用，或者未按照规定办理变更登记手续的，由县级以上地方人民政府农业机械化主管部门责令限期补办相关手续；逾期不补办的，责令停止使用；拒不停止使用的，扣押拖拉机、联合收割机，并处 200 元以上 2 000 元以下罚款。当事人补办相关手续的，应当及时退还扣押的拖拉机、联合收割机。

第五十一条　伪造、变造或者使用伪造、变造的拖拉机、联合收割机证书和牌照的，或者使用其他拖拉机、联合收割机的证书和牌照的，由县级以上地方人民政府农业机械化主管部门收缴伪造、变造或者使用的证书和牌照，对违法行为人予以批评教育，并处 200 元以上 2 000元以下罚款。

第五十二条　未取得拖拉机、联合收割机操作证件而操作拖拉机、联合收割机的，由县级以上地方人民政府农业机械化主管部门责令改正，处 100 元以上 500 元以下罚款。

第五十三条　拖拉机、联合收割机操作人员操作与本人操作证件规定不相符的拖拉机、联合收割机，或者操作未按照规定登记、检验或者检验不合格、安全设施不全、机件失效的拖拉机、联合收割机，或者使用国家管制的精神药品、麻醉品后操作拖拉机、联合收割机，或者患有妨碍安全操作的疾病操作拖拉机、联合收割机的，由县级以上地方人民政府农业机械化主管部门对违法行为人予以批评教育，责令改正；拒不改正的，处 100 元以上 500 元以下罚款；情节严重的，吊销有关人员的操作证件。

第五十四条　使用拖拉机、联合收割机违反规定载人的，由县级以上地方人民政府农业机械化主管部门对违法行为人予以批评教育，责令改正；拒不改正的，扣押拖拉机、联合收割机的证书、牌照；情节严重的，吊销有关人员的操作证件。非法从事经营性道路旅客运输的，由交通主管部门依照道路运输管理法律、行政法规处罚。当事人改正违法行为的，应当及时退还扣押的拖拉机、联合收割机的证书、牌照。

第五十五条　经检验、检查发现农业机械存在事故隐患，经农业机械化主管部门告知拒不排除并继续使用的，由县级以上地方人民政府农业机械化主管部门对违法行为人予以批评教育，责令改正；拒不改正的，责令停止使用；拒不停止使用的，扣押存在事故隐患的农业机械。事故隐患排除后，应当及时退还扣押的农业机械。

第五十六条　违反本条例规定，造成他人人身伤亡或者财产损失的，依法承担民事责任;构成违反治安管理行为的,依法给予治安管理处罚;构成犯罪的,依法追究刑事责任。

第七章　附则

第五十七条　本条例所称危及人身财产安全的农业机械,是指对人身财产安全可能造成损害的农业机械,包括拖拉机、联合收割机、机动植保机械、机动脱粒机、饲料粉碎机、插秧机、铡草机等。

第五十八条　本条例规定的农业机械证书、牌照、操作证件和维修技术合格证,由国务院农业机械化主管部门会同国务院有关部门统一规定式样,由国务院农业机械化主管部门监制。

第五十九条　拖拉机操作证件考试收费、安全技术检验收费和牌证的工本费,应当严格执行国务院价格主管部门核定的收费标准。

第六十条　本条例自2009年11月1日起施行。

附录2:新疆维吾尔自治区农业机械安全监督管理条例

第一章　总则

第一条　为加强对农业机械及其驾驶、操作人员的安全监督管理,预防和减少农业机械事故,保障人民生命财产安全,促进农业机械化事业和农村经济发展,根据有关法律、法规,结合自治区实际,制定本条例。

第二条　本条例所称农业机械,是指用于种植业、林业、畜牧业、渔业、农田水利的各种拖拉机、农用运输车及其他自走式动力机械和8.88千瓦以上座机。

第三条　凡在自治区行政区域内从事农业机械安全监理工作和驾驶、操作农业机械的人员以及与农业机械有关的单位和个人,均应遵守本条例。

第四条　县级以上人民政府农业机械行政管理部门负责本行政区域内的农业机械安全监理工作。具体工作由其所属的农业机械安全监理机构(以下简称农机监理机构)负责实施。

第五条　农业机械安全监理工作实行有利于农业生产、方便农民群众、确保安全作业的原则。

第二章　农业机械安全管理

第六条　购置农业机械的,须以县、市农业机械安全监理机构安全技术检验合格,领取号牌、行驶证、使用证后,方可使用。农业机械发生转卖、转籍、报废等事宜的,应事先到当地农机监理机构办理有关手续;发生其他变更事宜的,需向当地农机监理机构备案。

第七条　未领取正式号牌的自走式农业机械,确需行驶时,机主应向当地农机监理机构申请临时号牌,并按指定路线行驶。

第八条　农业机械牌证禁止转借、涂改、伪造。

第九条　农业机械应定期接受农业机械安全技术检验,未经检验或检验不合格的,不得继续使用。

第十条　农业机械技术状况应符合国家有关农业机械运行安全技术规范的规定。上县乡道路和省道、国道行驶的农业机械，技术状况应符合国家有关机动车运行安全技术规范的规定，并接受公安车辆管理机关的监督、检查。

第十一条　凡涉及改变农业机械原有安全技术性能的改装，须经农机监理机构同意后方可进行。禁止拼装农业机械。

第三章　农业机械驾驶和操作人员管理

第十二条　从事农业机械驾驶、操作的人员，须以农业机械驾驶培训学校（班）或符合条件的个人进行培训，经农机监理机构考核，领取驾驶证或操作证后，方可驾驶或操作农业机械。

第十三条　农业机械驾驶、操作人员应自觉遵守安全驾驶、操作规程，接受农机监理机构的安全检查和年度审验。未经年度审验或年度审验不合格的，不得驾驶、操作农业机械。

第十四条　农业机械驾驶、操作人员因户籍或所在单位变动，应办理转籍或变更手续。

第十五条　驾驶、操作农业机械，必须随身携带驾驶、操作证和行驶、使用证，其驾驶的农业机械应与驾驶证载明的农业机械类型相符；禁止实施下列行为：（一）将农业机械交给无驾驶、操作证的人驾驶、操作；（二）酒后驾驶、操作农业机械；（三）驾驶、操作不符合农业机械运行安全技术条件的农业机械；（四）违章载乘人员或装运货物；（五）患有妨碍安全作业的疾病或过度疲劳时，驾驶、操作农业机械；（六）法律、法规禁止实施的其他行为。

第十六条　持有自走式农业机械学习驾驶证的驾驶、操作人员，应在教练员的指导下，按照指定的路线驾驶农业机械。

第四章　服务与监督

第十七条　农机监理人员必须经自治区农机监理机构培训考核，取得行政执法证件后，方可从事农业机械安全监理工作。

第十八条　农机监理人员执行公务时，应当身着统一服装，佩戴统一标志，并出示自治区人民政府颁发的行政执法证件。违反上述规定的，农业机械驾驶、操作人员有权拒绝检查。

第十九条　农机监理机构在开展农业机械年度检审、办理农业机械牌证时，应结合农时采取上门服务、现场办公等形式为农民群众提供方便、快捷的服务。对符合明文规定的各类申请应于当日办理完毕。

第二十条　农机监理机构应当公开办事制度，简化办事程序，提高办事效率，秉公执法，不得以权谋私。

第二十一条　农机监理机构应当建立举报制度，接受社会监督。凡对农机监理机构及其工作人员进行举报的，县级以上农机监理机构必须在30日内做出处理，并向举报者做出答复。

第二十二条　农机监理机构收取农机监理费，应依据有关法律、法规的规定，严格按照自治区人民政府核定的收费项目和标准执行。禁止擅自扩大收费项目，提高收费标准。对没有法律、法规依据的收费，农业机械驾驶、操作人员和机主有权拒缴。

第五章　事故处理

第二十三条　本条例所称农业机械事故（以下简称农机事故），是指农业机械在乡村道路以及农村的其他作业场所发生的事故。

第二十四条　农机事故由农机监理机构负责处理。具体办法由自治区人民政府另行制定。

第二十五条　农机监理机构处理事故时，对可能灭失或以后难以取得的证据，可以依法先行登记保存。

第二十六条　农机事故根据人身伤亡或财产损失的程序和数额，分为轻微事故、一般事故、重大事故和特大事故四种。

第二十七条　农机事故责任按农机事故责任人违章情节及造成的后果认定，分为全部责任、主要责任、同等责任、次要责任和无责任五种。

第二十八条　农机事故造成人身伤害需要抢救治疗的，由肇事者或机主先行垫付医疗费，结案后按照事故的责任承担。

第二十九条　因农机事故造成损害的，由责任人按所负责任依法承担损害赔偿。农机监理机构应在查明原因、认定责任、确定造成的损失情况后，对损害赔偿进行调解。经调解未达成协议或协议生效后一方不履行的，当事人可以向人民法院提起诉讼。

第六章　法律责任

第三十条　违反本条例有下列行为之一的，由县级以上农机监理机构予以批评教育，责令限期改正；可以处 50 元以上 200 元以下罚款；情节严重的，可并处暂扣 1 个月驾驶证、操作证的处罚：(一)驾驶未经安全技术检验或安全技术检验不合格的农业机械的；(二)未经年度审验或年度审验不合格从事农业机械作业的；(三)驾驶与本人驾驶证载明的类型不相符的农业机械的；(四)驾驶、操作无牌证或不符合安全运行技术要求的农业机械的；(五)违章载乘人员和装运货物的；(六)违反本条例规定拼装、改装农业机械的；(七)无证或酒后驾驶、操作农业机械的；(八)涂改、伪造、转借农业机械牌证或驾驶、操作证的；对有前款第七项所列情形的，农机监理机构可以采取暂扣农业机械的行政措施。暂扣农业机械的，最长不得超过 3 天。

第三十一条　对造成重大以上农机事故的责任者，农机监理机构可吊销其驾驶证或操作证；构成犯罪的，依法追究刑事责任。

第三十二条　拒绝、阻碍农机监理人员执行公务的，由公安机关依照《中华人民共和国治安管理处罚条例》的规定予以处罚；构成犯罪的，依法追究刑事责任。

第三十三条　违反本条例应当给予行政处罚的其他行为，依照有关法律、法规规定予以处罚。

第三十四条　当事人对行政处罚决定不服的，可以依法申请复议或提起诉讼。逾期不申请复议、不起诉，又不履行处罚决定的，由做出处罚决定的机关申请人民法院强制执行。

第三十五条　农机监理机构及其工作人员违反本条例有下列情形之一的，由所在单位或者上级主管部门给予行政处分；造成损失的，应予赔偿：(一)违反规定收费、罚款的；(二)违反规定滥发证、照的；(三)非法暂扣农业机械或非法吊、扣证件的；(四)滥用职权、徇私舞弊、索贿受贿的；(五)玩忽职守、严重失职的。有前款第四项、第五项所列行为构成犯罪的，依法追究刑事责任。

第七章　附则

第三十六条　本条例自 1999 年 3 月 1 日起施行。1993 年 8 月 21 日新疆维吾尔自治区人民政府发布的《新疆维吾尔自治区农业机械安全监督管理办法》同时废止。

附录3:新疆维吾尔自治区农业机械事故处理办法

第一章　总则

第一条　为公正、正确处理农机事故,保护当事人合法权益,根据《新疆维吾尔自治区农业机械安全监督管理条例》制定本办法。

第二条　本办法适用于自治区行政区域内农业机械事故(以下简称农机事故)的处理。

第三条　农业机械在乡以下道路(不含乡道)以及农村的其他作业场所发生的事故,由农业机械行政管理部门所属的农业机械安全监理机构(以下简称农机监理机构)负责处理。农业机械在道路上行驶发生的交通事故,由公安机关依法处理。农业机械与火车在铁道路口发生的事故,依照国家有关规定处理。

第四条　农机监理机构在处理农机事故时,必须根据事实,分清责任,准确定性,公正处理。

第二章　现场处理

第五条　农机事故发生后,驾驶、操作人员应立即停车、停机,保护现场,抢救受伤人员和财产(必须移动时,应当设立标记),并及时报告当地农机监理机构。

第六条　农机监理机构接到报案后,应当立即派人赶赴现场,组织抢救受伤人员和财产,勘验现场,收集证据,并采取措施尽快恢复正常生产秩序。

第七条　当事人应当如实向农机监理机构陈述农机事故发生的经过,其他知情者有义务向农机监理机构提供有关情况。

第八条　对与农机事故有关的车辆、机具、物品、尸体以及事故现场状况、当事人的生理和精神状态需要进行检验或鉴定的,农机监理机构应当指派专业人员或聘请有专门知识的人员进行检验或者鉴定。检验或者鉴定应当做出书面结论。

第九条　农机事故造成人身伤害需要抢救治疗的,当事人及其所在单位或农业机械的所有人应当预付医疗费,也可以由农机监理机构指定的一方或几方预付,结案后按照农机事故责任承担相应的费用。

第十条　农机事故死者的尸体经检验后,农机监理机构应当通知死者家属在10日内办理丧葬事宜。

第三章　事故分类与责任认定

第十一条　农机事故根据人身伤亡的程度或者财产损失的数额,分为轻微事故、一般事故、重大事故和特大事故四类:(一)轻微事故,轻伤1至2人,或直接经济损失在500元以下;(二)一般事故,重伤1至2人,或轻伤3至10人,或直接经济损失在500元以上5 000元以下;(三)重大事故,死亡1至2人,或重伤3至10人,或轻伤10人以上,或直接经济损失在5 000元以上20 000元以下;(四)特大事故,死亡3人以上,或重伤10人以上,或直接经济损失在20 000元以上。

第十二条　农机监理机构在查明农机事故原因后,依据当事人的违章行为与农机事故之间的因果关系,以及违章行为在农机事故中的作用,认定当事人的农机事故责任。

第十三条　农机事故责任分为全部责任、主要责任、同等责任、次要责任和无责任5种:(一)因一方当事人违章造成的事故,有违章行为的一方负全部责任,另一方不负责任;(二)双方当事人违章共同造成农机事故的,违章行为在农机事故中作用大的一方负主要责任,另一方负次要责任,违章行为在农机事故中作用相当的,双方负同等责任;(三)三方以上当事人的违章行为共同造成农机事故,根据各自的违章行为在农机事故中的作用大小划分责任。

第十四条　农机事故发生后,有下列情形之一的,分别认定责任:(一)当事人逃逸、破坏、伪造现场或毁灭证据,使事故责任难以认定的,应负全部责任;(二)强行乘、爬、攀扶农业机械造成农机事故的,乘、爬、攀扶者负全部责任;(三)学习驾驶、操作人员在教练员监护下违章行驶或操作发生的农机事故,教练员应负事故的主要或全部责任;(四)强迫驾驶、操作人员违章造成农机事故的,强迫者负主要责任,驾驶、操作人员负次要责任。

第十五条　当事人一方有条件报案而未报案,使农机事故责任无法认定的,应当负全部责任。当事人各方有条件报案而均未报案,使农机事故责任无法认定的,应当负同等责任。

第十六条　当事人对农机事故责任认定不服的,可以在接到农机事故责任认定书之日起15日内向上一级农机安全监理机构申请重新认定;上一级农机安全监理机构应当在接到重新认定申请之日起30内,做出维持、变更或者撤销的决定。

第四章　赔偿与调解

第十七条　农机监理机构应当在认定农机事故责任,确认农机事故造成的损失情况后,对农机事故损害赔偿进行调解。

第十八条　农机事故责任者对农机事故造成的损失,应当承担赔偿责任,暂时无力赔偿的,由其所在单位或者农机所有人垫付。农机事故责任者所在单位或者农机所有人垫付后,可以向农机事故责任者追偿。

第十九条　损害赔偿的调解期限为30日,农机监理机构认为必要时可延长15日。对农机事故致伤的,调解从治疗终结或定残之日起开始;对农机事故致死的,调解从规定的办理丧葬事宜时间结束之日起开始;对农机事故仅造成财产损失的,调解从确定损失之日起开始。

第二十条　经调解达成协议的,农机监理机构应当制作调解书,由当事人和有关人员、调解人员签名,加盖农机监理机构印章,分别送交当事人和有关人员。调解期满后未达成协议的,农机监理机构应当制作调解终结书。

第二十一条　经调解未达成协议或者调解书生效后任何一方不履行的,农机安全监理机构不再调解,当事人可以向人民法院提起诉讼。

第二十二条　农机事故损害赔偿项目包括:医疗费、误工费、住院伙食补助费、护理费、残疾者生活补助费、残疾用具费、丧葬费、死亡补偿费、被扶养人生活费、交通费、住宿费和财产直接损失。前款规定的损害应当根据实际情况确定,在事故处理结案时,限期由事故责任者一次性偿付。损害赔偿的具体标准由自治区农业机械行政管理部门按照有关规定制定并公布。

第二十三条　农机事故当事人因伤致残的,在治疗终结后15日内到国家规定的伤残鉴定机构进行伤残评定。伤残鉴定机构评定的结论作为农机监理机构确定损害赔偿的最终依据。

第二十四条　因农机事故损坏的机具、物品等,应当本着就地维修的原则进行修理,不能修理的,折价赔偿。牲畜因伤失去使用价值或者死亡的,折价赔偿。

第二十五条　因农机事故造成的人身伤亡或者财产损失,经农机监理机构查证,不能确认是违章行为造成的,其损害赔偿纠纷,当事人向人民法院提起诉讼。

第五章　法律责任

第二十六条　违反本办法的农机事故责任者,由县级以上农机监理机构给予下列处罚:(一)特大事故的责任者,或者重大事故负全部、主要或者同等责任的,处 150 元以上 200 元以下罚款;(二)重大事故负次要责任,或者一般事故负全部、主要责任的,处 50 元以上 150 元以下罚款;(三)一般事故负同等、次要责任,或者轻微事故的责任者,给予警告或者处 20 元以上 50 元以下罚款。

第二十七条　对造成重大以上农机事故的责任者,农机监理机构可以吊销其驾驶、操作证。被吊扣、吊销驾驶、操作证的,两年内不准重新申请领取。

第二十八条　违反本办法的农机事故责任者,构成治安管理处罚的,由公安机关依照《中华人民共和国治安管理处罚条例》予以处罚。构成犯罪的,依法追究刑事责任。

第六章　附则

第二十九条　本办法自 2000 年 10 月 1 日起施行。

附表　农业机械专项维修工时定额

附表1　发动机、离合器小修工时定额

序号	作业项目	单位	数量	通用工时	备注
		发动机			
1	换发动机总成	台	1	28	单缸20个工时
2	拆装气缸盖、换缸床	只	1	8	包括附件拆装
3	换气门摇臂	只	1	6	增加1只,加1工时
4	换气门摇臂轴	根	1	6	
5	换气门推杆	只	1	6	每增加1只,加0.5工时
6	换气门挺杆	只	1	10	每增加1只,加0.5工时
7	换气门弹簧	只	1	12	每增加1只,加1工时
8	拆装并研磨气门	只	1	22	每增加1只,加2工时
9	调整气门间隙	副	1	2	
10	换气门导管	只	1	15	每增加1只,加0.5工时
11	换气门室上盖及垫	副	1	2	
12	换气门室侧盖及垫	副	1	3	
13	换进气通风管	套	1	2	
14	换进排气歧管垫	副	1	1	多缸计2个工时
15	换曲轴皮带轮	只	1	10	包括拆装水箱
16	换正时齿轮盖油封	只	1	8	含换垫
17	换曲轴正时齿轮	只	1	12	后置式,另加4工时
18	换正时链轮张紧器	套	1	12	
19	换正时皮带	根	1	12	含校点火正时
20	换正时皮带张紧轮	只	1	5	
21	换凸轮轴正时齿轮	只	1	16	下置式,另加4工时
22	换顶置式凸轮轴	根	1	22	
23	更换活塞和销	副	1	22	每增加1副,加3工时
24	更换活塞环	副	1	20	每增加1副,加2工时
25	更换连杆轴承	副	1	8	每增加1副,加2工时
26	换湿式气缸套及水封圈	副	1	35	每增加1副,加2工时
27	曲轴后油封检修	台	1	18	
28	换发动机启动爪	只	1	5	
29	换发动机前置软垫	只	1	6	
30	换发动机后置软垫	只	1	6	
31	换飞轮齿圈	只	1	24	
32	换齿套侧盖及垫	只	1	8	
33	换气缸体放水阀	只	1	2	
34	换电热塞	只	1	2	
35	换空压机曲轴	根	1	10	
36	换空压机曲轴轴承	副	1	10	

续表

序号	作业项目	单位	数量	通用工时	备注
		发动机			
37	换空压机连杆轴承	副	1	8	
38	换空压机活塞和销	副	1	12	
39	换空压机活塞环	副	1	10	
40	换空压机曲轴油封	只	1	2	
41	换空压机缸盖或垫片	只	1	3	
42	换空压机缸体中部垫片	只	1	6	
43	换空压机曲轴箱垫片	只	1	3	
44	换空压机排气阀	只	1	3	
45	研磨气阀与座	副	1	4	
46	检修阀门调整装置	车·次	1	2	
47	换空压机皮带轮	只	1	2	
48	换空压机皮带	根	1	1	
49	换水暖器进出水胶管	根	1	1	
50	换水温表传感器	只	1	2	
51	换百叶窗(风窗)	套	1	1	
52	检修水箱	处	1	10	
53	换水泵总成	只	1	3	
54	检修水泵总成	只	1	6	
55	更换风扇叶	只	1	2	
56	换硅油风扇离合器	只	1	5	
57	换风扇皮带	根	1	2	
58	换放水开关	只	1	1	
59	换水道塞片	只	1	2	
60	换水箱脚胶垫	只	1	2	
		润滑系统			
61	拆装清洗油底壳	只	1	5	含换垫、清洗集滤器
62	换机油滤清器	只	1	1	
63	换机油滤清器芯	只	1	1	
64	焊修机油集滤器	只	1	2	不含拆装油底壳
65	换机油泵	只	1	5	
66	换机油泵链轮链条	套	1	8	
67	换机油散热器	只	1	6	
68	换机油散热器进出油管	根	1	2	
69	换机油散热器开关	只	1	2	
70	换机油压力表传感器	只	1	11	
71	换机油	车·次	1	0.5	
		供油系统			
72	清洗燃油滤清器	只	1	3	
73	换燃油滤清器芯	只	1	2	
74	换燃油管(前)	根	1	1	

续表

序号	作业项目	单位	数量	通用工时	备注
		供油系统			
75	换燃油管(后)	根	1	6	
76	调整怠速	车·次	1	0.5	包括用仪器
77	铆油管接头	只	1	3	
78	换空气滤清器芯	个	1	0.5	
79	换高压油泵总成	台	1	3	包括调整正时
80	检修高压油泵总成	台	1	6	不含拆装
82	检修调速器	只	1	4	
83	拆装喷油嘴	只	1	2	
84	检修喷油器	只	1	4	
85	拆装检修输油泵	只	1	5	
		离合器			
86	换离合器总成	套	1	6	
87	换离合器分离轴承	只	1	6	
88	分解检修离合器总成	套	1	14	
89	换离合器分离叉	只	1	8	
90	换离合器拉线	根	1	4	
91	调整离合器	车·次	1	2	
92	换离合器摩擦片	副	1	6	
93	外部调整离合器分离轴承	次	1	0.5	
94	换离合器踏板	只	1	0.5	

附表2　变速器、传动轴小修工时定额

序号	作业项目	单位	数量	通用工时	备注
1	更换变速箱总成	台	1	9	
2	更换变速箱壳体,并重新装配变速箱齿轮	台	1	14	
3	不需拆卸变速箱总成,但需分离发动机,并更换内部配件	只	1	13	
4	换一轴后轴承	只	1	18	
5	拆装变速器盖	件	1	2	
6	更换变速杆	根	1	4	
7	检修变速杆联动装置	套	1	12	
8	更换变速叉或叉轴	只	1	12	
9	检修自锁、互锁机构	套	1	15	
10	换二轴后轴承盖油封	只	1	6	
11	紧固二轴突缘	只	1	3	
12	更换变速器油	台	1	2	
13	拆装前传动轴	根	1	3	

续表

序号	作业项目	单位	数量	通用工时	备注
14	拆装中间传动轴	根	1	3	
15	拆装后传动轴	根	1	3	
16	更换中间传动轴轴承	只	1	5	
17	更换中间传动轴油封	只	1	4	
18	更换十字轴轴承	副	1	4	
19	更换传动轴滑动叉	只	1	4	
20	更换传动轴防尘套	只	1	3	
21	更换里程表软轴	根	1	2	

附表3　前桥、前制动、转向器小修工时定额

序号	作业项目	单位	数量	通用工时	备注
1	拆装前桥总成	台	1	8	
2	更换前托架	只	1	6(两轮驱动); 10(四轮驱动)	
3	更换两轮驱动前桥	台	1	6	
4	换前轮毂	只	1	3	
5	换前制动毂	只	1	2	
6	更换轮胎或轮辋	只	1	4	两侧×1.5
7	换前轮螺栓	只	1	4	
8	换前轮油封或轴承	只	1	5	
9	换前轮制动蹄	副	1	5	
10	换前制动蹄片	副	1	4	
11	光制动蹄片	副	1	4	不含其他拆装
12	换前制动凸轮轴	根	1	30	
13	换制动调整装置	只	1	2	
14	换制动底板	个	1	5	
15	换前制动气室皮膜	只	1	2	
16	换前轮制动液压分泵皮碗	只	1	4	
17	换前轮分泵总成	只	1	4	
18	换制动软管	根	1	2	
19	换转向节	只	1	5	
20	换转向节主销及衬套	边	1	6	
21	换转向节臂	只	1	4	
22	换横直拉杆球头	只	1	6	每增加1只,加2工时
23	换横向稳定杆胶套	只	1	3	
24	换转向器总成	台	1	5	

续表

序号	作业项目	单位	数量	通用工时	备注
25	检修转向器总成	台	1	8	
26	更换转向器摇臂	只	1	3	
27	换转向器油封	只	1	4	
28	调整转向器	车·次	1	2	
29	换转向传动十字轴承	副	1	10	
30	换转向盘	只	1	1	
31	调整前轮前束	车·次	1	1	
32	检查前轮定位	车·次	1	6	
33	更换横直拉杆	副	1	2	
34	检修前桥分离装置	套	1	4	
35	换前驱动轴油封	只	1	6	
36	换前半轴油封	只	1	5	
37	换前桥齿轮油	车	1	3	
38	调整前轮左右转角	车·次	1	2	
39	换前桥中央传动零部件	车	1	12	

附表 4　后桥、后制动小修工时定额

序号	作业项目	单位	数量	通用工时	备注
1	拆装后桥总成	台	1	12	
2	修理更换差速器总成及零件	台	1	12	
3	更换后桥壳体	台	1	16	
4	更换驱动轮总成	台	1	1	
5	更换中央传动齿轮	副	1	12	
6	更换检修动力输出拨叉	次	1	2	
7	修理更换短半轴或行星齿轮、行星架、齿圈	次	1	4	
8	拆换半轴、半轴壳体或油封轴承	根	1	5	含换垫
9	换后轮毂	只	1	4	
10	换后轮毂轴承或油封	只	1	6	
11	换后轮制动蹄	轮·副	1	4	
12	换后制动蹄片	轮·副	1	6	
13	光后制动蹄片	轮·副	1	4	不含拆制动鼓
14	换后制动凸轮轴	根	1	8	
15	换制动调节臂	只	1	2	
16	换后制动气室皮碗	只	1	2	
17	换后液压制动分泵皮碗	只	1	4	含加油排气

续表

序号	作业项目	单位	数量	通用工时	备注
18	换后轮分泵总成	只	1	3	不含其他拆装
19	换后制动软管	根	1	2	
20	换后制动鼓	只	1	4	
21	换主动锥齿轮凸缘	只	1	4	
22	换主动锥齿轮油封	只	1	6	
23	就车紧固凸缘螺母	只	1	2	
24	调整主动锥齿轮轴向间隙	车·次	1	4	
25	调整主从动锥齿轮间隙	车·次	1	6	
26	换后桥后盖衬垫	只	1	3	
27	换减速器壳衬垫	只	1	6	整体式后桥
28	换减速器齿轮油	车·次	1	2	
29	换半轴套管	根	1	4	
液压提升系统					
30	更换检修液压提升齿轮泵	次	1	1	
31	更换检修分配器	次	1	3	
32	更换提升器总成	次	1	3	
33	更换提升器油缸	次	1	3	
34	更换提升轴油封	次	1	1	
35	更换分配器各控制阀	次	1	3	
36	调节杠杆、凸轮间隙	次	1	3	
37	检修更换油管	次	1	0.5	
悬挂机构					
38	更换外提升臂	次	1	0.5	
39	更换各拉杆	次	1	0.5	
40	更换各连接销	次	1	0.5	
41	更换拖挂装置	次	1	0.5	

附表5　制动系小修工时定额

序号	作业项目	单位	数量	通用工时	备注
1	调整制动踏板自由行程	车·次	1	1	
2	检修制动踏板操纵机构	车·次	1	4	
3	换制动总泵	只	1	4	液压含排气
4	检修制动总泵	只	1	6	
5	换制动助力器	只	1	5	含排空气
6	检修制动助力器	只	1	10	
7	拆装清洗储气筒	只	1	4	

续表

序号	作业项目	单位	数量	通用工时	备注
8	拆装疏通制动管路	根	1	3	
9	焊修制动管路接头	根	1	3	含拆装
10	检修气压调节器	只	1	4	
11	换制动储油罐	只	1	3	
12	换刹车油	车·副	1	1	含排放空气
13	拆装检修真空泵	只	1	4	
14	拆装检修各种制动线	只	1	3	
15	换比例分配阀	只	1	1	
16	换安全阀或单向阀	只	1	2	
17	换制动压力调节器	只	1	10	
18	换继电器	只	1	5	

附表 6　车身小修工时定额

序号	作业项目	单位	数量	通用工时	备 注
1	拆装修整水箱面罩	件	1	1	
2	拆换前翼子板	块	1	2	
3	调整百叶窗机构	车	1	1	
4	修调发动机罩锁扣装置	车·次	1	1	
5	拆修车门铰链配插销	只	1	2	
6	换门玻璃升降器	套	1	1	
7	检修门玻璃升降器	套	1	2	
8	更换车门锁	只	1	1	
9	修车门内锁	个	1	1	
10	换门锁内拉手	个	1	1	
11	换车门外把	只	1	1	
12	换车门内把	只	1	1	
13	配装驾驶室内视镜	个	1	0.5	
14	检修或更换后视镜及撑杆	副	1	3	
15	换遮阳板	块	1	1	
16	检修前风挡玻璃框架	只	1	10	
17	检修车门三角窗框架	只	1	6	
18	换玻璃绒槽	窗	1	3	
19	换车门密封条	门	1	3	
20	拆装、校正挡泥板	块	1	2	
21	检修油门控制机构	车·次	1	1	
22	更换消声器	只	1	2	

续表

序号	作业项目	单位	数量	通用工时	备 注
23	更换排气管	只	1	2	
24	更换排气管接口垫	只	1	2	
25	焊修滑声器	只	1	6	
26	检修消声器固定支架	副	1	2	
27	拆装油箱	个	1	2	
28	焊补油箱	个	1	4	含清洗油箱

附表 7　电器小修工时定额

序号	作业项目	单位	数量	通用工时	备 注
1	拆装启动机	台	1	1	
2	检修启动机	台	1	2	
3	拆换启动机磁场线圈	副	1	3	不含拆装
4	检修磁力开关	只	1	2	
5	换磁力开关线圈	只	1	4	
6	启动机线圈换包绝缘层	副	1	6	
7	换启动机转子整流器	只	1	6	不含拆装
8	换启动机碳刷	副	1	2	不含拆装
9	铆焊碳刷架	副	1	2	不含拆装
10	调整启动机开关	车・次	1	1	
11	检修启动机继电器	只	1	3	
12	更换启动机继电器	只	1	2	
13	更换启动机驱动齿轮	只	1	3	
14	拆装发电机	台	1	2	
15	检修发电机	台	1	6	
16	绕直流发电机电枢线圈	副	1	10	
17	绕交流发电机定子线圈	副	1	10	
18	换磁场线圈	副	1	4	
19	换铆发电机碳刷架	副	1	2	
20	换发电机碳刷	副	1	2	
21	换发电机二极管	只	1	2	
22	换发电机调节器	只	1	4	外置式为 2 工时
23	检修发电机调节器	只	1	4	
24	调整调节器	车・次	1	2	
25	换调节器白金	副	1	2	
26	换电喇叭	只	1	3	
27	调喇叭音响	车・次	1	1	

续表

序号	作业项目	单位	数量	通用工时	备 注
28	更换喇叭继电器	只	1	2	
29	加装喇叭	只	1	1	
30	检修大小灯光	车·次	1	0.5	
31	换大灯总成	只	1	1	
32	换大灯灯泡或灯罩玻璃	只	1	1	
33	调大灯光束	只	1	0.5	
34	换前小灯总成	只	1	1	
35	换小灯灯泡或灯罩玻璃	只	1	1	
36	换尾灯	只	1	1	
37	换倒车灯	只	1	1	
38	换后牌照灯	只	1	1	
39	换门灯	只	1	1	
40	换顶灯	只	1	1	
41	换仪表灯	只	1	2	
42	换灯光继电器	只	1	1	
43	换转向灯继电器	只	1	1	
44	换转向灯	只	1	1	
45	换电源总开关	只	1	2	
46	检修组合式开关	套	1	8	
47	换组合式开关	只	1	2	
48	换单双挡开关	只	1	2	
49	换刹车灯开关	只	1	2	
50	换倒车灯开关	只	1	2	
51	换点火开关	只	1	2	
52	换机油低压警报器	只	1	2	
53	换燃油表传感器	只	1	2	
54	换燃油表	只	1	2	
55	换机油表	只	1	2	
56	换水温表	只	1	2	
57	更换温控器(散热器)	台	1	2	
58	检修冷却风扇电机	台	1	5	
59	换全车线路总成	辆	1	8	
60	检修单项线路	条	1	4	
61	拆装线路接线板或保险盒	块	1	4	
62	更换控制继电器	只	1	2	

附表 8　散热器、油箱修理工时定额

序号	作业项目	单位	数量	通用工时	备 注
		散热器			
1	焊漏点	个	1	0.5	拆装 2 个工时
2	取换水管	根	1	1	拆装 2 个工时
3	拆装上下水盒	副	1	4	
4	梳散热片	片	1	8	
5	捅洗水垢	车 · 次	1	3	
6	逆流冲洗	车 · 次	1	6	
7	散热器焊在框架上	套	1	3	
8	修散热器盖	个	1	6	
9	修回水管	只	1	2	
10	配软管卡子	套	1	2	
11	清洗散热器外部	个	1	2	
12	散热器测试	套	1	2	
		燃油箱			
13	清洗燃油箱	个	1	2	
14	油箱解体镀锌修复	个	1	5	
15	油箱凹陷修理	处	1	1	
16	修阀门	只	1	2	
17	修油盖箱	只	1	1	
18	修滤网	只	1	1	
19	配放油堵头	只	1	1	
20	补焊	处	1	3	

附表 9　喷烤漆工时定额

序号	作业项目	单位	数量	通用工时	备 注
1	30% 以下铲底全车喷烤漆	辆	1	30	
2	30% ~60% 铲底全车喷烤漆	辆	1	40	
3	60% 以上铲底全车喷烤漆	辆	1	50	
4	局部铲底补漆(500 cm^2 以内)	辆	1	8	按合计补漆面积计算
5	局部铲底补漆(1 000 cm^2 以内)	辆	1	10	按合计补漆面积计算
6	驾驶室喷漆	辆	1	10	
7	发动机盖喷漆	辆	1	8	
8	翼子板喷漆	辆	1	6	
9	前脸喷漆	辆	1	5	
10	发动机喷银粉漆	台	1	3	
11	变速器喷银粉漆	台	1	2	
12	车架底盘除锈涂漆	辆	1	2	

附表 10　轮胎修补工时定额

序号	项目	单位	数量	轮胎型号				备注
				6.00－16～7.50－16	7.50－20～9.00－20	10.00－20～12.00－20	其他大型特种轮胎	
1	拆装前轮胎	条	1	1	1.5	2	3	
2	拆装后外侧胎	条	1	1	1.5	2	3	
3	拆装后内侧胎	条	1	1.5	2	3	4	
4	轮胎充气	只	1	0.5	0.5	1	1	
5	拆换钢圈	只	1	1.5	2	2	2	不含拆装轮胎,含充气
6	轮胎翻面	条	1	2	2	2.5	2.5	
7	换内、外胎	条	1	2.5	2.5	3	3	
8	补内胎	条	1	2	52	2	2	
9	补外胎 200 cm^2 以内	条	1	13	15	18	25	
10	补外胎 200 cm^2 以上	条	1	16	20	25	35	
11	补配气门嘴	只	1	1.5	1.5	1.5	1.5	
12	拆垫胎里	条	1	4	5	5	6	含拆装
13	钢圈除锈涂漆	只	1	1	1	1.5	1.5	不含拆装
14	换轮胎锁圈或挡圈	只	1	1	1.5	1.5	2	
15	轮胎平衡	条	1	4	4	5	—	

附表 11　挡风玻璃安装工时定额

车型	单位	数量	前挡风玻璃			后挡风玻璃			司机门玻璃		备注
			平型	弯型		平型	弯型				
				半幅	全幅		半幅	全幅	平型	弧型	
拖拉机、收割机	块	1	3	—	12	2	—	—	4	—	

附表 12　蓄电池修理工时定额

序号	项目	规格	单位	数量	通用工时	备注
1	拆装检查 6～12 V 蓄电池	6～12 V	车·次	1	2	
2	拆装检查 24 V 蓄电池	24 V	车·次	1	3	
3	6 V 蓄电池换隔板	9～15 片	只	1	7	含拆装、焊全部,不含充电
		17～12 片	只	1	9	
4	12 V 蓄电池换隔板	9～15 片	只	1	9	
		17～25 片	只	1	12	
5	蓄电池浇封口胶	6～12 V	只	1	2	
6	蓄电池加电解液	6～12 V	只	1	1	
7	焊桩头及连接板		组	1	2	

续表

序号	项目	规格	单位	数量	工时定额	备注
8	新装6 V蓄电池	9～15片、17～25片	根	1	5	包括浇封口胶、焊桩头等，12 V相同
9	焊修蓄电池火线或搭铁线	—	只	1	1	
10	蓄电池充电3－Q－56－98	9～15片	只	1	6	
11	蓄电池充电3－Q－112－168	17～25片	只	1	6	
12	蓄电池充电6－Q－56－84	9～13片	只	1	7	
13	蓄电池充电6－Q－98－126	15～19片	只	1	8	
14	蓄电池充电6－Q－140－160	21～23片	只	1	8	
15	蓄电池充电6－Q－168－182	25～27片	只	1	9	

附表13　收割机维修工时定额

序号	作业项目	单位	数量	通用工时	备注
1	更换拨禾轮及附件	次	1	1	
2	更换割台体焊合	个	1	24	
3	更换割台中间轴	根	1	2	
4	更换中间轴链轮	副	1	1	
5	更换中间轴皮带轮	个	1	1	
6	更换摆环箱	车·次	1	1	
7	更换摆环箱摆臂	车·次	1	0.5	
8	更换摆环箱内部件	套	1	4	
9	更换割台油缸	个	1	1	
10	更换割台器总成	只	1	2	
11	更换铆接弹片	次	1	2	
12	更换动刀	套	1	1	
13	铆接刀片	个	1	0.5	
14	更换护刃器	套	1	0.5	
15	更换拨禾轮托架焊合	个	1	2	
16	更换拨禾轮无级变速轮	个	1	1	
17	更换喂入搅笼总成	次	1	5	
18	更换搅笼链轮铆合	只	1	1	
19	更换过桥总成	次	1	4	
20	更换过桥客体	次	1	8	
21	更换过桥主动轴	只	1	4	
22	更换过桥被动轴	只	1	3	
23	更换驱动轮轴承	只	1	2	
24	更换大轮轴	只	1	3	

续表

序号	作业项目	单位	数量	通用工时	备 注
25	更换变速箱	车	1	12	
26	更换一轴	根	1	8	
27	更换一挡/倒挡齿轮	个	1	3	
28	更换驱动轮毂	个	1	6	
29	更换转向节	次	1	4	
30	更换导向轮毂	个	1	2	
31	更换脱谷室总成	个	1	40	
32	更换轴流滚桶总成	个	1	6	
33	更换轴流滚桶双链轮	个	1	2	
34	更换半轴	根	1	4	
35	更换卸粮焊合	个	1	3	
36	更换升运器焊合	次	1	6	
37	更换籽粒搅笼轴	根	1	2	
38	更换柴油箱	个	1	1	
39	更换(进)出水胶管	次	1	1	
40	更换机油散热器	次	1	1	
41	焊修消音器	个	1	0.5	
42	更换液压油管	个	1	0.5	
43	更换拨禾轮油缸	个	1	0.5	
44	更换转向油缸	个	1	0.5	
45	更换转向器	次	1	1	
46	更换液压油箱	个	1	1	
47	更换单路阀	个	1	1	
48	更换多路阀	个	1	2	
49	更换组合开关	组	1	1	
50	更换仪表盘及线束	个	1	1	
51	更换启动机、发电机	次	1	1	各1工时
52	更换焊修水箱	个	1	2	
53	更换过桥张紧链轮	个	1	0.5	
54	焊修电瓶架焊合	次	1	1	
55	更换机架	车·次	1	80	
56	更换驾驶室	车·次	1	6	
57	更换粮仓(不包括驾驶室)	个	1	8	
58	更换后尾灯	车·次	1	1	